水资源预警理论与应用

曹升乐　于翠松　宋承新　等　著

科学出版社

北　京

内 容 简 介

本书系统介绍了水资源预警理论与方法，包括点预警与过程预警、静态预警与动态预警的概念和确定方法，地表水预警、地下水预警和区域预警理论体系的建立，预警期包括三个月、非汛期、一年和两年。结合实际研究区，本书分别给出了应用实例。

本书是一部系统论述水资源预警理论与方法的著作，全面涵盖了地表水、地下水以及区域水资源综合预警理论与方法，可供水资源管理、水资源研究工作者使用，也可供水文水资源及相关专业的本科生和研究生选用。

图书在版编目（CIP）数据

水资源预警理论与应用/曹升乐等著. —北京：科学出版社，2020.2
ISBN 978-7-03-063959-2

Ⅰ.①水… Ⅱ.①曹… Ⅲ.①水资源管理－预警系统－研究
Ⅳ.①TV213.4

中国版本图书馆 CIP 数据核字（2019）第 288068 号

责任编辑：石 珺 朱 丽 / 责任校对：何艳萍
责任印制：吴兆东 / 封面设计：图阅盛世

科 学 出 版 社 出版
北京东黄城根北街 16 号
邮政编码：100717
http://www.sciencep.com

北京虎彩文化传播有限公司 印刷
科学出版社发行 各地新华书店经销
*
2020 年 2 月第 一 版 开本：787×1092 1/16
2023 年 1 月第二次印刷 印张：19
字数：455 000
定价：148.00 元
（如有印装质量问题，我社负责调换）

《水资源预警理论与应用》

作者名单

著者　曹升乐　　于翠松　　宋承新

参编　庄会波　　陈干琴　　孙秀玲　　余国倩

前　　言

　　水资源既是基础性的自然资源，又是战略性的经济资源，它是生态环境的控制性因素，也是人类社会持续发展的物质基础和支持条件之一。水资源短缺已成为社会经济健康持续发展和水生态健康的重要制约因素。开展水资源预警管理是保障水资源科学利用的重要手段，也是实行最严格水资源管理的必然要求。本书系统介绍了水资源预警理论与方法，包括点预警与过程预警、静态预警与动态预警、地表水预警、地下水预警和区域预警。

　　全书分为理论篇和应用篇，理论篇包括第 1～13 章，应用篇包括第 14～25 章。第 1章介绍了水资源预警理论研究的背景及意义；第 2 章介绍了水资源预警理论的国内外概况；第 3 章介绍了水资源预警理论的研究内容、方法及技术路线；第 4 章介绍了中型水库预警期为三个月警戒线的确定方法；第 5 章介绍了中型水库预警期为非汛期警戒线与预警区的确定方法，包括点预警与过程预警、静态预警与动态预警的理论与方法；第 6章介绍了预警期为三个月与非汛期大型水库的预警管理，引入了模糊数学的隶属度概念，建立了水库预警的可变模糊评价模型；第 7 章介绍了大型水库预警期为年的预警管理，提出了警戒线与警戒区确定的方法；第 8 章介绍了预警期为两年的警戒线及警戒区的确定方法，同时考虑了防洪影响情况下的水库警戒线与预警区的确定；第 9 章介绍了地下水位预测模型，考虑了影响地下水位变化的因素，建立了考虑不同时段有效降雨的多元线性回归模型和地下水位预测模型；第 10 章介绍了地下水位警戒线确定理论与方法，提出了地下水预警中的点预警与过程预警、静态预警与动态预警，并确立了预警警戒线的确定方法；第 11 章介绍了预警期为三个月的地下水位预警方法，提出了预警期三个月的静态点预警和动态点预警警戒线的确定方法；第 12 章介绍了预警期为非汛期的地下水位预警方法，提出了考虑不同时段有效降水的非汛期动态水位和动态开采量警戒线的确定方法；第 13 章介绍了区域水资源预警理论体系，提出了考虑水量、水质及预警期相结合的三维区域预警理论体系和地表水与地下水联合的综合预警方案；第 14～24 章介绍了水资源预警理论在项目区的实际应用；第 25 章为结论与展望。

　　本书首次系统地提出了地表水、地下水以及区域预警的理论体系，创新性地提出了区域水资源预警的三维理论，并在研究区进行实际应用。

　　在本书写作过程中，除了著者曹升乐、于翠松、宋承新，以及参编的庄会波、陈干琴、孙秀玲、余国倩进行了大量的科学研究和编写工作外，研究生郭晓娜、王俊、李福臻做了大量的计算工作，并参与编写了部分内容。其中，郭晓娜参与编写了第 4～8 章和第 16～20 章；王俊参与编写了第 9～12 章和第 21～23 章；李福臻参与编写了第 13 章和第 24 章。胶南市水文局、乳山市水利局提供了大量基础资料。特别是胶南市水文局宋云江局长、查治荣副局长，威海市水文局张明芳科长等给予了大力的支持与帮助，在此表示感谢。

本书的出版有幸得到了水利部公益性行业科研专项经费项目"滨海水资源综合利用和最严格水资源管理示范"（编号：201201116)的大力支持，在此衷心地表示感谢。

水资源预警理论研究在国内刚刚起步，在很多方面尚处于空白，因此开展此项研究是一项全新的工作。期望本书的出版对水资源预警理论的建立起到抛砖引玉的效果。

由于时间紧、工作量大和作者水平有限，本书难免有不妥之处，敬请批评指正。

著　者

2019 年 8 月

目　录

应 用 篇

理 论 篇

第1章 背景及意义

1.1 研 究 背 景

水资源既是基础性的自然资源，又是战略性的经济资源，它是生态环境的控制性因素，也是人类社会持续发展的物质基础和支持条件之一(钱正英和张广斗，2001)。人类文明的发展都与水有着不可分割的联系，世界上几乎没有一个文明发源地不是傍依河湖而发展起来的，在人类社会起源初期，人类为了生存逐水而居，这也是人类文明的起源。几千年来，人类利用淡水生态系统所提供的水、鱼类等物质和污染物降解等生态服务功能(ecological services)创造了社会、经济和文化的巨大的人类文明成就(冯尚友，2000)。然而，水资源又是一种有限的、无可替代的宝贵资源，它在使社会生产力和物质文明突飞猛进的同时，也给自身的可持续利用留下了巨大的隐患。自20世纪初，特别是20世纪60年代以来，由于人口及人均用水量的增长、生产的扩大和城市化的演进，以及人类在水资源开发利用上存在一定的错误认识和行为，在全世界范围内，尤其是人类高度聚居的城镇地区，已普遍产生了淡水资源短缺、水质下降、地下水耗竭及水生态系统破坏等严峻问题，在全球许多地区，人类正在迫近或已经超过水资源的天然承载限度，水资源短缺、水环境破坏已成为制约许多城市、许多国家发展的瓶颈，并且还引发了粮食安全危机、国家安全危机等一系列自然和社会问题，形成恶性循环。因此，水资源危机已经成为21世纪全球面临的最大的自然和社会问题(郑通汉，2006；钱易和唐孝炎，2000；朱启贵，1999)。

我国是缺水国家，水资源问题已经成为制约我国社会经济和生态环境可持续发展的关键因素之一。为了缓解水资源危机，2009年2月，在全国水资源工作会议上，水利部提出未来中国将实行最严格的水资源管理制度。其核心是围绕水资源的配置、节约和保护建立水资源管理的"三条红线"，即用水总量红线、用水效率红线和排污总量红线。此前水利部已经选择在山东、北京等七省市开展先行试点工作，"三条红线"提出后，各省市相关水利部门纷纷响应水利部的号召，采取措施践行"三条红线"。

以山东省为例，山东省是人口大省、经济大省，同时也是水资源严重短缺的省份，全省多年平均水资源总量303亿m^3，人均水资源量仅334m^3，不足全国人均占有量的1/6，仅为世界平均水平的1/25。全省地下水资源量165.5亿m^3，可开采量125.5亿m^3，多年平均实际开采量110亿m^3左右，约占全省总供水量的50%。滨海地区是山东省经济发展的中心区域，但是随着区域经济的发展和人民生活水平的提高，当地水资源需求剧增，水污染问题日益突显，水资源短缺已成为制约该地区发展的瓶颈因素。山东省滨海地区降水量时空分布不均，河流水系大多是独流入海的季节性河流，源短流急，给地表水资源的开发利用带来了很大困难。同时，滨海平原区工农业用水以开采地下水为主，随着工农业发展对水资源需求的不断增加，该地区地下水超采严重，导致海水入侵等地质灾害发生，进一步加剧了该地区的水资源短缺状况。因此，建立完备科学的水资源预警体系，以提高水资源综合利用率和遏制海水入侵变得尤为重要。

山东半岛蓝色经济区以科学开发海洋资源与保护生态环境为导向，以区域优势产业为特色，以经济、文化、社会、生态协调发展为前提，是一个具有较强综合竞争力的经济功能区。蓝色经济区是黄河流域出海大通道的经济引擎、环渤海经济南部隆起带、贯通东北老工业基地与长江三角洲经济区的枢纽、中日韩自由贸易的先行区，有利于沿海各地市县优势互补，在半岛地区形成具有核心竞争力的产业集群。蓝色经济区的建设关系着我国经济的稳定发展和社会的稳定。然而，水资源短缺和水质问题严重制约着蓝色经济区的发展，因此，在蓝色经济区践行"三条红线"，开展水资源预警理论研究，建设现代化水利示范区，可以为半岛蓝色经济区可持续发展提供水资源保障。

济南市是山东省省会，同时也是山东省的政治、经济中心和人口大市。在气候方面，济南市地处暖温带季风气候区，受大气环流和地理环境的影响，冬季干燥少雨，夏季炎热多雨，降水主要集中在汛期，非汛期降水量较小，与汛期相比，非汛期供水压力较大；在人口经济方面，济南市东城区人口约118万人，至2020年规划人口175万人，与此同时，经济发展迅速，工业产值每年以超过200亿元的速度增加，生活与工业需水量呈逐年上升的趋势。由于自然（气候、水资源量、水源水质）和人为（供水能力）因素的影响，济南市供需矛盾日益突出。同时，济南市的供水水源有多座水库、多处地下水水源地、黄河和长江客水及再生水，因此，济南市东城区作为区域水资源综合预警典型区具有很好的代表性。

基于"三条红线"用水总量红线，笔者率先在山东半岛蓝色经济区及济南市东城区分别展开地表水（水库）预警、地下水（地下水水源地）预警供水和区域水资源预警研究并进行了示范应用。

1.2 意　义

《中国21世纪议程》明确提出了我国经济、社会、资源、环境与人口的协调可持续发展战略。水资源作为重要的战略资源，必须保障其可持续利用，以支持国民经济和社会的可持续发展。地表水和地下水是重要的供水水源。地表水库和地下水水源地作为重要的蓄水工程，既发挥着水体的主要调蓄作用，又担负着城乡供水、农田灌溉、生态维持、景观美化等重要功能。以山东省为例，在山东半岛蓝色经济区和济南市建立重点工程供水预警机制，实行重点工程和地下水水源地可供水量预警管理，对保障城乡供水安全和水生态安全，实现水资源可持续利用，支持和保障区域经济社会可持续发展具有十分重要的意义，同时也对进一步开展水资源综合利用与最严格的水资源管理的研究具有指导作用和重要意义。

1. 水资源预警为水管理部门决策提供准确及时的信息

水资源的安全程度是人类共同关心的事情，水资源供水预警可以使人们及时掌握水资源态势的变化，提前发现未来有关水资源可能出现的问题及其成因，为政府制定水资源的相关措施提供基础信息和决策依据。

2. 水资源预警可以有效缓解水资源危机

我国水资源相对匮乏，人均水资源占有量少，许多地区对水资源的开发利用已临近水资源安全警戒线。通过预警系统对这些不安全因素进行监测预警，可以从宏观上为保证水资源安全提供有预见性的、充分的信息，从总体上准确把握和遏制水资源不安全态势。因此，建立地表水、地下水和区域预警系统，并辅之以相应的制度、科技和资金投入，可以有效地缓解当前的水资源不安全态势。

3. 水资源预警是区域和国家安全保障之一

通过供水预警，分析自然因素和社会因素对水资源开发利用产生的影响，预测和评价各种指标(或参数)是否偏离水资源正常值，在一定程度上使地区脱离水资源危机状态，缓解水资源不足对国民经济和社会可持续发展造成的冲击与影响，避免水资源危机引起的大的政治、经济和生态灾变发生，使人民生活质量、国民经济和社会发展、水资源生态系统不受破坏或受影响最小。

4. 水资源预警有利于提高水资源和水环境承载能力

我国水资源短缺且时空分布不均，资源型缺水和水质型缺水并存已成为许多城市缺水的主要类型。通过水资源供水预警机制，及时准确掌握水资源的自然演变和开发利用状态，对水资源的非正常状态及时发出警报并提出防范措施，可以协调水资源和水环境承载能力与经济社会发展的矛盾。

5. 水资源预警机制有利于加强水供给和水需求管理

通过供水预警可以更加清晰地认识和了解水资源状况，便于尽早对水供给和水需求的使用作出安排，采取措施调节供需平衡。同时，通过水资源预警的公布，可以让公众知道水资源的真实情况，唤起公众节约用水和保护水资源的意识，为节水型社会的建设打下坚实的群众基础。

6. 水资源供水预警研究有利于丰富和完善最严格水资源管理理论体系

目前，对地表水和地下水供水预警的研究在国内刚刚起步，且多为定性分析，定量研究较少。区域水资源预警研究者更是少之又少，地表水、地下水以及区域水资源供水预警是对区域水资源超前管理和定量化管理的一种有意探索，在很多方面尚处于空白状态，因此开展此项研究是一项创新的工作，具有重要的学术价值，对推动预警在水资源管理中的应用、最严格水资源管理的实施具有重要的理论和实际意义。

第 2 章 国内外概况

2.1 预 警 思 想

从远古时代起，人类就有了预警意识，对预警方法有所研究，可以说，预警是人类进化的一种本能(郑通汉，2006；姜文来等，2005；杨军，2003)。预警在《辞海》上有警告的意思，事先警告、提醒被告人注意和警惕。我国古代劳动人民就有朴素的预警思想。早在殷商时期，古人利用龟甲灼烧后的裂纹来占卜吉凶，确定是否适宜出门、乔迁新居等；千年前，古人利用烽火台进行军事预警，传递战争消息；用敲警钟的次数或快慢作为不同的信号，用来防火、防盗等；涪陵石鱼的出现，对研究、记述枯水位对航运和农业的影响有着重要的参考价值，也标志着千年前我国的水文工作者能够很好地利用预警思想；明代徐光启的备荒、救荒思想——"预弭为上，有备为中，赈济为下"，强调预防为主；此外，"禁于未发谓之预""防为上、救为次、戒为下""除患于未萌芽，然后能转而为福""生于忧患死于安乐"等思想，都揭示了预警的道理，反映了我国古人的预警思想，是古代贤者智慧的结晶。

近代"预警"一词最早出现在军事领域，其原意是指在敌人进攻之前发出警报，以做好防守应战的准备。19 世纪末，随着预警在军事领域中的发展，人们逐步开始把预警思想转向于民用领域，但主要是对宏观经济的预测与警示，以显示一个国家经济运行过热或过冷的不良状态(杨军，2003；Based，2001；Bromiley，1992；侯国庆，1989；顾海滨，1971；Baird，1985；Altman，1968；米契尔，1962)。20 世纪 40 年代初期，随着雷达、计算机的出现和战争的需要，诞生了雷达预警系统，并正式提出了预警系统的科学概念，可见，科学系统的预警研究理论和方法系统的产生距今不过 60 余年的时间。

2.2 水资源预警

目前水资源危机是一个世界性的难题，严峻的水资源形势是各国政府和水利学者关注的焦点之一，国内外有大量的专家和学者从不同的角度对水资源问题进行了大量研究，并取得了丰硕的成果(黄晓荣等，2003；彭建和梁红，2001；B.霍布里特，2000；Joardar，1998；Gleick，1996；Parkov et al.，1994；Moloradov，1992；Viessman，1990)。但针对地表水、地下水、区域水资源预警研究的成果很少。近年来，在预警方法方面，荆平在明确预警指标、预警标准、标准模糊等基础上，建立了模糊物元预警模型(李秉文等，2000)；王惠敏等(2001)就如何度量流域可持续发展以及度量发展模式是否具备可持续性，提出了流域可持续发展分析的系统动力学预警方法；邓绍云和文俊(2004)对建立区域水资源可持续利用预警指标体系进行了初步的探讨，设计了目标层、准则层和指标层3 个层次的区域水资源预警指标体系的框架。地下水动态预测是地下水预警研究的基础。

地下水动态预测模型分为确定性模型和非确定性模型(即随机模型)。确定性模型能比较准确地预测地下水动态变化,特别是对研究区水文地质条件简单、含水组系统较均一的情形更为有效。张发明和刘玉海(1996)运用系统分析的方法,建立了地面沉降预测预警系统(DTLAS),实现了地面沉降的计算机管理;李宏卿等(2003)采用 Visual Modflow 软件对长春城区的地下水位和氯离子浓度进行模拟和预报,在此基础上,应用 Visual Modflow 软件的系统化和可视化特点以及所拥有的强大的模拟功能,建立了长春城区地下水开采预警系统;王凯军等(2005)以长春城区为例,首次建立了地下水资源管理预警系统数学模型,模型反映了地下水预测模型和预警模型之间的关系,并将研究区进行分层预警,将各层分别确定不同预警和警戒水位,进行分层预警和整体预警,使地下水资源管理系统具有很好的可操作性,将地下水埋深季变幅和开采潜力指数作为地下水水量预警管理指标;贾仁辅(2008)建立了地下水位变化的非线性多元自适应样条回归(MARS)模型,并对盐城市进行地下水位预警研究;李文鹏等(2010)应用统计学方法对北京平原区地下水位预警进行了初步研究;葛慧玲等(2011)应用时差相关分析法优选警兆指标对哈尔滨市进行地下水位预警研究。

　　国外对地表水、区域水资源预警的研究成果也少见,对地下水的研究主要集中在地下水资源的管理与地下水动态预报等方面(Moloradov, 1992)。地下水资源管理于 20 世纪 60 年代在国外兴起,1959 年 Todd 在他的经典论著 *Ground Water Hydrology* 中明确提出了地下水管理的概念。60 年代以来,迅速发展起来的地下水数值模拟模型大大推进了地下水定量化研究。第一个地下水管理模型由 Deninger(1970)建立;Maddock(1972)推导出地下水系统单位脉冲响应函数,提出了建立大规模地下水水力管理模型最有效的方法——响应矩阵法;Aguado 和 Remson(1974)首次将地下水数值模型与线性规划联立,明确提出建立地下水水力管理模型的嵌入法;Gorelick(1983)对分布参数地下水管理模型,特别是水力管理模型进行了综述;Yeh(1991)、Bredehoeht(1994)和 Wagner(1995)等分别对分布参数地下水管理模型中的供水模型、政策评价和分配模型以及模拟-优化模型进行了详述和总结。进入 21 世纪以来,一些新的数学方法如人工神经网络(杨国栋等,2004;邵东国等,1999)等方法开始应用到地下水预警研究。国外还有很多地区尝试利用统计学方法对地下水位进行预警(Daliakopoulos et al.,2005),比较典型的是美国地质调查局于 2002 年在美国宾夕法尼业的基于数理统计学方法的动态预警研究。其主要做法是利用历史的地下水监测资料,统计不同百分数下的地下水位埋深值,将其作为代表某种水文地质单元信息的地下水位埋深判据,利用判据对地下水位的状态进行预警预报。国外在地下水水质预警和地下水位预测预报方面的研究较多,而关于地下水位预警管理方面研究的外文文献并不多见,尤其是地下水警戒水位的划定还没有统一的确定原则和方法。

第3章 研究内容、方法及技术路线

3.1 目标与原则

3.1.1 总体目标

水资源预警的主要任务是基于最严格的水资源管理制度，统筹协调好经济社会发展、水生态保护和水资源开发利用的关系，保障供水安全和水生态安全，根据工程的水资源条件、水资源开发利用现状及经济社会发展和水生态保护的需求，科学划定工程可供水量警戒线和预警区，对工程可供水量实行预警管理，使有限的水资源发挥最大的经济效益、社会效益和环境效益。

3.1.2 基本原则

水资源预警的基本原则如下：

(1)保障城乡居民生活、工农业生产和生态用水安全。

(2)统筹水资源开发利用与水生态保护的关系，注重水资源的高效利用和水生态的改善。

(3)统筹考虑和区别不同用水户的用水需求，优先保障城乡居民生活用水。

(4)可操作性和可控性原则。预警计算模型要具有可操作性和可控性。

3.2 地表水预警体系研究内容、方法及技术路线

3.2.1 主要研究内容

根据工程的来水、供水、蒸发、渗漏情况以及工程自身的运行状况，以保障供水安全和水生态安全为目标，科学划定水库可供水量蓝色、黄色、橙色、红色四条警戒线及蓝色、黄色、橙色和红色四级预警区(蓝色为最低警戒级别，黄色为较低预警级别，橙色为较高警戒级别，红色为最高警戒级别)，制定水库预警管理制度，建立水库预警管理体制，对水库可供水量实行(静态和动态)预警管理。

3.2.2 研究方法

地表水(水库)供水预警分为大型水库供水预警和中型水库供水预警。

结合区域水文特征及水库的调节特性，在对中型水库进行预警研究时，将中型水库分为以农业灌溉为主、以城乡生活和工业供水为主及综合利用(包括灌溉、生活供水和工业供水等功能)水库三种情况分别划定警戒线。在三个月预警的同时，将预警期延长至非汛期，进行了静态预警管理研究。此外，选择不同频率的典型年，进行了动态预警管理研究。以乳山市三座中型水库(台依水库、院里水库和花家疃水库)和胶南市五座中型水库(铁山

水库、陡崖子水库、小珠山水库、吉利河水库和孙家屯水库)为例，选择不同的水平年，进行了静态和动态预警，并针对不同的预警结果，提出了不同的管理(供水)方案。

在进行大型水库预警管理研究时，以三个月、非汛期、一年和两年作为预警期，分别划定了警戒线。在大型水库预警区确定时，引入了模糊数学"亦此亦彼"(即隶属度)的概念，建立模糊评价模型，直观地体现预警级别的渐变性。在进行两年预警时，引入了 P-III 型分布数据的随机模拟方法，将实测序列延长，进行转移概率统计，选择发生概率最大的年组和最不利的年组作为典型年，并考虑了防洪的影响，进行动态预警管理。以乳山市龙角山水库为例，分别进行了预警期为三个月、非汛期、一年和两年的预警管理，针对不同的缺水程度，给出了不同的供水方案。

3.2.3　技术路线

地表水(水库)预警技术路线如图 3-1 所示。

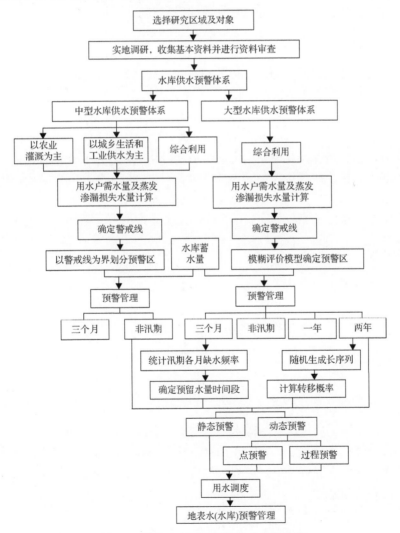

图 3-1　地表水(水库)预警技术路线简图

3.3　地下水预警体系研究内容、方法及技术路线

3.3.1　主要研究内容

1. 地下水位变幅预测分析

根据研究区实际情况,在综合考虑地下水位变化统计规律和物理成因机制的基础上,研究地下水位、降水量和开采量三者的关系,并考虑有效降水的影响,得到以月为时段的地下水位变幅回归拟合方程。

2. 预警期为三个月的预警

首先提出红、橙、黄三条地下水位警戒线的基本概念和确定方法,然后给出了三个月预警期的静态点预警线和动态过程预警线的确定方法。

3. 预警期为非汛期的预警

提出红、橙、黄、蓝四条地下水位警戒线和相应预警区的确定方法,分析了动态点预警和动态过程预警管理的思路和方法。

3.3.2　研究方法

根据研究区实际情况,考虑到研究区地质构造特点,把地下水的补给看作输入,地下水的排泄看作输出,研究输入与输出间的关系,得到地下水位与可开采量的关系。经实地调查,研究区域地下水的主要类型为第四系松散岩类孔隙潜水,地下含水层较浅,地表水汇流较快,选用多元线性回归方法研究地下水位与可开采量的关系。

3.3.3　技术路线

地下水预警管理研究的技术路线,如图3-2所示。

3.4　区域预警体系研究内容、方法及技术路线

3.4.1　主要研究内容

1. 基于水量的警戒线与预警区的确定

根据预警期内区域可供水量与需水量的平衡关系,将预警级别划分为蓝色、黄色、橙色、红色四条警戒线和与之对应的不预警、蓝色、黄色、橙色、红色五个预警区。在仅考虑水量的区域水资源预警中,由供水总量与需水总量的关系确定预警级别,对区域进行动态或静态的预警管理。

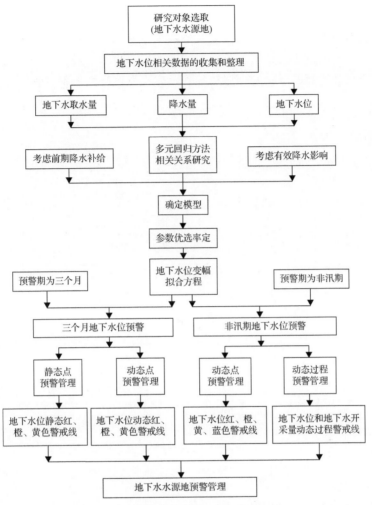

图 3-2 地下水预警管理研究技术路线简图

2. 基于水质水量耦合的警戒线与预警区的确定

在以水质为约束条件的区域水资源预警中，根据不同水质可供水量与不同用水部门需水量的供需关系，由用水部门的需水优先级逐级确定预警级别。将预警级别划分为蓝色、黄色、橙色、红色四条警戒线和与之对应的不预警、蓝色、黄色、橙色、红色五个预警区。

3. 区域供水方案的确定

提出了仅地表水水库群供水的区域预警方案、仅地下水水源地供水的区域预警方案和同时考虑地表水、地下水、客水和再生水的区域综合预警方案。

3.4.2 研究方法

根据研究区实际，确定供水水源为地表水、地下水、客水和再生水四种水源，用户为生活、工业和生态三类用户。分析降水的年内分布情况及用水需求，选择非汛期作为预警期。确定不同丰枯频率下，预警期内的降水量及其分配过程，进而计算逐月的补给量与损失水量。根据可供水总量、水质和不同水质要求需水量，进行供需平衡分析，分别进行了基于水量的静态及动态预警和基于水质水量耦合的动态预警，并给出相应的区域供水方案。

3.4.3　技术路线

区域水资源预警技术路线如图 3-3 所示。

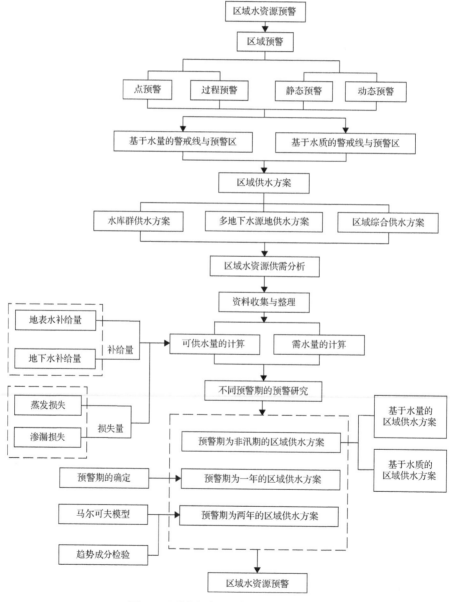

图 3-3　区域水资源预警技术路线简图

第4章 中型水库预警期为三个月警戒线的确定方法

目前，结合水资源最严格管理的需要，部分率先实行水库供水预警的地区（如山东省）预警期选择了三个月。针对北方地区水文特征及中型水库年调节的特征，笔者在研究中型水库供水预警时，除了选择三个月为预警期进行研究外，还将预警期延长为非汛期进行研究，即将预警期分为三个月和非汛期两种情况进行研究。考虑到大型水库一般具有多年调节的特征，大型水库供水预警分为三个月、非汛期、一年和两年四种情况。本章介绍预警期为三个月时，中型水库警戒线与预警区的确定方法。

4.1 用水户用水量及水库损失水量的确定

4.1.1 水库可供水量

水库可供水量 $V_{可供}$ 是指在未来某一时段内，假定水库在未来时段没有来水的情况下（最不利条件），扣除蒸发、渗漏后可供利用的水量，对应水库蓄水位为 $H_{蓄}$。

4.1.2 城乡生活与工业需水量

按照水库城乡生活与工业用水户的实际用水情况，分别确定未来 1 个月、2 个月和 3 个月的需水量，分别记为 $V_{(工，生)1}$、$V_{(工，生)2}$ 和 $V_{(工，生)3}$。

4.1.3 农业灌溉需水量

按照灌区实际灌溉用水情况，分析确定灌区未来 3 个月内灌溉 1 个轮次、2 个轮次、3 个轮次的毛灌溉需水量，分别记为 $V_{灌1}$、$V_{灌2}$、$V_{灌3}$。

4.1.4 水库渗漏损失水量

水库渗漏损失水量 $V_{渗}$ 是指水库坝体和坝基渗漏损失的水量。根据水库实际观测和分析数据，确定未来某一时段内渗漏损失水量。

4.1.5 水库蒸发损失水量

水库蒸发损失水量 $V_{蒸}$ 是指水库水面蒸发损失的水量，根据水库水面蒸发观测资料和未来某一时段内水库平均水面面积计算。

4.2 警戒线与预警区的确定方法

在确定预警期为三个月的警戒线时，将水库分为以农业灌溉为主、以城乡生活和工业供水为主和综合利用(包括农业灌溉、城乡生活供水、工业供水等)水库三种情况,分别进行研究。

4.2.1　以农业灌溉为主的水库

1. 黄色警戒线确定

假定某时刻,水库可供水量在未来 3 个月内恰好满足灌区 3 个轮次的农业灌溉需水量时所对应的水库水位定为黄色警戒线(水位,记为 $H_黄$,以下同)。该警戒线所对应的水库蓄水量是

$$V_黄 = V_死 + V_{灌3} + V_{渗3} + V_{蒸3} \tag{4-1}$$

式中,$V_死$:水库死库容(万 m^3),即水库死水位以下的库容。

2. 橙色警戒线确定

假定某时刻,水库可供水量在未来 2 个月内恰好满足灌区 2 个轮次的农业灌溉需水量时所对应的水库水位定为橙色警戒线(水位,记为 $H_橙$,以下同)。该警戒线所对应的水库蓄水量是

$$V_橙 = V_死 + V_{灌2} + V_{渗2} + V_{蒸2} \tag{4-2}$$

3. 红色警戒线确定

假定某时刻,水库可供水量在未来 1 个月内恰好满足灌区 1 个轮次的农业灌溉需水量时所对应的水库水位定为红色警戒线(水位,记为 $H_红$,以下同)。该警戒线所对应的水库蓄水量是

$$V_红 = V_死 + V_{灌1} + V_{渗1} + V_{蒸1} \tag{4-3}$$

4.2.2　以城乡生活和工业供水为主的水库

1. 黄色警戒线确定

假定某时刻,水库可供水量恰能满足 3 个月城乡生活与工业需水量时所对应的水库水位定为黄色警戒线(水位)。该警戒线所对应的水库蓄水量是

$$V_黄 = V_死 + V_{(工,生)3} + V_{渗3} + V_{蒸3} \tag{4-4}$$

2. 橙色警戒线确定

假定某时刻,水库可供水量恰能满足 2 个月城乡生活与工业需水量时所对应的水库水位定为橙色警戒线(水位)。该警戒线所对应的水库蓄水量是

$$V_{橙} = V_{死} + V_{(工，生)2} + V_{渗2} + V_{蒸2} \tag{4-5}$$

3. 红色警戒线确定

假定某时刻，水库可供水量恰能满足 1 个月城乡生活与工业需水量时所对应的水库水位定为红色警戒线（水位）。该警戒线所对应的水库蓄水量是

$$V_{红} = V_{死} + V_{(工，生)1} + V_{渗1} + V_{蒸1} \tag{4-6}$$

4.2.3　综合利用水库

1. 黄色警戒线确定

假定某时刻，水库可供水量恰能满足 3 个月城乡生活与工业需水量以及 3 个轮次的灌溉需水量时所对应的水库水位定为黄色警戒线（水位）。该警戒线所对应的水库蓄水量是

$$V_{黄} = V_{死} + V_{(工，生)3} + V_{灌3} + V_{渗3} + V_{蒸3} \tag{4-7}$$

2. 橙色警戒线确定

假定某时刻，水库可供水量恰能满足 2 个月城乡生活与工业需水量以及 2 个轮次的灌溉需水量时所对应的水库水位定为橙色警戒线（水位）。该警戒线所对应的水库蓄水量是

$$V_{橙} = V_{死} + V_{(工，生)2} + V_{灌2} + V_{渗2} + V_{蒸2} \tag{4-8}$$

3. 红色警戒线确定

假定某时刻，水库可供水量恰能满足 1 个月城乡生活与工业需水量以及 1 个轮次的灌溉需水量时所对应的水库水位定为红色警戒线（水位）。该警戒线所对应的水库蓄水量是

$$V_{红} = V_{死} + V_{(工，生)1} + V_{灌1} + V_{渗1} + V_{蒸1} \tag{4-9}$$

4.3　小　　结

本章结合最严格的水资源管理，选择三个月为预警期，根据水库不同用水户不同的用水保证程度，给出了不同类型水库（包括以农业灌溉为主的水库、以城乡生活和工业供水为主的水库、综合利用水库三种情况）的红色、橙色和黄色三条警戒线的确定办法，其对地表水水库的用水调度有一定的指导意义。

第5章 中型水库预警期为非汛期警戒线 与预警区的确定方法

北方河流多为季节性河流，有效降水和水库来水主要集中在汛期。供需矛盾主要发生在非汛期(当年10月至第二年5月，共8个月)，也就是说，汛期结束时，水库的可供水量即未来8个月(即非汛期)内用水户的可用水量。因此，除了三个月之外，本章将预警期延长为非汛期。本章讨论预警期为非汛期时，中型水库警戒线与预警区的确定方法。

5.1 点警戒线与预警区的确定

预警期为非汛期时，假设水库非汛期内无有效降水(最不利情况)，则仅需在非汛期初(10月1日，以下同)发布预警，因此我们只需确定非汛期初水库警戒线与预警线即可。本书中，只对预警期初发布预警的称为点预警。本节讨论点警戒线与预警区的确定方法。

5.1.1 用水户需水量及水库损失水量的确定

1. 城乡生活需水量 $V_{生}$

按照水库城乡生活用水户的实际需水情况，确定非汛期8个月的需水量，记为 $V_{生8}$。

2. 城乡工业需水量 $V_{工}$

按照水库城乡工业用水户的实际需水情况，确定非汛期8个月的需水量，记为 $V_{工8}$。

3. 农业灌溉需水量 $V_{灌}$

按照灌区实际灌溉用水情况，确定灌区非汛期8个月毛灌溉需水量，记为 $V_{灌8}$。

4. 水库生态需水量 $V_{生态}$

按照水库下游实际生态用水情况，确定水库下游非汛期8个月生态需水量，记为 $V_{生态8}$。

5. 水库渗漏损失水量 $V_{渗}$

水库渗漏损失水量是指水库坝体和坝基渗漏损失的水量。根据水库实际观测和分析数据确定非汛期8个月渗漏损失水量 $V_{渗8}$。

6. 水库蒸发损失水量 $V_{蒸}$

水库蒸发损失水量是指水库水面蒸发损失的水量，根据水库水面蒸发观测资料和非汛期 8 个月水库每个月平均水面面积计算。

5.1.2　点警戒线与预警区的确定

与预警期为三个月的水库供水预警相同，预警期为非汛期时，水库供水预警也按照三种情况分别划定警戒线和预警区。

1. 以农业灌溉为主的水库

1) 蓝色警戒线确定

当非汛期初(10 月 1 日，以下同)水库可供水量恰能满足非汛期 8 个月内 50% 有效灌溉面积的农业灌溉需水量，此时所对应的水库水位定义为蓝色警戒线(水位，记为 $H_蓝$，以下同)。当汛末实际水位高于蓝色警戒线(水位)时，不需要进行预警；否则，需要发布预警。蓝色警戒线(水位)对应的水库蓄水量是

$$V_蓝 = V_死 + 0.5V_{灌8} + V_{渗8} + V_{蒸8} \tag{5-1}$$

2) 黄色警戒线确定

当非汛期初水库可供水量恰能满足非汛期 8 个月内 45% 有效灌溉面积的农业灌溉需水量，此时所对应的水库水位定义为黄色警戒线(水位)。黄色警戒线(水位)对应的水库蓄水量是

$$V_黄 = V_死 + 0.45V_{灌8} + V_{渗8} + V_{蒸8} \tag{5-2}$$

3) 橙色警戒线确定

当非汛期初水库可供水量恰能满足非汛期 8 个月内 40% 有效灌溉面积的农业灌溉需水量，此时所对应的水库水位定义为橙色警戒线(水位)。橙色警戒线(水位)对应的水库蓄水量是

$$V_橙 = V_死 + 0.4V_{灌8} + V_{渗8} + V_{蒸8} \tag{5-3}$$

4) 红色警戒线确定

当非汛期初水库可供水量恰能满足非汛期 8 个月内 35% 有效灌溉面积的农业灌溉需水量，此时所对应的水库水位定义为红色警戒线(水位)。红色警戒线(水位)对应的水库蓄水量是

$$V_红 = V_死 + 0.35V_{灌8} + V_{渗8} + V_{蒸8} \tag{5-4}$$

蓝色警戒线和黄色警戒线之间为蓝色预警区，即水库水位介于蓝色警戒线和黄色警戒线之间时，发布蓝色预警。黄色警戒线和橙色警戒线之间为黄色预警区，即水库水位介于黄色警戒线和橙色警戒线之间时，发布黄色预警。橙色警戒线和红色警戒线之间为橙色预警区，即水库水位介于橙色警戒线和红色警戒线之间时，发布橙色预警。红色警

戒线和死水位之间为红色预警区，即水库水位介于红色预警线和死水位之间时，发布红色预警。当水库水位低于死水位时，进入紧急状态。

警戒线与预警区的关系如图 5-1 和式(5-5)所示。

$$\begin{cases} \text{不发布预警：} H_{\text{蓄}} > H_{\text{蓝}} \\ \text{蓝色预警：} H_{\text{黄}} < H_{\text{蓄}} < H_{\text{蓝}} \\ \text{黄色预警：} H_{\text{橙}} < H_{\text{蓄}} < H_{\text{黄}} \\ \text{橙色预警：} H_{\text{红}} < H_{\text{蓄}} < H_{\text{橙}} \\ \text{红色预警：} H_{\text{死}} < H_{\text{蓄}} < H_{\text{红}} \end{cases} \tag{5-5}$$

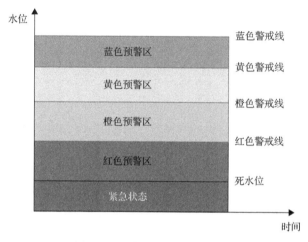

图 5-1　警戒线与预警区关系图

2. 以城乡生活和工业供水为主的水库

1) 蓝色警戒线确定

当非汛期初水库可供水量恰能满足非汛期 8 个月内城乡生活和工业需水量，此时所对应的水库水位定义为蓝色警戒线(水位)。当汛末实际水位高于蓝色警戒线(水位)时，不需要进行预警；否则，需要发布预警。蓝色警戒线(水位)对应的水库蓄水量是

$$V_{\text{蓝}} = V_{\text{死}} + V_{\text{生}8} + V_{\text{工}8} + V_{\text{渗}8} + V_{\text{蒸}8} \tag{5-6}$$

2) 黄色警戒线确定

当非汛期初水库可供水量恰能满足非汛期 8 个月内 98%的城乡生活和 95%的工业需水量，此时所对应的水库水位定义为黄色警戒线(水位)。黄色警戒线(水位)对应的水库蓄水量是

$$V_{\text{黄}} = V_{\text{死}} + 0.98 V_{\text{生}8} + 0.95 V_{\text{工}8} + V_{\text{渗}8} + V_{\text{蒸}8} \tag{5-7}$$

3）橙色警戒线确定

当非汛期初水库可供水量恰能满足非汛期 8 个月内 95% 的城乡生活和 90% 的工业需水量，此时所对应的水库水位定义为橙色警戒线（水位）。橙色警戒线（水位）对应的水库蓄水量是

$$V_{橙}=V_{死}+0.95V_{生8}+0.90V_{工8}+V_{渗8}+V_{蒸8} \tag{5-8}$$

4）红色警戒线确定

当非汛期初水库可供水量恰能满足非汛期 8 个月内 95% 的城乡生活和 80% 的工业需水量，此时所对应的水库水位定义为红色警戒线（水位）。红色警戒线（水位）对应的水库蓄水量是

$$V_{红}=V_{死}+0.95V_{生8}+0.80V_{工8}+V_{渗8}+V_{蒸8} \tag{5-9}$$

预警区的划分与以农业灌溉为主的水库划分方法一致。

3. 综合供水水库

综合供水水库可供水量警戒线，以城乡生活与工业供水为主要控制目标划定。进入橙色预警后，限制农业灌溉供水量；进入红色预警后，停止向农业和生态供水。

1）蓝色警戒线确定

当非汛期初水库可供水量恰能满足非汛期 8 个月内城乡生活和工业需水量及 75% 的生态和 50% 的灌溉需水量时，此时所对应的水库水位定义为蓝色警戒线（水位）。当汛末实际水位高于蓝色警戒线（水位）时，不需要进行预警；否则，需要发布预警。蓝色警戒线（水位）对应的水库蓄水量是

$$V_{蓝}=V_{死}+V_{生8}+V_{工8}+0.75V_{生态8}+0.5V_{灌8}+V_{渗8}+V_{蒸8} \tag{5-10}$$

2）黄色警戒线确定

当非汛期初水库可供水量恰能满足非汛期 8 个月内 98% 的城乡生活和 95% 的工业需水量及 75% 的生态和 50% 的灌溉需水量时，此时所对应的水库水位定义为黄色警戒线（水位）。黄色警戒线（水位）对应的水库蓄水量是

$$V_{黄}=V_{死}+0.98V_{生8}+0.95V_{工8}+0.75V_{生态8}+0.5V_{灌8}+V_{渗8}+V_{蒸8} \tag{5-11}$$

当水库蓄水位介于蓝色警戒线和黄色警戒线之间时，发布蓝色预警，水库所蓄水量满足渗漏、蒸发、灌溉和生态后全部用于生活、工业供水。

3）橙色警戒线确定

当非汛期初水库可供水量恰能满足非汛期 8 个月内 98% 的城乡生活和 95% 的工业需水量及 75% 的生态需水量时，此时所对应的水库水位定义为橙色警戒线（水位）。橙色警戒线（水位）对应的水库蓄水量是

$$V_{橙}=V_{死}+0.98V_{生8}+0.95V_{工8}+0.75V_{生态8}+V_{渗8}+V_{蒸8} \tag{5-12}$$

当水库蓄水位介于黄色警戒线和橙色警戒线之间时，发布黄色预警，水库所蓄水量满足渗漏、蒸发、生活(98%保证率)、工业供水(95%保证率)和生态(75%保证率)后全部用于灌溉。

4)红色警戒线确定

当非汛期初水库可供水量恰能满足非汛期8个月内98%的城乡生活和95%的工业需水量时，此时所对应的水库水位定义为红色警戒线(水位)。红色警戒线(水位)对应的水库蓄水量是

$$V_{红}=V_{死}+0.98V_{生8}+0.95V_{工8}+V_{渗8}+V_{蒸8} \tag{5-13}$$

当水库蓄水位介于橙色预警线和红色预警线之间时，发布橙色预警，水库所蓄水量满足渗漏、蒸发和生活(98%保证率)、工业供水(95%保证率)后全部用于生态。

当水库蓄水位低于红色预警线时，进入红色预警。

预警区的划分与以农业灌溉为主的水库划分方法一致。

5.2 预警过程线与预警区的确定

当预警期较短时，只需要对预警期初发布预警，根据预警级别确定并调整预警期内的供、用水策略。当预警期较长时，因受到来水和用水不确定性因素影响较大，除了在预警期初发布预警之外，还应根据水库实时蓄水量和用户需水量对预警级别定期调整，根据不断调整的预警级别，对预警期后期的供、用水策略进行实时调整。因此，除了在预警期初发布预警之外，还需要在预警期内以一定的时段长(一般为一个月)为间隔，定期发布预警，称为过程预警。

本节讨论预警过程线与预警区的确定方法。

5.2.1 用水户需水量及水库损失水量的确定

$V_{生}$、$V_{工}$、$V_{灌}$、$V_{生态}$、$V_{渗}$、$V_{蒸}$分别表示第 i 个月($i=1, 2, \cdots, 8$，依次分别对应 10 月，11 月，$\cdots$，第二年 5 月)到第二年 5 月的城乡生活需水量、工业需水量、农业灌溉需水量、生态需水量、水库渗漏损失水量和蒸发渗漏损失水量。

需要说明的是，前面只对预警期初发布预警，预警期作为一个整体确定用水户需水量及水库损失水量。而预警期内定时段发布预警时，不仅需要确定预警期总的用水户需水量及水库损失水量，而且需要确定预警期内某时刻(需要发布预警的时刻)到预警期末的时段用水户需水量及水库损失水量。其确定方法同前。

本节选择非汛期(10月到第二年5月，共8个月)作为预警期，预警期内定时段发布预警的时段间隔一般为一个月。

5.2.2　警戒线的划定

1. 以农业灌溉为主的水库

1) 蓝色警戒线确定

假定某时刻，水库可供水量恰能满足该时刻到非汛期末(5 月 31 日)50%有效灌溉面积的农业灌溉需水量，此时所对应的水库水位定义为蓝色警戒线(水位)。当汛末实际水位高于蓝色警戒线(水位)时，不需要进行预警；否则，需要发布预警。蓝色警戒线(水位)对应的水库蓄水量是

$$V_{i蓝}=V_{死}+0.5V_{i灌}+V_{i渗}+V_{i蒸} \tag{5-14}$$

2) 黄色警戒线确定

假定某时刻，水库可供水量恰能满足该时刻到非汛期末(5 月 31 日)45%有效灌溉面积的农业灌溉需水量，此时所对应的水库水位定义为黄色警戒线(水位)。黄色警戒线(水位)所对应的水库蓄水量是

$$V_{i黄}=V_{死}+0.45V_{i灌}+V_{i渗}+V_{i蒸} \tag{5-15}$$

3) 橙色警戒线确定

假定某时刻，水库可供水量恰能满足该时刻到非汛期末(5 月 31 日)40%有效灌溉面积的农业灌溉需水量，此时所对应的水库水位定义为橙色警戒线(水位)。橙色警戒线(水位)所对应的水库蓄水量是

$$V_{i橙}=V_{死}+0.4V_{i灌}+V_{i渗}+V_{i蒸} \tag{5-16}$$

4) 红色警戒线确定

假定某时刻，水库可供水量恰能满足该时刻到非汛期末(5 月 31 日)35%有效灌溉面积的农业灌溉需水量，此时所对应的水库水位定为红色警戒线(水位)。红色警戒线(水位)所对应的水库蓄水量是

$$V_{红}=V_{死}+0.35V_{i灌}+V_{i渗}+V_{i蒸} \tag{5-17}$$

当开始时间 i 依次取 1，2，…，8 时，根据式(5-14)～式(5-17)，即可求得预警期为非汛期的预警过程线。预警区的划分与静态点预警区的划分一致，以下同。

2. 以城乡生活和工业供水为主的水库

1) 蓝色警戒线确定

假定某时刻，水库可供水量恰能满足该时刻到非汛期末(5 月 31 日)城乡生活和工业需水量，此时所对应的水库水位定义为蓝色警戒线(水位)。当汛末实际水位高于蓝色警

戒线(水位)时,不需要进行预警;否则,需要发布预警。蓝色警戒线(水位)对应的水库蓄水量是

$$V_{i蓝}=V_{死}+V_{i生}+V_{i工}+V_{i渗}+V_{i蒸} \tag{5-18}$$

2)黄色警戒线确定

假定某时刻,水库可供水量恰能满足该时刻到非汛期末(5月31日)98%的城乡生活和95%的工业需水量,此时所对应的水库水位定义为黄色警戒线(水位)。黄色警戒线(水位)所对应的水库蓄水量是

$$V_{i黄}=V_{死}+0.98V_{i生}+0.95V_{i工}+V_{i渗}+V_{i蒸} \tag{5-19}$$

3)橙色警戒线确定

假定某时刻,水库可供水量恰能满足该时刻到非汛期末(5月31日)95%的城乡生活和90%的工业需水量,此时所对应的水库水位定义为橙色警戒线(水位)。橙色警戒线(水位)所对应的水库蓄水量是

$$V_{i橙}=V_{死}+0.95V_{i生}+0.9V_{i工}+V_{i渗}+V_{i蒸} \tag{5-20}$$

4)红色警戒线确定

假定某时刻,水库可供水量恰能满足该时刻到非汛期末(5月31日)95%的城乡生活和80%的工业需水量,此时所对应的水库水位定义为红色警戒线(水位)。红色警戒线(水位)所对应的水库蓄水量是

$$V_{i红}=V_{死}+0.95V_{i生}+0.8V_{i工}+V_{i渗}+V_{i蒸} \tag{5-21}$$

3. 综合供水水库

1)蓝色警戒线确定

假定某时刻,水库可供水量恰能满足该时刻到非汛期末(5月31日)城乡生活和工业需水量及75%的生态和50%的灌溉需水量,此时所对应的水库水位定义为蓝色警戒线(水位)。当汛末实际水位高于蓝色警戒线(水位)时,不需要进行预警;否则,需要发布预警。蓝色警戒线(水位)对应的水库蓄水量是

$$V_{i蓝}=V_{死}+V_{i生}+V_{i工}+0.75V_{i生态}+0.5V_{i灌}+V_{i渗}+V_{i蒸} \tag{5-22}$$

2)黄色警戒线确定

假定某时刻,水库可供水量恰能满足该时刻到非汛期末(5月31日)98%的城乡生活和95%的工业需水量及75%的生态和50%的灌溉需水量,此时所对应的水库水位定义为黄色警戒线(水位)。黄色警戒线(水位)对应的水库蓄水量是

$$V_{i黄}=V_{死}+0.98V_{i生}+0.95V_{i工}+0.75V_{i生态}+0.5V_{i灌}+V_{i渗}+V_{蒸} \tag{5-23}$$

3）橙色警戒线确定

假定某时刻，水库可供水量恰能满足该时刻到非汛期末（5 月 31 日）98%的城乡生活和 95%的工业需水量及 75%的生态需水量，此时所对应的水库水位定义为橙色警戒线（水位）。橙色警戒线（水位）所对应的水库蓄水量是

$$V_{i橙}=V_{死}+0.98V_{i生}+0.95V_{i工}+0.75V_{i生态}+V_{i渗}+V_{蒸} \tag{5-24}$$

4）红色警戒线确定

假定某时刻，水库可供水量恰能满足该时刻到非汛期末（5 月 31 日）98%的城乡生活和 95%的工业需水量时所对应的水库水位定义为红色警戒线（水位）。红色警戒线（水位）所对应的水库蓄水量是

$$V_{i红}=V_{死}+0.98V_{i生}+0.95V_{i工}+V_{i渗}+V_{蒸} \tag{5-25}$$

5.3 预 警 方 法

警戒线与预警区确定后，选择合适的预警方法即可进行预警管理。

预警方法分为静态预警方法与动态预警方法两类。

不考虑预警期（即预警时段，以下同）内有效降水（水库来水）的影响，即认为在预警期内水库没有来水，仅根据预警期初水库的实际蓄水量而发布预警，称为静态预警。

根据预警期初水库的实际蓄水量，加上预警期内可能发生的有效降水（水库来水）而发布的预警称为动态预警。

也就是说，静态预警只考虑预警期初水库的实际蓄水量，而动态预警不仅考虑预警期初水库的实际蓄水量，而且考虑预警期内水库可能的来水量。

下面分别给予介绍。

5.3.1 静态预警方法

以点预警为例，静态预警方法可简要归纳为以下步骤。

1. 确定预警期

预警期是指发布预警的预见期。在实际应用时，预警期不宜过长或过短，预警期过长，不确定性因素较多，影响预警的准确性，预警参考价值较低；预警期过短，不能对水资源管理和综合利用起到很好的导向作用，实用性不大。因此，应结合水库的调节作用和径流的变化特性，科学地选择预警期。目前，结合水资源最严格管理的需要，部分率先实行预警的地区预警期选择了三个月（如山东省）。由于水库大多数都具有年调节与多年调节的功能，径流都存在以年为周期的变化规律。因此，考虑到水库的调节作用与

径流的变化规律，笔者认为预警期除选择三个月之外，最好选择非汛期。本书中型水库选择的预警期分为三个月和非汛期两种情况，大型水库选择的预警期分为三个月、非汛期、一年和两年四种情况。

2. 计算预警期需水量

预警期需水量包括用水户需水量和水库自身渗漏、蒸发水量。

3. 确定预警级别

根据预警期(时段)初水库实际需水量，确定预警级别。

4. 确定供水对策

根据预警级别确定预警期的供水对策。水库供水是一个动态变化的过程，预警级别不同，相应的供水策略也不同。静态预警供水对策是动态预警供水对策的一个特例(或者说一个点)，详见 5.3.2 节，此处不再详述。

对于静态过程预警，预警方法同点预警，唯一的区别就是计算的起点不仅是预警期初，而是预警期中任一点(需要发布预警的时间节点)。

5.3.2 动态预警方法

前面介绍了静态预警方法，静态是指不考虑预警期内来水的影响，也就是假定预警期内无有效降水的情况。这种情况对于供水来讲是最不利的。在多数情况下，预警时段内可能或多或少都有一些来水，当考虑预警时段内来水的影响时，就引入了动态预警。

动态预警与静态预警的基本步骤大致相同，区别在于动态预警需要确定预警期内水库可能的来水量及其来水过程。

1. 预警期内水库可能来水量及其来水过程的推求

确定水库入库径流量(包括来水量及其来水过程)的方法：一是利用实测径流序列计算，二是利用实测降水序列计算。当水库上游有实测径流站时，可利用实测径流序列计算。但对于大多数中型水库而言，水库上游一般都没有实测径流站，需利用实测降水序列推求。本书的研究假定降水和径流同频率。利用实测降水序列推求的方法简要介绍如下。

1)频率选择

本次选择 5%、25%、50%、75%和 95%五个频率的代表年。

2)典型年选择

根据长序列实测降水资料，确定非汛期的降水序列，进行适线，确定相应频率的降水值，进而选择相应频率的典型年。

3)入库径流量计算

根据研究区的实际情况，确定非汛期无效降水 P_i' 和降水径流系数 α，根据式(5-26)可求得不同典型年设计月径流过程。

$$R_i = \begin{cases} 0.1\alpha A(P_i - P_i') & P_i > P_i' \\ 0 & P_i \leqslant P_i' \end{cases} \tag{5-26}$$

式中，i 为非汛期第 i 个月，取 1，2，…，8；R_i 为非汛期第 i 个月的径流量，万 m^3；P_i 为非汛期第 i 个月的降水量，mm；α 为降水径流系数；A 为流域汇流面积，km^2；P_i' 为非汛期第 i 个月的无效降水，mm。

2. 动态预警方法

动态预警方法分为点预警与过程预警。下面以过程预警为例，简要说明如下。

1) 确定预警期

方法同 5.3.1 静态预警方法。

2) 计算需水量

方法同 5.3.1 静态预警方法。

3) 确定预警级别

根据预警期各时段水库实际需水量及预警期内可能的来水量确定预警级别。

4) 确定供水对策

根据预警级别及预警期内可能的来水过程确定预警期的供水对策。

水库预警级别会随着预警期内每个月的降水补给作用和用水需求的变化而提高、降低或解除，因此水库预警实行动态管理更有实际意义。在实际预警管理中，预警期内的降水频率和降水月分配是未知的，预警期初(即 10 月 1 日)水库初始水位(蓄水量)已知，预警期内每个月的降水是动态变化的，降水过程是一个不确定过程，降水对水库的补给作用使得下个月份的水库可供水量增大。预警期内每个月都对应一个月初水位(蓄水量)和月供水量，根据降水量和水库月初水位(蓄水量)不断调整供水量，即可得到预警期内水库每个月的动态供水量。

下面介绍非汛期动态预警的思路。对于非汛期初，预警期为 10 月到第二年 5 月共 8 个月。已知非汛期第 i($i=1,2,\cdots,8$)个月水库的初始水位(蓄水量)，对照该月的警戒线水位，确定该月的预警级别。如果该月水库的初始水位高于该月的蓝色警戒线，则不需要发布预警，按照该月蓝色警戒线的需水量供水即可。如果该月水库的初始水位低于红色警戒线，说明水库需水量已经满足不了城乡生活和工业用水的需要，进入紧急状态，需通过增采地下水、跨流域调水等措施保证生活和工业的最低用水需求。如果该月水库的初始水位介于 a 警戒线和 b 警戒线之间(a 取红色、橙色、黄色，b 对应取橙色、黄色、蓝色)时，先假定第 i 个月的有效降水和预警期 $9-i$ 个月的有效降水都为 0，在保证 a 警戒线需水量后，对水库剩下的可供水量进行调配(具体调配方式将在第 17 章进行详细介绍)，计算出第 i 个月的水库动态供水量；非汛期第 $i+1$ 个月初时，第 $i+1$ 个月的有效降水和预警期 $8-i$ 个月的有效降水都为 0，但由于第 i 个月的有效降水的补给作用和水库供水量的影响，水库的预警级别可能发生变化。因此，应重新对照水库非汛期第 $i+1$ 个月警戒线，确定水库蓄水位的位置，如果水库蓄水位高于蓝色预警线，不发布预警，按照该月蓝色警戒线蓄水量供水；如果水库蓄水位低于红色预警线，进入紧急状态，并采取措施保证城乡生活和工业需水量的要求；如果水库蓄水位介于两条警戒线之间，满足较低警戒线需水量要求，对水库剩下的可供水量进行调配。以此类推，直至计算完整个非汛期，即可得到水库非汛期动态警戒线和供水过程。

下面介绍具体的供水方案，分三种情况进行讨论。

水库蓄水位高于蓝色警戒线（$h_i > h_{i4}$）时，不需要发布预警，此时按照需水量供水即可。

月供水量：

$$V_i = V_{i4} \tag{5-27}$$

式中，h_{i4} 为预警期为非汛期时，非汛期第 i 个月、预警级别为蓝色时对应的水库蓄水位，m；V_{i4} 为预警期为 1 个月时，非汛期第 i 个月、预警级别为蓝色时对应的需水量，万 m^3。

水库蓄水位低于红色警戒线（$h_i < h_{i1}$）时，进入紧急状态，此时按照红色警戒线供水，即保证生活和工业用水，不足水量通过跨流域调水、增采地下水等方式补足。

月供水量：

$$V_i = V_{i1} \tag{5-28}$$

水库蓄水位介于相邻两条警戒线之间时，即 $h_{ij} < h_i < h_{i(j+1)}$（$j$ 取 1, 2, 3）时，分两种方案进行讨论。

方案一：考虑到非汛期会有一定的有效降水，在预警中后期有一定的补给作用，因此在保证水库蓄水位不低于较低警戒线 h_{ij} 的同时，每月的供水量应尽可能的大；换言之，每月按照较高的警戒线 $h_{i(j+1)}$ 对应的水量 $V_{i(j+1)}$ 供水，直到水库水位与较低警戒线 h_{ij} 重合。

月供水量：

$$V_i = \begin{cases} V_{ij} & [W_i - W_{(i+1)j} \geqslant V_{ij}] \\ W_i - W_{(i+1)j} & [W_i - W_{(i+1)j} < V_{ij}] \end{cases} \tag{5-29}$$

式中，W_i 为非汛期第 i 个月初水库需水量，万 m^3，i 取 1, 2, …, 7；$W_{(i+1)j}$ 为非汛期第 $i+1$ 个月初、j 警戒线对应的水库蓄水量，万 m^3，j 取 1, 2, 3, 4。

方案二：均匀配水方案。按照方案一进行供水的话，存在一定的风险，如果碰到特旱年或者降水集中于非汛期后几个月或者前几个月的年份，某些用水户的需水量可能发生中断，如生态环境用水、养殖用水等，会造成严重的损失，因此考虑均匀供水，即满足较低警戒线对应的需水量后，剩下的水量均匀分配到各个月内。月供水量计算公式如下。

当水库蓄水位介于红色警戒线和橙色警戒线或者黄色警戒线和蓝色警戒线之间时，

月供水量：

$$V_i = \frac{W_i - W_{ij}}{9 - i} + V_i \tag{5-30}$$

当水库蓄水位橙色警戒线和黄色警戒线之间时，月供水量：

$$V_i = \begin{cases} \dfrac{W_1 - W_{13}}{3} + V_{13} & (i = 3, \text{即}12\,\text{月}) \\[2mm] \dfrac{W_6 - W_{63}}{2} + V_{63} & (i = 6, \text{即}3\,\text{月}) \\[2mm] W_8 - V_{死} & (i = 7, \text{即}4\,\text{月}) \\[2mm] W_7 - V_{83} & (i = 8, \text{即}5\,\text{月}) \\[2mm] V_{i3} & (i = 1, 2, 4, 5) \end{cases} \qquad (5\text{-}31)$$

结合水库供水方案及各月有效降水，即可推求水库蓄水位动态变化过程及动态供水过程。其递推公式如下所示：

(1) 确定非汛期第 i 个月的预警级别 $\text{WAR}_i = j$；

(2) 确定非汛期第 i 个月的供水量 V_i 和有效降水 P_i'，即可推求非汛期第 $i+1$ 个月初水库蓄水量：

$$W_{i+1} = W_i - V_i + \alpha A P_i' = W_1 - \sum_{k=1}^{i-1} V_k + \sum_{k=1}^{i-1} \alpha A P_i' \qquad (5\text{-}32)$$

当 i 取 1, 2, …, 7 时，根据递推公式可依次求出非汛期水库蓄水量和动态供水过程。

对于动态点预警，其预警方法同过程预警，区别就是计算的起点不是预警期中某一点(需要发布预警的时间节点)，而是预警期初。

5.4 小 结

本章主要提出了中型水库非汛期预警的管理办法。以最严格水资源管理为理论基础，结合用户需水、水库可供水量和水库主要供水用途等实际情况，选择非汛期为预警期，给出了中型水库点预警和过程预警的警戒线确定方法，划分出警戒区域；根据是否考虑非汛期来水，对水库进行了静态和动态预警，并针对不同频率(5%、25%、50%、75% 和 95%)降水给出了动态预警管理方案，更具有实际意义；根据预警级别的不同给出了不同的供水方案，统筹考虑和区别不同用水户的用水需求，优先保障城乡居民生活用水。与三个月预警期水库供水预警相比，以非汛期作为预警期进行预警更符合北方地区水文和气候特征，更具备实用性和指导意义。

第6章 预警期为三个月与非汛期大型 水库的预警管理理论

结合地区水文特点、水库调节周期及最严格水资源管理的需要，中型水库预警时选择了三个月和非汛期作为预警期两种情况进行研究。大型水库一般具有多年调节的特性，因此，在研究大型水库预警时，将预警期分为三个月、非汛期、一年和两年四种情况进行研究。本章研究预警期为三个月和非汛期时大型水库的预警管理。

预警期为三个月和非汛期时，大型水库警戒线的划分及预警方法与中型水库相同，此处不再详述；本节重点讨论预警期为非汛期时，大型水库预警区的确定方法。

确定中型水库的预警区时，采用排中律非此即彼的概念，仅以四条警戒线为界划分为蓝色、黄色、橙色、红色预警区。按照这种划分方法，无论水量接近某预警区的上限还是下限，发布的预警是一样的，无法清晰地认识和了解水资源短缺程度，不能够很好地掌握水量变化的态势。鉴于此，本书引入模糊数学中"亦此亦彼"的概念，即隶属度的概念，直观地体现出水量(预警级别)的渐变性。

6.1 基 本 概 念

6.1.1 绝对隶属度

设以水库死水位和兴利水位(分别对应水量 W_0、W_5)为端点构成论域 U，设论域 U 上的一个模糊概念 A(对应水量为 W_i)，分别赋给 A 处于共维差异的中介过渡段的左右端点(即 W_0 和 W_5，称为极点)0 与 1。在 0~1 的数轴上构成一个[0,1]闭区间数的连续统。对于 U 中的任意元素 $u \in U$，都在该连续统上指定了一个数 $\mu^0_A(u)$，称为 u 对 A 的绝对隶属度，简称隶属度。映射

$$\mu^0_A : U \to [0,1]$$

$$u \mapsto \mu^0_A(u)$$

称为 A 的绝对隶属函数，简称隶属函数。

6.1.2 相对隶属度

在绝对隶属度的连续统[0,1]数轴上建立参考系，使其中任意两条相邻警戒线(包括死水位与红色警戒线、蓝色警戒线与正常蓄水位)对应的点定为参考坐标系上的两极，赋给参考系的左、右两极 0 与 1，并构成参考系[0,1]数轴上的参考连续统。对任意的元素 $u \in U$，都在参考连续统上指定了一个数 $\mu_A(u)$，称为 u 对 A 的相对隶属度。映射

$$\mu_{\underset{\sim}{A}} : U \to [0,1]$$

$$u \mapsto \mu_{\underset{\sim}{A}}(u)$$

称为 $\underset{\sim}{A}$ 的相对隶属函数。

6.2　可变模糊评价模型

水库供水预警时，仅针对水库蓄水量指标进行模糊识别，指标体系采用越大越优型，预警级别 1 级最高、5 级最低，采用可变模糊识别模型和可变模糊评价模型对预警结果（预警区）进行确定。

6.2.1　相对隶属度模型

设有对模糊概念 $\underset{\sim}{A}$ 做识别的 n 个样本集合 $X = \{x_1, x_2, \cdots, x_n\}$，其对应特征值为 $X' = \{w_1, w_2, \cdots, w_n\}$，依据水位指标按 5 个级别的指标标准特征值进行识别，则有指标标准特征值矩阵 $Y = \{W_0, W_1, W_2, \cdots, W_5\}$。根据相对隶属函数定义，建立对模糊概念 $\underset{\sim}{A}$ 进行识别的参考连续统。确定参考连续统上关于 $\underset{\sim}{A}$ 的两个极点，然后在参考连续统上定义对 $\underset{\sim}{A}$ 的相对隶属函数。

水库预警时，水位指标标准特征值随级别 h 的增大而增大。因此，确定大于等于指标 5 级的标准特征值对于 $\underset{\sim}{A}$ 的相对隶属度为 0（左极点）。小于等于指标的 1 级标准特征值对 $\underset{\sim}{A}$ 的相对隶属度为 1。当特征值介于 h 级和 $h+1$ 级标准特征值之间时，对 $\underset{\sim}{A}$ 的相对隶属度按线性变化确定。水位指标对 $\underset{\sim}{A}$ 的相对隶属函数公式为

$$r_{ih} = \frac{W_{h+1} - w_i}{W_{h+1} - W_h}, \qquad W_h \leqslant w_i \leqslant W_{h+1} \tag{6-1}$$

$$r_{i(h+1)} + r_{ih} = 1 \tag{6-2}$$

由此可确定预警级别隶属于 h 级和 $h+1$ 级的程度，从而发布预警。

6.2.2　可变模糊评价模型

1. 确定相对隶属度

水库供水警戒线分为蓝色、黄色、橙色、红色四条警戒线，对应的预警级别也分为无预警及蓝色、黄色、橙色、红色预警五级。设左极点（红色警戒线）级别为序数 1，自左向右的中介级别点依次为 2（橙色警戒线）、3（黄色警戒线）、4（蓝色警戒线），右极点（汛末指兴利水位，对应特征值为兴利库容 W_5；其他时间为兴利库容与非汛期初到发布预警时用水户需水量的差值及其对应水位）级别为 5。1，2，3，4，5 称为级别点，以级别变

量 h 表示，$h=1$，2，3，4，5。

设已知某时刻水库蓄水位为 x_i，对应水库蓄水量为 W_i，即水库蓄水量指标特征向量为 $X=(W_i)$。

依据水库蓄水量指标 5 个级别的指标标准值区间矩阵为

$$I=([W_0,W_1]_1 \quad [W_1,W_2]_2 \quad [W_2,W_3]_3 \quad [W_3,W_4]_4 \quad [W_4,W_5]_5) \tag{6-3}$$

设 M_h 为指标 i 在区间 $[W_{h-1},W_h]$ 内对 $\underset{\sim}{A}$ 的相对隶属度为 1 的点值。根据级别 1～5，h 由劣级逐步变化为优级，且经过中介级 4。$h=5$ 时为优级，区间右端点 W_5 对优级 $\underset{\sim}{A}$ 的相对隶属度等于 1，则有 $M_5=W$，即 M_5 位于区间 I_5 的右端点；$h=1,2,3$ 时为劣级，区间左端点 W_0,W_1,W_2 对劣级 $\underset{\sim}{A^c}$ 的相对隶属度等于 1，则有 $M_h=W_{h-1}$ $(h=1,2,3,4)$，即区间 $[W_i,W_{i+1}]$ $(i=0,1,\cdots,4)$ 中相对隶属度等于 1 的点值矩阵 M 为

$$M=[W_0,W_1,W_2,W_3,W_5] \tag{6-4}$$

当 x_i 落在 M_h 左侧时，其相对隶属度为

$$\begin{aligned} \mu_{\underset{\sim}{A}}(x_i)_h &= 0.5\left[1+\left(\frac{w_i-W_{h-1}}{M_h-W_{h-1}}\right)\right] \quad w_i\in[W_{h-1},M_h] \\ \mu_{\underset{\sim}{A}}(x_i)_h &= 0.5\left[1-\left(\frac{w_i-W_{h-1}}{W_{h-2}-W_{h-1}}\right)\right] \quad w_i\in[W_{h-2},W_{h-1}] \end{aligned} \tag{6-5}$$

当 x_i 落在 M_h 右侧时，其相对隶属度为

$$\begin{aligned} \mu_{\underset{\sim}{A}}(x_i)_h &= 0.5\left[1+\left(\frac{w_i-W_h}{M_h-W_h}\right)\right] \quad w_i\in[M_h,W_h] \\ \mu_{\underset{\sim}{A}}(x_i)_h &= 0.5\left[1-\left(\frac{w_i-W_h}{W_{h+1}-W_h}\right)\right] \quad w_i\in[W_h,W_{h+1}] \end{aligned} \tag{6-6}$$

根据式(6-5)和式(6-6)计算样本 j 对各个级别的相对隶属度矩阵为

$$_jU=[\mu_{\underset{\sim}{A}}(x_{ij})_h] \tag{6-7}$$

根据可变模糊评价模型，则有样本 j 对级别 h 的综合相对隶属度 $_ju_{\underset{\sim}{A}}{}'$ 为

$$_ju_{\underset{\sim}{A}}{}'=\left\{1+\left[\frac{\left(1-\mu_{\underset{\sim}{A}}(x_i)_h\right)^p}{\left(\mu_{\underset{\sim}{A}}(x_i)_h\right)^p}\right]^{\frac{\alpha}{p}}\right\}^{-1} \tag{6-8}$$

式中，α 为优化准则参数，$\alpha = 1$ 为最小一乘方准则，$\alpha = 2$ 为最小二乘方准则；p 为距离参数，$p = 1$ 为海明距离，$p = 2$ 为欧氏距离。α、p 为可变模型参数，通常有以下四种组合：

(1) $\alpha = 1, p = 1$；

(2) $\alpha = 1, p = 2$；

(3) $\alpha = 2, p = 1$；

(4) $\alpha = 2, p = 2$。

由此可见，可变模糊评价模型式(6-8)相当于四种参数组合的模型集，即可变模型集。根据参数的四种不同组合均可得到一个相应的非归一化综合相对隶属度矩阵为

$$_j U' = (_j u_h') \tag{6-9}$$

对式(6-9)进行归一化，得到样本 j 对级别 h 的归一化综合相对隶属度矩阵为

$$_j U = (_j u_h) \tag{6-10}$$

式中，

$$_j u_h = \left._j u_h'\right/ \sum_{h=1}^{5} {}_j u_h'$$

2. 确定级别特征值

水库供水预警时，对于任一点 u_i（对应特征值即水库蓄水量 w_i），已知其对应级别 1,2,3,4,5（分别代表红色、橙色、黄色、蓝色及无预警五个级别）的相对隶属度分别为 $\mu_{A_1}(u_i), \mu_{A_2}(u_i), \mu_{A_3}(u_i), \mu_{A_4}(u_i), \mu_{A_5}(u_i)$，级别变量 h 与相对隶属度 $\mu_{A_h}(u_i)$ 组成的序对，称为预警级别变量相对隶属度分布列。

设已知 u_i 对模糊概念 $\underset{\sim}{A}$ 的级别变量相对隶属度分布列 $h \sim \mu_{\underset{\sim}{A_h}}(u_i)(h = 1, 2, 3, 4, 5)$。级别变量 h 以其相对隶属度 $\mu_{\underset{\sim}{A_h}}(u_i)$ 为权重，其总和为

$$H(u_i) = (1, 2, \cdots, 5) \cdot {}_j U^{\mathrm{T}} = \sum_{h=1}^{5} \mu_{\underset{\sim}{A_h}}(u_i) h \tag{6-11}$$

称为级别（类别）变量的特征值，简称级别（类别特征值）。

根据级别的变化情况，即可发布预警，级别特征值与预警关系见表 6-1。

表 6-1　级别特征值与预警关系表

级别特征值	[0,0.5]	(0.5,1.25]	(1.25,1.75]	(1.75,2.25]	(2.25,2.75]
预警级别	紧急状态	红色	红橙色	橙色	橙黄色
级别特征值	(2.75,3.25]	(3.25,3.75]	(3.75,4.5]	(4.5,5]	
预警级别	黄色	黄蓝色	蓝色	无预警	

6.3　小　　结

本章给出了预警期为三个月和非汛期时，大型水库的预警管理办法。警戒线的划分以最严格水资源管理为理论基础，结合用户需水、水库可供水量和水库主要供水用途等实际情况，大型水库警戒线的划分与中型水库一致。

大型水库预警区的划分与中型水库有所区别。相对而言，中型水库库容较小，用水户数量不多，供水任务相对较轻，四条警戒线对应库容的差值不大，因此仅以四条警戒线对预警区进行了划分；大型水库库容较大，供水任务较重，四条警戒线对应库容的差值相对较大，如果单纯以警戒线划分预警区的话，在发布预警时，体现不出渐变性。因此，在划分大型水库预警区时，引入了模糊数学中"亦此亦彼"的概念，即隶属度的概念，并以死水位、四条警戒线对应水位和兴利水位建立了相对隶属度模型和模糊评价模型，使预警级别的变化更加直观，能够为有关部门提供更加科学合理的决策依据，更具有实用性。

第7章 大型水库预警期为年的预警管理理论

大型水库一般为多年调节，北方地区特别是山东省降水集中在主汛期7月下旬和8月上旬，在干旱年份时，6月甚至7月的径流量都无法满足当月用水户的需水，因此汛末(非汛期初)发布预警时，水库水量不仅要满足非汛期(当年10月到第二年5月)的需水要求，而且有时也需要满足第二年6月、7月甚至更长时间的需水要求。本章的大型水库预警周期为年，因此最长考虑到第二年9月(汛期末)。大型水库更长预警期将在第8章中讨论。

7.1 预警期的确定

应用长系列资料，对汛期径流量进行统计，分别确定6~9月各月径流量不能满足用水需求的比例，当保证程度小于95%时，则认为不能满足；否则，认为能满足。不能满足的月份若在汛期的开始(如6月)，则该月的缺水量应由上一年水库蓄水量满足，此时预警期至少应延长到6月；不能满足的月份若在汛期末(如9月)，则缺水量可由当年汛期来水补充，不足部分仍需由上一年蓄水量补足，此时预警期应延长至9月。其他情况类推。

7.2 警戒线与预警区的确定

当以年为预警期发布预警时，警戒线的划定方法与非汛期警戒线的划定方法相同，只是将预留水量延长至第二年汛期第 a 个月(a 由预警区的实际情况分析确定)。同前，也分为以灌溉为主的水库、以城乡生活及工业供水为主的水库和综合利用水库三种情况。本章将介绍预警期为年的预警过程线的确定方法。

7.2.1 以农业灌溉为主的水库

1. 蓝色警戒线确定

假定某时刻，水库可供水量恰能满足该时刻到第二年汛期第 a 个月50%有效灌溉面积的农业灌溉需水量，此时所对应的水库水位定义为蓝色警戒线(水位)。当汛末实际水位高于蓝色警戒线(水位)时，不需要进行预警；否则，需要发布预警。蓝色警戒线(水位)对应的水库蓄水量是

$$V_{i蓝} = V_{死} + 0.5V_{i灌} + V_{i渗} + V_{i蒸} \tag{7-1}$$

2. 黄色警戒线确定

假定某时刻，水库可供水量恰能满足该时刻到第二年汛期第 a 个月45%有效灌溉面积的农业灌溉需水量，此时所对应的水库水位定义为黄色警戒线（水位）。黄色警戒线（水位）所对应的水库蓄水量是

$$V_{i黄}=V_{死}+0.45V_{i灌}+V_{i渗}+V_{i蒸} \qquad (7\text{-}2)$$

3. 橙色警戒线确定

假定某时刻，水库可供水量恰能满足该时刻到第二年汛期第 a 个月40%有效灌溉面积的农业灌溉需水量，此时所对应的水库水位定义为橙色警戒线（水位）。橙色警戒线（水位）所对应的水库蓄水量是

$$V_{i橙}=V_{死}+0.4V_{i灌}+V_{i渗}+V_{i蒸} \qquad (7\text{-}3)$$

4. 红色警戒线确定

假定某时刻，水库可供水量恰能满足该时刻到第二年汛期第 a 个月35%有效灌溉面积的农业灌溉需水量，此时所对应的水库水位定为红色警戒线（水位）。红色警戒线（水位）所对应的水库蓄水量是

$$V_{i红}=V_{死}+0.35V_{i灌}+V_{i渗}+V_{i蒸} \qquad (7\text{-}4)$$

当开始时间 i 依次取 1，2，…，8+a 时，根据式（7-1）～式（7-4），即可求得预警期为年的预警过程线，以下同。

7.2.2 以城乡生活和工业供水为主的水库

1. 蓝色警戒线确定

假定某时刻，水库可供水量恰能满足该时刻到第二年汛期第 a 个月城乡生活和工业需水量，此时所对应的水库水位定义为蓝色警戒线（水位）。当汛末实际水位高于蓝色警戒线（水位）时，不需要进行预警；否则，需要发布预警。蓝色警戒线（水位）对应的水库蓄水量是

$$V_{i蓝}=V_{死}+V_{i生}+V_{i工}+V_{i渗}+V_{i蒸} \qquad (7\text{-}5)$$

2. 黄色警戒线确定

假定某时刻，水库可供水量恰能满足该时刻到第二年汛期第 a 个月98%的城乡生活和95%的工业需水量，此时所对应的水库水位定义为黄色警戒线（水位）。黄色警戒线（水位）所对应的水库蓄水量是

$$V_{i黄}=V_{死}+0.98V_{i生}+0.95V_{i工}+V_{i渗}+V_{i蒸} \tag{7-6}$$

3. 橙色警戒线确定

假定某时刻，水库可供水量恰能满足该时刻到第二年汛期第 a 个月 95%的城乡生活和 90%的工业需水量，此时所对应的水库水位定义为橙色警戒线（水位）。橙色警戒线（水位）所对应的水库蓄水量是

$$V_{i橙}=V_{死}+0.95V_{i生}+0.9V_{i工}+V_{i渗}+V_{i蒸} \tag{7-7}$$

4. 红色警戒线确定

假定某时刻，水库可供水量恰能满足该时刻到第二年汛期第 a 个月 95%的城乡生活和 80%的工业需水量，此时所对应的水库水位定义为红色警戒线（水位）。红色警戒线（水位）所对应的水库蓄水量是

$$V_{i红}=V_{死}+0.95V_{i生}+0.8V_{i工}+V_{i渗}+V_{i蒸} \tag{7-8}$$

7.2.3　综合利用水库

1. 蓝色警戒线确定

假定某时刻，水库可供水量恰能满足该时刻到第二年汛期第 a 个月的城乡生活和工业需水量及 75%的生态和 50%的灌溉需水量，此时所对应的水库水位定义为蓝色警戒线（水位）。当汛末实际水位高于蓝色警戒线（水位）时，不需要进行预警；否则，需要发布预警。蓝色警戒线（水位）对应的水库蓄水量是

$$V_{i蓝}=V_{死}+V_{i生}+V_{i工}+0.75V_{i生态}+0.5V_{i灌}+V_{i渗}+V_{i蒸} \tag{7-9}$$

2. 黄色警戒线确定

假定某时刻，水库可供水量恰能满足该时刻到第二年汛期第 a 个月 98%的城乡生活和 95%的工业需水量及 75%的生态和 50%的灌溉需水量，此时所对应的水库水位定义为黄色警戒线（水位）。黄色警戒线（水位）对应的水库蓄水量是

$$V_{i黄}=V_{死}+0.98V_{i生}+0.95V_{i工}+0.75V_{i生态}+0.5V_{i灌}+V_{i渗}+V_{i蒸} \tag{7-10}$$

3. 橙色警戒线确定

假定某时刻，水库可供水量恰能满足该时刻到第二年汛期第 a 个月 98%的城乡生活和 95%的工业需水量及 75%的生态需水量，此时所对应的水库水位定义为橙色警戒线（水位）。橙色警戒线（水位）所对应的水库蓄水量是

$$V_{i橙} = V_死 + 0.98V_{i生} + 0.95V_{i工} + 0.75V_{i生态} + V_{i渗} + V_{i蒸} \tag{7-11}$$

4. 红色警戒线确定

假定某时刻，水库可供水量恰能满足该时刻到第二年汛期第 a 个月 98% 的城乡生活和 95% 的工业需水量，此时所对应的水库水位定义为红色警戒线（水位）。红色警戒线（水位）所对应的水库蓄水量是

$$V_{红} = V_死 + 0.98V_{i生} + 0.95V_{i工} + V_{i渗} + V_{i蒸} \tag{7-12}$$

预警期为年时，预警区的划分与以非汛期为预警期的预警区的划分方法相同。

7.3 预 警 方 法

大型水库预警期为年的预警方法分为静态预警与动态预警，具体步骤与中型水库一致，本节不再详细介绍。

7.4 小 结

大型水库一般具有多年调节的特性，因此对大型水库进行非汛期管理还不能满足实际运行需要。本章将预警期延长到一年，给出了年预警警戒线和预警区的确定办法，制定了年预警管理体系。年预警管理可以有效地缓解水资源短缺现状，使有限的水资源得到更充分的利用，发挥更大的社会、经济和生态效益。

第8章 大型水库预警期为两年的警戒线及预警区的确定方法

大型水库一般具有多年调节的特性，当遇到连丰年或连枯年时，以一年为预警期还不能满足实际需要；同时考虑到预警期越长，精确度越低，本章选择预警期为两年对大型水库进行预警管理。

8.1 典型年组合的确定

预警期为两年时，可采用两种方案选择典型的年组合。一种是利用转移概率的方法，即当第一年分别为丰水年、平水年和枯水年时，统计其后第二年分别出现概率最大的情况(丰水年、平水年和枯水年)，以最可能发生的组合作为典型年组合；另一种是选取最不利的情况，即不论第一年为丰水年、平水年还是枯水年，第二年均将枯水年且水量年内分配不利的情况作为典型年组合。

8.1.1 典型年组合的确定

在进行转移概率统计分析时，实测资料一般只有几十年，通常不超过100年，不能满足统计需要，因此需对实测资料进行延长。

1. 趋势成分检验

近年来，城市化进程日益加快，人类活动日益频繁，流域的下垫面条件发生改变，资料的一致性遭到破坏。因此，在延长资料之前，需对实测资料进行趋势分析。本节选用 Kendall 秩次相关检验法对实测序列进行趋势分析。取显著性水平 $\alpha = 5\%$，对水文站年实测径流量序列进行显著性检验。

构造统计量：

$$U = \frac{\tau}{[D(\tau)]^{1/2}} \tag{8-1}$$

其中，

$$\tau = \frac{4k}{n(n-1)} - 1; \qquad D(\tau) = \frac{2(2n+5)}{9n(n-1)}$$

给定显著性水平 α，当 $|U| < U_{\alpha/2}$ 时，接受原假设(序列无明显的变化趋势)，即趋势不显著；反之，拒绝原假设，即变化趋势显著。

确定所有对偶值 $(x_i, x_j)(j > i)$ 中 $(x_i < x_j)$ 出现的次数 k，代入式(8-1)即可进行显著性

检验。若实测序列趋势成分不显著，则采用实测序列进行计算；否则进行还现计算，采用还现后的数据进行分析计算。

2. 统计参数计算公式

统计参数及其计算公式主要包括以下内容。

均值：$\overline{P} = \dfrac{1}{n}\sum\limits_{i=1}^{n} P_i$ ；

均方差：$s = \sqrt{\dfrac{1}{n-1}\sum\limits_{i=1}^{n}(P_i - \overline{P})^2}$ ；

变差系数：$C_V = \dfrac{\sigma}{x}$ ；

偏态系数：$C_s = \dfrac{\sum\limits_{i=1}^{n}(P_i - \overline{P})^3}{n\sigma^3}$ ， $C_{sx} = \dfrac{1}{n-3}\dfrac{\sum\limits_{i=1}^{n}(P_i - \overline{P})^3}{\sigma^3}$ ；

式中，P_i 为第 i 年降水量，mm；$\overline{P}$ 为降水量系列均值，mm。

3. AR(1)模型模拟皮尔逊Ⅲ型序列的基本公式

我国水文计算中常用的分布有正态分布、皮尔逊Ⅲ型分布及对数正态分布，本节采用皮尔逊Ⅲ型(记为 P-Ⅲ型)分布。

设降水序列 P_t 服从 P-Ⅲ型分布，即 $P_t \sim \text{P-}\mathrm{III}(\overline{P}, C_V C_s)$，若 $C_s < 0.5$，采用 W-H 变换法进行随机模拟，计算公式为

$$\Phi_t = \frac{2}{C_s}\left(1 + \frac{C_s \xi_t}{6} - \frac{C_s^2}{36}\right)^3 - \frac{2}{C_s} \tag{8-2}$$

$$P_t = \overline{p} + r_1(P_{t-1} - \overline{P}) + \sigma\sqrt{1 - r_1^2}\,\Phi_t = \overline{P}(1 + C_V \Phi_t) \tag{8-3}$$

式中，Φ_t 服从均值为 0、方差为 1、偏态系数为 C_s 的 P-Ⅲ型分布；ξ_t 服从标准正态分布；偏态系数 $C_s = \dfrac{1 - r_1^3}{(1 - r_1^2)^{1.5}} C_{sx}$。

若 $C_s \geqslant 0.5$，采用舍选法进行随机模拟：

$$\alpha' = \text{INT}(\alpha)\,;\ \ \text{当}\,\alpha' < 1\,\text{时,}\ \ \alpha' = 0\,;\ \ \left(\alpha = \frac{4}{C_s^2}\right) \tag{8-4}$$

$$\beta = \frac{2}{\overline{P}C_V C_s} \tag{8-5}$$

$$a_0 = \overline{P}\left(1 - \frac{2C_V}{C_s}\right) \tag{8-6}$$

$$B_t = u_1^{1/r} / (u_1^{1/r} + u_2^{1/s}) P_t = a_0 + \frac{1}{\beta} \left(-\sum_{k=1}^{\alpha'} \ln u_k - B_t \ln u_t \right) \tag{8-7}$$

式中，u_1、u_2 为[0,1]区间上均匀分布的随机数；$r = \alpha - \alpha'$；$s = 1 - r$。采用 B_t 时，必须满足分母不大于 1，否则舍弃；重新取一对 u_1、u_2 进行计算，直到满足该条件为止。

4. 随机序列模拟生成步骤

(1)计算实测资料的统计参数 $\overline{P}$、σ、C_s、C_V、r_1；

(2)令 $t=p+1$，并假定 $P_1 = P_2 = \cdots = P_p = \overline{P}$；

(3)生成 P-III型分布纯随机数 ξ_t；

(4)以 $P_1 = P_2 = \cdots = P_p = \overline{P}$ 及 ξ_t，统计参数代入式(8-3)，生成一个年径流量 P_{p+1}；

(5)令 $t=t+1$，转向步骤(2)；

(6)重复上述步骤，直到达到满足要求的模拟长度；

(7)考虑前 50 项可能受初值的影响，应舍去，故剩下为生成的年径流序列。

5. 典型年组合的确定

随机序列模拟生成后，运用水文频率软件对生成序列进行适线，计算出不同频率降水量，确定出枯水年($P_t \geqslant P_{66.67\%}$)、平水年($P_{66.67\%} \geqslant P_t \geqslant P_{33.33\%}$)和丰水年($P_t \leqslant P_{33.33\%}$)的取值范围，根据丰水年、平水年和枯水年不同的取值范围确定随机序列值对应的范围。首先，统计当第一年为丰水年时，第二年分别为丰水年、平水年和枯水年的概率，选择发生概率最大的组合作为第一种典型年组合；其次，统计当第一年为平水年时，第二年分别为丰水年、平水年和枯水年的概率，选择发生概率最大的组合作为第二种典型年组合；最后，统计当第一年为枯水年时，第二年分别为丰水年、平水年和枯水年的概率，选择发生概率最大的组合作为第三种典型年组合。在研究预警期为两年的预警管理时，仅对发生概率最大的三种典型年组合进行预警。

8.1.2 最不利年组合的选择

在供水预警的研究中，水资源总量越小越不利，因此当出现连枯年即枯水年接枯水年时，对于供水预警是最不利的；考虑到水库的主要用水户城乡生活和工业的最低供水保证率为 95%，因此本节选择 95%的连枯年作为最不利年组合进行研究。

8.2　预警期为两年的警戒线与预警区的确定

预警期为两年时，要考虑第二年汛期来水情况。与水库最重要的用水户城乡生活和工业供水保证率一致，将 95%的枯水年作为预警期的第二年进行预警。警戒线分为三段进行确定：第一段是预警期初(即 10 月 1 日)到第二年 6 月 30 日，第二段是第二年 7 月 1 日到 9 月 30 日，第三段为第二年 10 月 1 日到第三年 6 月 30 日。下面分别介绍三段警戒线的确定方法。

8.2.1　用水户需水量及水库损失水量的确定

$V_{i\text{生}}$、$V_{i\text{工}}$、$V_{i\text{灌}}$、$V_{i\text{生态}}$、$V_{i\text{渗}}$、$V_{i\text{蒸}}$分别表示第 i 个月（$i=1,2,\cdots,21$，分别为 10 月 1 日，11 月 1 日，…，第三年 6 月 1 日）到第三年 6 月 30 日的城乡生活需水量、工业需水量、农业灌溉需水量、生态需水量、水库渗漏损失水量和蒸发渗漏损失水量。

预警期（两年）内定时段发布预警时，不仅需要确定预警期总的用水户需水量及水库损失水量，而且需要确定预警期内某时刻（需要发布预警的时刻）到预警期末时段的用水户需水量及水库损失水量等。确定方法同前。

本书的研究中，选择两年（10 月到第三年 6 月，共 21 个月）作为预警期，预警期内定时段发布预警的时段间隔为一个月。

8.2.2　预警期初到第二年 6 月 30 日警戒线的确定

1. 以农业灌溉为主的水库

1）蓝色警戒线确定

假定在预警期初（指当年 10 月 1 日 8 时，以下同）到第二年 6 月 30 日之间的某时刻，水库可供水量与 95% 频率的汛期来水量恰能满足该时刻到第三年 6 月 30 日 50% 有效灌溉面积的农业灌溉需水量，此时所对应的水库水位定义为蓝色警戒线（水位）。当水库实际水位高于蓝色警戒线（水位）时，不需要进行预警；否则，需要发布预警。蓝色警戒线（水位）对应的水库蓄水量是

$$V_{i\text{蓝}}=V_{\text{死}}+0.5V_{i\text{灌}}+V_{i\text{渗}}+V_{i\text{蒸}}-R_{95\%} \tag{8-8}$$

式中，$V_{i\text{蓝}}$为预警期第 i 个月蓝色警戒线对应的水库需水量，万 m^3；$R_{95\%}$为 95% 频率下汛期来水量，万 m^3，以下同。

2）黄色警戒线确定

假定在预警期初到第二年 6 月 30 日之间的某时刻，水库可供水量与 95% 频率的汛期来水量恰能满足该时刻到第三年 6 月 30 日 45% 有效灌溉面积的农业灌溉需水量，此时所对应的水库水位定义为黄色警戒线（水位）。黄色警戒线（水位）所对应的水库蓄水量是

$$V_{i\text{黄}}=V_{\text{死}}+0.45V_{i\text{灌}}+V_{i\text{渗}}+V_{i\text{蒸}}-R_{95\%} \tag{8-9}$$

3）橙色警戒线确定

假定在预警期初到第二年 6 月 30 日之间的某时刻，水库可供水量与 95% 频率的汛期来水量恰能满足该时刻到第三年 6 月 30 日 40% 有效灌溉面积的农业灌溉需水量，此时所对应的水库水位定义为橙色警戒线（水位）。橙色警戒线（水位）所对应的水库蓄水量是

$$V_{i\text{橙}}=V_{\text{死}}+0.4V_{i\text{灌}}+V_{i\text{渗}}+V_{i\text{蒸}}-R_{95\%} \tag{8-10}$$

4) 红色警戒线确定

假定在预警期初到第二年 6 月 30 日之间的某时刻,水库可供水量与 95%频率的汛期来水量恰能满足该时刻到第三年 6 月 30 日 35%有效灌溉面积的农业灌溉需水量,此时所对应的水库水位定义为红色警戒线(水位)。红色警戒线(水位)所对应的水库蓄水量是

$$V_{i红}=V_{死}+0.35V_{灌}+V_{i渗}+V_{i蒸}-R_{95\%} \tag{8-11}$$

当开始时间 i 依次取 1,2,…,9 时,根据式(8-8)~式(8-11),即可求得预警期初到第三年 6 月的预警过程线。预警区的划分方法与预警期为非汛期时预警区的划分方法相同,以下同。

2. 以城乡生活和工业供水为主的水库

1) 蓝色警戒线确定

假定在预警期初到第二年 6 月 30 日之间的某时刻,水库可供水量与 95%频率的汛期来水量恰能满足该时刻到第三年 6 月 30 日城乡生活和工业需水量,此时所对应的水库水位定义为蓝色警戒线(水位)。当水库实际水位高于蓝色警戒线(水位)时,不需要进行预警;否则,需要发布预警。蓝色警戒线(水位)对应的水库蓄水量是

$$V_{i蓝}=V_{死}+V_{i生}+V_{i工}+V_{i渗}+V_{i蒸}-R_{95\%} \tag{8-12}$$

2) 黄色警戒线确定

假定在预警期初到第二年 6 月 30 日之间的某时刻,水库可供水量与 95%频率的汛期来水量恰能满足该时刻到第三年 6 月 30 日 98%的城乡生活和 95%的工业需水量,此时所对应的水库水位定义为黄色警戒线(水位)。黄色警戒线(水位)所对应的水库蓄水量是

$$V_{i黄}=V_{死}+0.98V_{i生}+0.95V_{i工}+V_{i渗}+V_{i蒸}-R_{95\%} \tag{8-13}$$

3) 橙色警戒线确定

假定在预警期初到第二年 6 月 30 日之间的某时刻,水库可供水量与 95%频率的汛期来水量恰能满足该时刻到第三年 6 月 30 日 95%的城乡生活和 90%的工业需水量,此时所对应的水库水位定义为橙色警戒线(水位)。橙色警戒线(水位)所对应的水库蓄水量是

$$V_{i橙}=V_{死}+0.95V_{i生}+0.9V_{i工}+V_{i渗}+V_{i蒸}-R_{95\%} \tag{8-14}$$

4) 红色警戒线确定

假定在预警期初到第二年 6 月 30 日之间的某时刻,水库可供水量与 95%频率的汛期来水量恰能满足该时刻到第三年 6 月 30 日 95%的城乡生活和 80%的工业需水量,此时所对应的水库水位定义为红色警戒线(水位)。红色警戒线(水位)所对应的水库蓄水量是

$$V_{i红}=V_{死}+0.95V_{i生}+0.8V_{i工}+V_{i渗}+V_{i蒸}-R_{95\%} \tag{8-15}$$

3. 综合供水水库

综合供水水库可供水量警戒线以城乡生活与工业供水为主要控制目标划定。

1) 蓝色警戒线确定

假定在预警期初到第二年 6 月 30 日之间的某时刻,水库可供水量与 95%频率的汛期来水量恰能满足该时刻到第三年 6 月 30 日城乡生活和工业需水量及 75%的生态和 50%的灌溉需水量,此时所对应的水库水位定义为蓝色警戒线(水位)。当水库实际水位高于蓝色警戒线(水位)时,不需要进行预警;否则,需要发布预警。蓝色警戒线(水位)对应的水库蓄水量是

$$V_{i\text{蓝}}=V_{\text{死}}+V_{i\text{生}}+V_{i\text{工}}+0.75V_{i\text{生态}}+0.5V_{i\text{灌}}+V_{i\text{渗}}+V_{i\text{蒸}}-R_{95\%} \qquad (8\text{-}16)$$

2) 黄色警戒线确定

假定在预警期初到第二年 6 月 30 日之间的某时刻,水库可供水量与 95%频率的汛期来水量恰能满足该时刻到第三年 6 月 30 日 98%的城乡生活和 95%的工业需水量及 75%的生态和 50%的灌溉需水量,此时所对应的水库水位定义为黄色警戒线(水位)。黄色警戒线(水位)对应的水库蓄水量是

$$V_{i\text{黄}}=V_{\text{死}}+0.98V_{i\text{生}}+0.95V_{i\text{工}}+0.75V_{i\text{生态}}+0.5V_{i\text{灌}}+V_{i\text{渗}}+V_{i\text{蒸}}-R_{95\%} \qquad (8\text{-}17)$$

3) 橙色警戒线确定

假定在预警期初到第二年 6 月 30 日之间的某时刻,水库可供水量与 95%频率的汛期来水量恰能满足该时刻到第三年 6 月 30 日 98%的城乡生活和 95%的工业需水量及 75%的生态需水量,此时所对应的水库水位定义为橙色警戒线(水位)。橙色警戒线(水位)所对应的水库蓄水量是

$$V_{i\text{橙}}=V_{\text{死}}+0.98V_{i\text{生}}+0.95V_{i\text{工}}+0.75V_{i\text{生态}}+V_{i\text{渗}}+V_{i\text{蒸}}-R_{95\%} \qquad (8\text{-}18)$$

4) 红色警戒线确定

假定在预警期初到第二年 6 月 30 日之间的某时刻,水库可供水量与 95%频率的汛期来水量恰能满足该时刻到第三年 6 月 30 日 98%的城乡生活和 95%的工业需水量,此时所对应的水库水位定义为红色警戒线(水位)。红色警戒线(水位)所对应的水库蓄水量是

$$V_{i\text{红}}=V_{\text{死}}+0.98V_{i\text{生}}+0.95V_{i\text{工}}+V_{i\text{渗}}+V_{i\text{蒸}}-R_{95\%} \qquad (8\text{-}19)$$

8.2.3 预警期内第二年 7～9 月警戒线的确定

北方地区降水主要集中在汛期,即使是枯水年,汛期也有一定的来水量。因此,预警时应该对汛期来水量及其分配过程进行考虑。下面将介绍预警期内汛期警戒线的确定方法。

1. 以农业灌溉为主的水库

1) 蓝色警戒线确定

假定在预警期内第二年 7 月 1 日到 9 月 30 日之间的某时刻,水库可供水量与该时刻到汛期结束时 95%频率的来水量恰能满足该时刻到第三年 6 月 30 日 50%有效灌溉面积的农业灌溉需水量,此时所对应的水库水位定义为蓝色警戒线(水位)。当水库实际水位高于蓝色警戒线(水位)时,不需要进行预警;否则,需要发布预警。蓝色警戒线(水位)对应的水库蓄水量是

$$V_{i蓝}=V_{死}+0.5V_{i灌}+V_{i渗}+V_{i蒸}-\sum_{j=i-9}^{3}R_{j95\%} \qquad (8\text{-}20)$$

式中,$R_{j95\%}$ 中的 j 取 1,2,3 时,分别代表第二年 7 月、8 月和 9 月 95%频率的来水量,万 m³,以下同。

2) 黄色警戒线确定

假定在预警期内第二年 7 月 1 日到 9 月 30 日之间的某时刻,水库可供水量与该时刻到汛期结束时 95%频率的来水量恰能满足该时刻到第三年 6 月 30 日 45%有效灌溉面积的农业灌溉需水量,此时所对应的水库水位定义为黄色警戒线(水位)。黄色警戒线(水位)所对应的水库蓄水量是

$$V_{i黄}=V_{死}+0.45V_{i灌}+V_{i渗}+V_{i蒸}-\sum_{j=i-9}^{3}R_{j95\%} \qquad (8\text{-}21)$$

3) 橙色警戒线确定

假定在预警期内第二年 7 月 1 日到 9 月 30 日之间的某时刻,水库可供水量与该时刻到汛期结束时 95%频率的来水量恰能满足该时刻到第三年 6 月 30 日 40%有效灌溉面积的农业灌溉需水量,此时所对应的水库水位定义为橙色警戒线(水位)。橙色警戒线(水位)所对应的水库蓄水量是

$$V_{i橙}=V_{死}+0.4V_{i灌}+V_{i渗}+V_{i蒸}-\sum_{j=i-9}^{3}R_{j95\%} \qquad (8\text{-}22)$$

4) 红色警戒线确定

假定在预警期内第二年 7 月 1 日到 9 月 30 日之间的某时刻,水库可供水量与该时刻到汛期结束时 95%频率的来水量恰能满足该时刻到第三年 6 月 30 日 35%有效灌溉面积的农业灌溉需水量,此时所对应的水库水位定义为红色警戒线(水位)。红色警戒线(水位)所对应的水库蓄水量是

$$V_{i红}=V_{死}+0.35V_{i灌}+V_{i渗}+V_{i蒸}-\sum_{j=i-9}^{3}R_{j95\%}s \qquad (8\text{-}23)$$

当开始时间 i 依次取 10,11,12 时,根据式(8-20)~式(8-23),即可求得预警期内第二年 7~9 月的预警过程线。预警区的划分方法与预警期为非汛期时预警区的划分方法相同,以下同。

2. 以城乡生活和工业供水为主的水库

1)蓝色警戒线确定

假定在预警期内第二年 7 月 1 日到 9 月 30 日之间的某时刻,水库可供水量与该时刻到汛期结束时 95%频率的来水量恰能满足该时刻到第三年 6 月 30 日城乡生活和工业需水量,此时所对应的水库水位定义为蓝色警戒线(水位)。当水库实际水位高于蓝色警戒线(水位)时,不需要进行预警;否则,需要发布预警。蓝色警戒线(水位)对应的水库蓄水量是

$$V_{i蓝}=V_{死}+V_{i生}+V_{i工}+V_{i渗}+V_{i蒸}-\sum_{j=i-9}^{3}R_{j95\%} \tag{8-24}$$

2)黄色警戒线确定

假定在预警期内第二年 7 月 1 日到 9 月 30 日之间的某时刻,水库可供水量与该时刻到汛期结束时 95%频率的来水量恰能满足该时刻到第三年 6 月 30 日 98%的城乡生活和 95%的工业需水量,此时所对应的水库水位定义为黄色警戒线(水位)。黄色警戒线(水位)所对应的水库蓄水量是

$$V_{i黄}=V_{死}+0.98V_{i生}+0.95V_{i工}+V_{i渗}+V_{i蒸}-\sum_{j=i-9}^{3}R_{j95\%} \tag{8-25}$$

3)橙色警戒线确定

假定在预警期内第二年 7 月 1 日到 9 月 30 日之间的某时刻,水库可供水量与该时刻到汛期结束时 95%频率的来水量恰能满足该时刻到第三年 6 月 30 日 95%的城乡生活和 90%的工业需水量,此时所对应的水库水位定义为橙色警戒线(水位)。橙色警戒线(水位)所对应的水库蓄水量是

$$V_{i橙}=V_{死}+0.95V_{i生}+0.9V_{i工}+V_{i渗}+V_{i蒸}-\sum_{j=i-9}^{3}R_{j95\%} \tag{8-26}$$

4)红色警戒线确定

假定在预警期内第二年 7 月 1 日到 9 月 30 日之间的某时刻,水库可供水量与该时刻到汛期结束时 95%频率的来水量恰能满足该时刻到第三年 6 月 30 日 95%的城乡生活和 80%的工业需水量,此时所对应的水库水位定义为红色警戒线(水位)。红色警戒线(水位)所对应的水库蓄水量是

$$V_{i红}=V_{死}+0.95V_{i生}+0.8V_{i工}+V_{i渗}+V_{i蒸}-\sum_{j=i-9}^{3}R_{j95\%} \tag{8-27}$$

3. 综合供水水库

1) 蓝色警戒线确定

假定在预警期内第二年 7 月 1 日到 9 月 30 日之间的某时刻,水库可供水量与该时刻到汛期结束时 95%频率的来水量恰能满足该时刻到第三年 6 月 30 日城乡生活和工业需水量及 75%的生态和 50%的灌溉需水量,此时所对应的水库水位定义为蓝色警戒线(水位)。当水库实际水位高于蓝色警戒线(水位)时,不需要进行预警;否则,需要发布预警。蓝色警戒线(水位)对应的水库蓄水量是

$$V_{i蓝}=V_{死}+V_{i生}+V_{i工}+0.75V_{i生态}+0.5V_{i灌}+V_{i渗}+V_{i蒸}-\sum_{j=i-9}^{3}R_{j95\%} \tag{8-28}$$

2) 黄色警戒线确定

假定在预警期内第二年 7 月 1 日到 9 月 30 日之间的某时刻,水库可供水量与该时刻到汛期结束时 95%频率的来水量恰能满足该时刻到第三年 6 月 30 日 98%的城乡生活和 95%的工业需水量及 75%的生态和 50%的灌溉需水量,此时所对应的水库水位定义为黄色警戒线(水位)。黄色警戒线(水位)对应的水库蓄水量是

$$V_{i黄}=V_{死}+0.98V_{i生}+0.95V_{i工}+0.75V_{i生态}+0.5V_{i灌}+V_{i渗}+V_{i蒸}-\sum_{j=i-9}^{3}R_{j95\%} \tag{8-29}$$

3) 橙色警戒线确定

假定在预警期内第二年 7 月 1 日到 9 月 30 日之间的某时刻,水库可供水量与该时刻到汛期结束时 95%频率的来水量恰能满足该时刻到第三年 6 月 30 日 98%的城乡生活和 95%的工业需水量及 75%的生态需水量,此时所对应的水库水位定义为橙色警戒线(水位)。橙色警戒线(水位)所对应的水库蓄水量是

$$V_{i橙}=V_{死}+0.98V_{i生}+0.95V_{i工}+0.75V_{i生态}+V_{i渗}+V_{i蒸}-\sum_{j=i-9}^{3}R_{j95\%} \tag{8-30}$$

4) 红色警戒线确定

假定在预警期内第二年 7 月 1 日到 9 月 30 日之间的某时刻,水库可供水量与该时刻到汛期结束时 95%频率的来水量恰能满足该时刻到第三年 6 月 30 日 98%的城乡生活和 95%的工业需水量,此时所对应的水库水位定义为红色警戒线(水位)。红色警戒线(水位)所对应的水库蓄水量是

$$V_{i红}=V_{死}+0.98V_{i生}+0.95V_{i工}+V_{i渗}+V_{i蒸}-\sum_{j=i-9}^{3}R_{j95\%} \tag{8-31}$$

8.2.4　预警期内第二年 10 月到第三年 6 月警戒线的确定

该段警戒线的确定方法跟以年为预警期的警戒线的确定方法相同，区别是当 i 代表第二年 10 月到第三年 6 月时，i 的取值为 13～21，预警区的确定也与年预警一致，此处不再详述。

当 i 依次取 1，2，…，21 时，即可求得预警期为两年的预警过程线。

8.3　考虑防洪影响的警戒线与预警区的确定

8.2 节中，在确定警戒线时，认为汛期来多少水，水库就蓄多少水，没有考虑防洪的要求。在实际操作中，从防洪的角度考虑，6 月 1 日到 8 月 15 日之间水库水位要限制在汛中限制水位以下，8 月 15 日到 9 月 30 日水库水位要控制在汛末限制水位以下。因此，连年预警时，第二年 6 月的预留水量不能超过汛中限制水位。在这种情况下，警戒线应分为两段，下面分别介绍两段警戒线的确定方法。

8.3.1　预警期初到第二年 6 月警戒线的确定

1. 以农业灌溉为主的水库

1）蓝色警戒线确定

假定在预警期内 10 月 1 日到第二年 6 月 1 日之间的某时刻，水库汛中限制水位以上的可供水量恰能满足该时刻到第二年 6 月 30 日 50% 有效灌溉面积的农业灌溉需水量，此时所对应的水库水位定义为蓝色警戒线（水位）。当水库实际水位高于蓝色警戒线（水位）时，不需要进行预警；否则，需要发布预警。蓝色警戒线（水位）对应的水库蓄水量是

$$V_{i蓝}=V_{死}+0.5V_{i灌}+V_{i渗}+V_{i蒸}+V_{汛中} \tag{8-32}$$

式中，$V_{汛中}$ 为汛中限制水位与死水位之间对应水库蓄水量，万 m³，以下同。

2）黄色警戒线确定

假定在预警期内 10 月 1 日到第二年 6 月 1 日之间的某时刻，水库汛中限制水位以上的可供水量恰能满足该时刻到第二年 6 月 30 日 45% 有效灌溉面积的农业灌溉需水量，此时所对应的水库水位定义为黄色警戒线（水位）。黄色警戒线（水位）所对应的水库蓄水量是

$$V_{i黄}=V_{死}+0.45V_{i灌}+V_{i渗}+V_{i蒸}+V_{汛中} \tag{8-33}$$

3）橙色警戒线确定

假定在预警期内 10 月 1 日到第二年 6 月 1 日之间的某时刻，水库汛中限制水位以上

的可供水量恰能满足该时刻到第二年 6 月 30 日 40%有效灌溉面积的农业灌溉需水量,此时所对应的水库水位定义为橙色警戒线(水位)。橙色警戒线(水位)所对应的水库蓄水量是

$$V_{i橙}=V_{死}+0.4V_{i灌}+V_{i渗}+V_{i蒸}+V_{汛中} \tag{8-34}$$

4) 红色警戒线确定

假定在预警期内 10 月 1 日到第二年 6 月 1 日之间的某时刻,水库汛中限制水位以上的可供水量恰能满足该时刻到第二年 6 月 30 日 35%有效灌溉面积的农业灌溉需水量,此时所对应的水库水位定义为红色警戒线(水位)。红色警戒线(水位)所对应的水库蓄水量是

$$V_{i红}=V_{死}+0.35V_{i灌}+V_{i渗}+V_{i蒸}+V_{汛中} \tag{8-35}$$

当开始时间 i 依次取 1,2,…,9 时,根据式(8-32)~式(8-35),即可求得预警期初到第二年 6 月的预警过程线。预警区的划分方法与预警期为非汛期时的预警区的划分方法相同,以下同。

2. 以城乡生活和工业供水为主的水库

1) 蓝色警戒线确定

假定在预警期内 10 月 1 日到第二年 6 月 1 日之间的某时刻,水库汛中限制水位以上的可供水量恰能满足该时刻到第二年 6 月 30 日城乡生活和工业需水量,此时所对应的水库水位定义为蓝色警戒线(水位)。当水库实际水位高于蓝色警戒线(水位)时,不需要进行预警;否则,需要发布预警。蓝色警戒线(水位)对应的水库蓄水量是

$$V_{i蓝}=V_{死}+V_{i生}+V_{i工}+V_{i渗}+V_{i蒸}+V_{汛中} \tag{8-36}$$

2) 黄色警戒线确定

假定在预警期内 10 月 1 日到第二年 6 月 1 日之间的某时刻,水库汛中限制水位以上的可供水量恰能满足该时刻到第二年 6 月 30 日 98%的城乡生活和 95%的工业需水量,此时所对应的水库水位定义为黄色警戒线(水位)。黄色警戒线(水位)所对应的水库蓄水量是

$$V_{i黄}=V_{死}+0.98V_{i生}+0.95V_{i工}+V_{i渗}+V_{i蒸}+V_{汛中} \tag{8-37}$$

3) 橙色警戒线确定

假定在预警期内 10 月 1 日到第二年 6 月 1 日之间的某时刻,水库汛中限制水位以上的可供水量恰能满足该时刻到第二年 6 月 30 日 95%的城乡生活和 90%的工业需水量,此时所对应的水库水位定义为橙色警戒线(水位)。橙色警戒线(水位)所对应的水库蓄水量是

$$V_{i橙}=V_{死}+0.95V_{i生}+0.9V_{i工}+V_{i渗}+V_{i蒸}+V_{汛中} \tag{8-38}$$

4）红色警戒线确定

假定在预警期内 10 月 1 日到第二年 6 月 1 日之间的某时刻，水库汛中限制水位以上的可供水量恰能满足该时刻到第二年 6 月 30 日 95% 的城乡生活和 80% 的工业需水量，此时所对应的水库水位定义为红色警戒线（水位）。红色警戒线（水位）所对应的水库蓄水量是

$$V_{i红} = V_{死} + 0.95 V_{i生} + 0.8 V_{i工} + V_{i渗} + V_{i蒸} + V_{汛中} \tag{8-39}$$

3. 综合供水水库

1）蓝色警戒线确定

假定在预警期内 10 月 1 日到第二年 6 月 1 日之间的某时刻，水库汛中限制水位以上的可供水量恰能满足该时刻到第二年 6 月 30 日城乡生活和工业需水量及 75% 的生态和 50% 的灌溉需水量，此时所对应的水库水位定义为蓝色警戒线（水位）。当水库实际水位高于蓝色警戒线（水位）时，不需要进行预警；否则，需要发布预警。蓝色警戒线（水位）对应的水库蓄水量是

$$V_{i蓝} = V_{死} + V_{i生} + V_{i工} + 0.75 V_{i生态} + 0.5 V_{i灌} + V_{i渗} + V_{i蒸} + V_{汛中} \tag{8-40}$$

2）黄色警戒线确定

假定在预警期内 10 月 1 日到第二年 6 月 1 日之间的某时刻，水库汛中限制水位以上的可供水量恰能满足该时刻到第二年 6 月 30 日 98% 的城乡生活和 95% 的工业需水量及 75% 的生态和 50% 的灌溉需水量，此时所对应的水库水位定义为黄色警戒线（水位）。黄色警戒线（水位）对应的水库蓄水量是

$$V_{i黄} = V_{死} + 0.98 V_{i生} + 0.95 V_{i工} + 0.75 V_{i生态} + 0.5 V_{i灌} + V_{i渗} + V_{i蒸} + V_{汛中} \tag{8-41}$$

3）橙色警戒线确定

假定在预警期内 10 月 1 日到第二年 6 月 1 日之间的某时刻，水库汛中限制水位以上的可供水量恰能满足该时刻到第二年 6 月 30 日 98% 的城乡生活和 95% 的工业需水量及 75% 的生态需水量，此时所对应的水库水位定义为橙色警戒线（水位）。橙色警戒线（水位）所对应的水库蓄水量是

$$V_{i橙} = V_{死} + 0.98 V_{i生} + 0.95 V_{i工} + 0.75 V_{i生态} + V_{i渗} + V_{i蒸} + V_{汛中} \tag{8-42}$$

4）红色警戒线确定

假定在预警期内 10 月 1 日到第二年 6 月 1 日之间的某时刻，水库汛中限制水位以上的可供水量恰能满足该时刻到第二年 6 月 30 日 98% 的城乡生活和 95% 的工业需水量，此时所对应的水库水位定义为红色警戒线（水位）。红色警戒线（水位）所对应的水库蓄水量是

$$V_{i红} = V_{死} + 0.98V_{i生} + 0.95V_{i工} + V_{i渗} + V_{i蒸} + V_{汛中} \tag{8-43}$$

8.3.2　第二年 7 月到第三年 6 月警戒线的确定

第二年汛期 7～9 月不发布预警，在 8 月 15 日之前，水库蓄水位保持在汛中限制水位，来水量满足用水后排入河道；8 月 15 日之后来水全部蓄进水库。第二年 10 月到第三年 6 月警戒线的确定方法同前，此处不再详述。

在实际工程中，当汛中限制水位对应的水库蓄水量与 8 月 15 日到 9 月 30 日期间的来水量(95%频率)大于第二年的需水量时，采用第一种方式(8.2 节)确定警戒线；否则以汛中限制水位为限制条件，按照第二种方案(8.3 节)确定警戒线。

8.4　小　　结

本章给出了大型水库预警期为两年的警戒线与预警区的确定办法，考虑了汛期防洪的需要及汛中限制水位和汛末限制水位的影响；对实测序列进行延长，根据长序列资料统计了发生丰水年、平水年和枯水年的概率及其组合概率(转移概率)，据此确定了典型的年组合；分别给出了不考虑防洪和考虑防洪时水库警戒线的确定方法。与以一年为预警期的预警管理相比，以两年作为预警期，通过科学系统的管理和分配，能够更加合理地利用水资源，有效地缓解当地水资源短缺的现状，使有限的水资源发挥更大的社会效益和经济效益。

第9章　地下水位预测模型

9.1　多元回归方法

研究地下水动态变化的方法主要有水均衡法、水动力学法、数值法和数理统计方法等。根据多数地区的实际情况，考虑到由于缺乏足够的水文地质勘测数据，地下水水源地间水力联系和水量交换紧密，使得水均衡法平衡计算难度较大，采用动力学方法建立模型缺乏足够的参数资料，采用数值方法软件难以精确模拟，笔者利用黑箱原理的思路，将具体地质构造看作黑箱，把地下水的补给看作输入，地下水的排泄看作输出，选用数理统计分析方法，研究输入与输出之间的关系。下面先简要介绍多元回归方法，然后分析降水量、取水量与地下水位变化三者的关系。

回归分析是确定两种或两种以上变数间相互依赖的定量关系的一种数理统计分析方法。回归分析按照涉及的自变量多少，可分为一元回归分析和多元回归分析；按照自变量和因变量之间的关系类型，可分为线性回归分析和非线性回归分析。实际应用较多的是线性回归分析，因为它的模式比较简单，在理论上也比较严谨，而且地下水位与开采量、降水量之间存在类似的这种关系，因而回归分析是目前进行地下水动态预测的较常用的一种方法。回归分析常用来预测地下水资源的近期变化，在实际应用中经常是随着实际资料的积累，不断地修改回归方程，然后对未来进行预报，以保证模型的精度。如果在回归分析中，只包括一个自变量和一个因变量，且二者的关系可用一条直线近似表示，这种回归分析称为一元线性回归分析。如果回归分析中包括两个或两个以上的自变量，且因变量和自变量之间是线性关系，则其称为多元线性回归分析（何晓群和刘文卿，2001）。

多元线性回归时要确定因变量与多个自变量之间的定量关系，它的数学模型为

$$y = \beta_0 + \beta_1 x_1 + \cdots + \beta_m x_m + \varepsilon \tag{9-1}$$

式中，x_i 为自变量，$i = 1, 2, \cdots, m$；y 为因变量；β_i 为待定参数，$i = 0, 1, 2, \cdots, m$；ε 为随机变量，它表示除 x 以外其他随机因素对 y 影响的总和。

不考虑随机变量，则方程称为理论回归方程：

$$E(y) = \beta_0 + \beta_1 x_1 + \cdots + \beta_m x_m \tag{9-2}$$

在实际问题的研究中，我们事先不能断定随机变量 y 与变量 $x_1, x_2, \cdots, x_m$ 之间确实有线性关系，在进行回归参数的估计前，用多元线性回归方程去拟合随机变量 y 与变量 x_i 之间的关系，只是根据一些定性分析所做的一种假设。因此，当求出线性回归方程后，还需对回归方程进行显著性检验，一般采用回归系数拟合优度检验。拟合优度检验是用来检验回归方程对样本观测值的拟合程度，拟合优度 R^2 越接近 1，回归拟合的效果越好。

回归方程的显著性检验（F 检验）是以方差分析为基础，对回归总体线性关系是否显著的一种假设检验，当 F 显著性检验概率值小于显著性水平（一般取 0.05）时，则认为回归方程的显著性较好。

回归分析一般按以下步骤进行。

（1）根据预测目标，确定自变量和因变量。明确预测的具体目标，也就确定了因变量。如果预测具体目标是下一个月的流量，那么流量 y 就是因变量。通过分析，寻找与预测目标的相关影响因素，即自变量，并从中选出主要的影响因素，如降水量。本次研究的地下水取水量、降水量为自变量，地下水位变幅为因变量。

（2）建立回归模型。依据自变量和因变量的历史统计资料进行计算，建立回归分析方程，即回归分析模型。

（3）进行相关分析。回归分析是对具有因果关系的影响因素（自变量）和预测对象（因变量）所进行的数理统计分析处理。只有当自变量与因变量确实存在某种关系时，建立的回归方程才有意义。因此，作为自变量的因素与作为因变量的预测对象是否有关，相关程度如何，以及判断这种相关程度的把握性有多大，就成为进行回归分析必须要解决的问题。进行相关分析，一般要求出相关系数，以相关系数的大小来判断自变量和因变量的相关程度。

（4）检验回归模型。回归模型是否可用于实际预测，取决于对回归模型的检验和对拟合误差的计算。回归方程只有通过各种检验，且拟合误差较小，才能将回归方程作为预测模型进行预测。

（5）计算并确定预测值。利用回归模型计算预测值，并对预测值进行综合分析，确定最后的预测值。

9.2　地下水位变幅拟合关系

9.2.1　地下水水源地补给量、开采量与地下水位变幅的相关关系

地下水位动态变化主要受降水量及人工开采量两个因素的影响，因此主要通过研究区降水量及人工开采用水资料来预测地下水位的变化。

本次研究选择地下水开采量、降水量为自变量，选择地下水位变幅为因变量。考虑前期降水对地下水滞后补给的影响，在符合物理成因和满足拟合精度的基础上，可以适当增加一个前期降水自变量，按前期降水影响时段的长短可选择前一个月降水或前两个月降水。地下水位变幅拟合方程见式（9-3）：

$$\Delta H = \beta_0 + \beta_1 W + \beta_2 P + \beta_3 P_a \tag{9-3}$$

式中，ΔH 为月时段的地下水位变幅，本书的研究取时段末水位减去时段初水位，m；W 为月时段的地下水开采量，万 m^3；P 为月时段的降水量，mm；P_a 为月时段的前期（一个月或者两个月）降水量，mm；β_0 为取水和降水以外的补给和排泄综合因素引起的地下水位变幅，m；β_1 为月时段开采量引起地下水位下降的关系系数，$\beta_1 < 0$，$10^{-2} \, km^2$；β_2 为

月时段降水量引起地下水位上升的关系系数，$\beta_2 > 0$；β_3 为前期降水量引起地下水位上升的关系系数，$\beta_3 > 0$。

当拟合方程不考虑常数项时，地下水位变幅拟合方程见式(9-4)：

$$\Delta H = \beta_1 W + \beta_2 P + \beta_3 P_a \tag{9-4}$$

选取不同的自变量和因变量组合，对变量进行多元线性回归分析，选用 SPSS 统计软件建立多元线性回归模型，计算相关参数，得到地下水位变幅拟合关系方程，对应不同的回归拟合模型，以基于最小二乘法的因变量拟合残差平方和最小为原则，选择最优的多元回归拟合模型。

由于研究区地质构造的差异，水文地质参数不易确定，地下水补给和排泄因素的影响作用难以比较，因此对于多元回归拟合方程而言，可以分考虑常数项和不考虑常数项两种情况进行分析，即考虑 $\beta_0 = 0$ 和 $\beta_0 \neq 0$。

9.2.2 考虑有效降水的多元线性回归拟合

地下水水源地的补给量主要受降水影响，当时段降水量较小时(小于下限阈值)，由于蒸发损失和补给土壤包气带，降水对地下水的补给可能很小或者为零，以至于可以忽略，小于该下限阈值的为无效降水；当时段降水量较大时(大于上限阈值)，由于地下水含水层蓄满，多余降水不再补给地下水，而只能形成地表径流，大于该上限阈值对于补充地下水而言也为无效降水；只有在上、下限阈值之间的降水对地下水的补给有显著影响，称为有效降水。考虑有效降水的影响，地下水位变幅拟合方程见式(9-5)：

$$\Delta H = \beta_0 + \beta_1 W + \beta_2 P' + \beta_3 P_a' \tag{9-5}$$

式中，P' 为时段有效降水量，mm；P_a' 为时段前期有效降水量，mm；其他符号同前。

当不考虑常数项时，地下水位变幅拟合方程见式(9-6)：

$$\Delta H = \beta_1 W + \beta_2 P' + \beta_3 P_a' \tag{9-6}$$

针对前面提出的有效降水的定义，提出一个月有效降水量的计算公式，见式(9-7)：

$$P_1' = \begin{cases} 0, & \text{当} P_1 - P_{1min} < 0 \\ P_1 - P_{1min}, & \text{当} 0 \leqslant P_1 \leqslant P_{1max} \\ P_{1max} - P_{1min}, & \text{当} P_1 > P_{1max} \end{cases} \tag{9-7}$$

式中，P_1' 为一个月的有效降水量，mm；P_1 为一个月的降水量，mm；P_{1min} 为一个月有效降水对应的降水下限阈值，mm；P_{1max} 为一个月有效降水对应的降水上限阈值，mm；

确定两个月的有效降水量时，两个月中任意一个月首先应该满足单月有效降水的下限约束，得到两个月中任意一个月无上限约束的有效降水量(对任意一个月不考虑上限，其上限值由两个月降水量总量确定)，以此为依据确定两个月的有效降水的上限约束，两个月有效降水量的计算公式见式(9-8)：

$$P_2' = \begin{cases} P_{21}' + P_{22}', & \text{当} P_{21}' + P_{22}' < P_{2\max} - 2P_{1\min} \\ P_{2\max} - 2P_{1\min}, & \text{当} P_{21}' + P_{22}' \geqslant P_{2\max} - 2P_{1\min} \end{cases} \tag{9-8}$$

式中，P_2' 为两个月的有效降水量，mm；P_{21}' 为两个月中第一个月无上限约束的有效降水量，即 $P_{21}' = P_{21} - P_1$，mm；P_{22}' 为两个月中第二个月无上限约束的有效降水量，即 $P_{22}' = P_{22} - P_1$，mm；$P_{2\max}$ 为两个月有效降水对应的降水上限阈值，mm。

确定三个月的有效降水量时，三个月中任一个月首先满足一个月有效降水的下限约束，得到三个月中任一个月无上限约束的有效降水量(对任意一个月不考虑上限，其上限值由三个月降水量总量确定)，以此为依据确定三个月的降水的上限约束，两个月有效降水量的计算公式见式(9-9)：

$$P_3' = \begin{cases} P_{31}' + P_{32}' + P_{33}', & \text{当} P_{31}' + P_{32}' + P_{33}' < P_{3\max} - 3P_{1\min} \\ P_{3\max} - 3P_{1\min}, & \text{当} P_{31}' + P_{32}' + P_{33}' \geqslant P_{3\max} - 3P_{1\min} \end{cases} \tag{9-9}$$

式中，P_3' 为三个月的有效降水量，mm；P_{31}' 为三个月中第一个月无上限约束的有效降水量，即 $P_{31}' = P_{31} - P_1$，mm；P_{32}' 为三个月中第二个月无上限约束的有效降水量，即 $P_{32}' = P_{32} - P_1$，mm；P_{33}' 为三个月中第三个月无上限约束的有效降水量，即 $P_{33}' = P_{33} - P_1$，mm；$P_{3\max}$ 为三个月有效降水对应的降水上限阈值，mm。

有效降水量上、下限阈值的界定影响回归方程的拟合精度，这也是选择回归拟合模型的重点。不同的水源地因为土壤结构和下垫面条件的差异，有效降水的上、下限阈值有所不同。回归拟合反映物理变量间的一种统计规律和内在联系，在符合物理成因的基础上，降水变量是否取决前期降水和有效降水取决于模型的拟合精度。

9.3　地下水位预测模型

9.3.1　基于水位变幅的地下水位预测模型

本次研究以一个月作为最小预测时段，预测时段初为年内第 j 个月初，时段末地下水位 H_{j+1} 的表达式为

$$H_{j+1} = H_j + \Delta H_j \qquad j = 1, 2, \cdots, 12 \tag{9-10}$$

式中，H_j 为第 j 个月开始的计算时段初水位，m；H_{j+1} 为第 j 个月开始的计算时段末水位，m，即第 $j+1$ 个月开始的计算时段初水位；ΔH_j 为第 j 个月开始的计算时段的地下水位变幅预测值(即计算时段末水位减去计算时段初水位)，m；其他符号意义同前。

考虑非汛期第 j 个月开始的计算时段计划开采量与有效降水量(当月及前一个月或

两个月)的综合影响，对前面分析得到的地下水位变幅拟合方程式(9-5)进行参数优选，将拟合精度最优的拟合方程代入式(9-10)得到基于地下水位变幅的时段末地下水位预测模型：

$$H_{j+1} = H_j + \beta_0 + \beta_1 W_j + \beta_2 P_j' + \beta_3 P_{aj}' \tag{9-11}$$

式中，W_j 为第 j 个月开始的计算时段开采量，万 m^3；P_j' 为第 j 个月开始的计算时段有效降水量，mm；P_{aj}' 为第 j 个月开始的计算时段的前期有效降水量，mm；其他符号意义同前。

当拟合方程不考虑常数项时，时段末地下水位预测模型见式(9-12)：

$$H_{j+1} = H_j + \beta_1 W_j + \beta_2 P_j' + \beta_3 P_{aj}' \tag{9-12}$$

9.3.2 模型参数的物理含义分析

地下水位变幅预测模型由地下水位变幅多元回归拟合方程得来，模型参数 β_1、β_2 和 β_3 为自变量 W、P 和 P_a 与因变量的关系系数，下面分析一下其物理含义。

在地下水位变幅拟合方程中，令 $\Delta H_1 = \beta_1 W$，$\Delta H_2 = \beta_2 P$，$\Delta H_3 = \beta_3 P_a$。式中，ΔH_1 为月时段内开采引起的地下水位变幅，m；ΔH_2 为月时段内降水引起的地下水位变幅，m；ΔH_3 为月时段前期降水引起的地下水位变幅，m；其他符号同前。

下面先介绍与该模型有关的四个物理量，再分析几个模型参数的物理含义。

1. 降水入渗补给量

降水入渗补给量表示降水(包括坡面漫流和填洼水)渗入土壤中并在重力作用下渗透补给地下水的水量，采用式(9-13)计算：

$$W_P = 10^{-1} \lambda \cdot P \cdot A \tag{9-13}$$

式中，W_P 为降水入渗补给量，万 m^3；P 为降水量，mm；λ 为降水入渗补给系数(无因次)；A 为水源地面积，km^2。

2. 降水入渗补给系数

降水入渗补给系数 λ 是地下水资源评价的一个重要参数，指降水入渗补给深 ΔH_P 与相应降水量 P 的比值，见式(9-14)。它受多种因素的综合影响，主要随地形、岩性、地下水埋深、降水特性、植被及土壤水分等因素的变化而变化。

$$\lambda = \frac{\Delta H_P}{P} \tag{9-14}$$

式中，ΔH_P 为降水入渗补给深，mm；其他符号同前。

3. 地下水含水层储量

地下水含水层储量表示一定厚度的地下水含水层储存的水量，采用式(9-15)计算：

$$W = 10^2 \gamma \cdot \Delta H \cdot A \tag{9-15}$$

式中，W 为地下水含水层储量，万 m^3；ΔH 为含水土层厚度，mm；γ 为给水度(无因次)；其他符号同前。

4. 给水度

给水度 γ 是表征潜水含水层给水能力和储蓄水量能力的一个指标，在数值上等于单位面积的潜水含水层柱体，即当潜水位下降一个单位时，在重力作用下自由排出水量体积和相应的潜水含水土层体积的比值，见式(9-16)。给水度不仅和包气带的岩性有关，而且随排水时间、潜水埋深、水位变化幅度及水质的变化而变化。

$$\gamma = \frac{W}{V} = \frac{W}{A \cdot \Delta H} \tag{9-16}$$

式中，V 为含水土层体积，万 m^3；其他符号同前。

根据模型参数定义和前面介绍的几个物理量含义可得

$$\beta_1 = \frac{\Delta H_1}{W} = -\frac{\Delta H}{10^2 \gamma \cdot \Delta H \cdot A} = -0.01 \frac{1}{\gamma A} \tag{9-17}$$

$$\beta_2 = \frac{\Delta H_2}{P} = \frac{0.001 \Delta H_P}{P} = 0.001 \lambda \tag{9-18}$$

$$\beta_3 = \frac{\Delta H_3}{P} = \frac{0.001 \Delta H_{P_a}}{P} = 0.001 \lambda_a \tag{9-19}$$

式中，ΔH_{P_a} 为前期降水入渗补给深，mm；λ_a 为前期降水入渗补给系数；其他符号同前。

可见，模型参数 β_1、β_2 和 β_3 与降水入渗补给系数和给水度有很大的关系。

由于前期降水补给有滞后作用，补给系数会减小，因此有 $\beta_3 < \beta_2$。当模型中的降水变量取有效降水 P' 和 P'_a 时，对应的降水入渗补给系数会增大，得到的 β_2 和 β_3 也会相应增大，以此可以作为模型参数合理性检验的参考依据。

9.4　小　　结

本章主要提出了地下水位预测模型的确定方法。首先介绍了多元回归方法，并应用多元线性回归方法对地下水位变幅拟合关系进行了分析，在考虑前期降水和有效降水影响的基础上，选择时段开采量、时段降水量和前期降水量作为自变量，选择地下水位变幅作为因变量，研究了地下水水源地补给量、开采量和地下水位变幅三者的相关关系，得到地下水位变幅拟合方程。在符合物理成因和满足拟合精度的基础上，选择拟合精度最优的拟合方程作为基于地下水位变幅的时段末地下水位预测模型，并对模型参数的物理含义进行了分析。

第10章　地下水位警戒线确定理论与方法

10.1　基本概念

10.1.1　基准水位

以地下水在开采过程中生态环境不遭受破坏的最低水位为划定地下水位警戒线的基准水位，即最低限制水位，简称基准水位。

基准水位的确定可以采用两种方法，即地下水位动态模拟分析法和含水层厚度比例法，以两种方法确定的高水位作为划定区初步的基准水位。在此基础上，对有地下水水质保护、环境地质灾害防治、泉水保护等特殊需求的，根据其约束条件进行调整，最终确定基准水位。

1. 地下水位动态模拟分析法

以水源地满负荷开采（即地下水开采量等于评价的可开采量）为条件，模拟不同保证率降水量情况下的地下水位动态特征，在降水量等于95%保证率的情况下，所得出的年最低地下水位定为该水源地的基准水位。

模拟计算的初始水位确定分以下两种情况：一是对于尚未充分开发的水源地，以现状水位作为模拟计算的初始水位；二是对于已经充分开采或者已经超采的水源地，以已经充分开采但未超采情况下的多年平均水位作为模拟计算的初始水位。

2. 含水层厚度比例法

该方法主要适用于孔隙水，可分为山前冲、洪积平原孔隙水、山间河谷平原孔隙水、黄泛平原浅层孔隙水三种情况。

1) 山前冲、洪积平原孔隙水

地下水位达到开发利用目标含水层组厚度的1/2时，定为基准水位。

2) 山间河谷平原孔隙水

地下水位达到开发利用目标含水层组厚度的2/3时，定为基准水位。

3) 黄泛平原浅层孔隙水

地下水位达到开发利用目标含水层组厚度的1/2时，定为基准水位。

3. 基准水位调整的约束条件

(1)地下水位下降可能激发新的地下水水质污染、海咸水入侵的临界水位定为基准水位。

对于滨海地区，还应考虑海水入侵的影响。为了防止海水入侵导致沿海地区地下水污染，下游临近沿海的部分地区地下水位达到并维持一定的高程。国内外海水入侵临界水位的确定方法有很多，根据咸淡水的混合和运移特性可主要划分为突变界面模型和过渡带模型，其中突变界面模型的受限性表现在咸淡水过渡较宽和非静力平衡两个方面。在实际应用中，突变界面模型适用于过渡带很窄的情况，如滨海沙丘地区和珊瑚岛上有淡水透镜体存在的区域，同时也适用于大范围内的滨海地带海水入侵的研究。因此，本书采用突变界面模型中的 Ghyben-Herzberg 咸淡水界面模型进行确定。假设淡水和海水处于一种静平衡状态，对相对静止的海水来说，淡水区的压强可认为是按静水压强分布的（图 10-1），故在深度 h_s 的界面上，有以下关系，见式（10-1）：

$$\gamma_f(h_s + h_f) = \gamma_s h_s \tag{10-1}$$

式中，γ_f 为淡水的容重，g/cm³；γ_s 为海水的容重，g/cm³；h_f 为离海岸某一距离处，淡水高出海面的高度，m；h_s 为离海岸某一距离处，淡水与海面界面位于海面以下的深度，m；

由式（10-1）可得 h_s 和 h_f 的关系，见式（10-2）：

$$h_s = \frac{\gamma_f}{\gamma_s - \gamma_f} h_f \tag{10-2}$$

若海水密度取 1.025g/cm³，淡水密度为 1g/cm³，则有 $h_s = 40h_f$，即在离海岸任意距离上稳定界面在海面以下的深度为该处淡水高出海面的 40 倍。

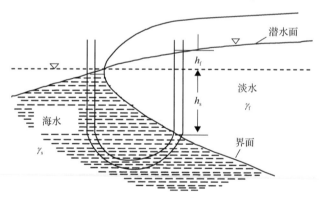

图 10-1　Ghyben-Herzberg 咸淡水界面模型（周训，2017）

根据地下水水源地的实际情况，下游沿海的地下水位井的基准水位可以按照 Ghyben-Herzberg 法确定。

（2）地下水位下降可能引起地面沉降、地面塌陷、地裂缝等地质灾害的临界水位定为基准水位。

（3）对于需要保护的名泉泉域，统筹考虑保泉与供水目标，综合确定基准水位。

10.1.2　地下水位预警

地下水位警戒线指为保护地下水设定的预警水位。地下水位预警是根据地下水监测的实际资料，分析地下水系统的采补平衡关系，科学划定地下水位预警线，并根据预警期的初始地下水位状态来判断水情，从而发布预警。地下水位的预警不仅要正确判断地下水位超过警戒线带来的经济和环境后果，还要分析可能出现的警情，寻找警源，从而采取有效措施控制，甚至化解警情，以便进行有效的地下水管理。

地下水位预警是一项长期而又持久的工作，并非随每次水文周期的发生而周而复始地活动。地下水位通常受开采、降水和蒸发等多种因素的影响，年内的降雨、蒸发和取水等具有一定的规律性，但因年际间降水、蒸发及总体水均衡程度的差异，时段的水位变幅一般具有一定的变异性，这就使得多年地下水位序列的规律性较差，表现出较复杂的非线性，难以进行识别和预报（张蕾，2006）。

10.1.3　预警期

预警期是指发布预警的预见期。在实际应用时，预警期不宜过长或过短，预警期过长，不确定性因素较多，影响预警的准确性，预警参考价值较低；预警期过短，不能对水资源管理和综合利用起到很好的导向作用，实用性不大。因此，应结合地下水水源地的调节作用和降水补给的变化特性，科学地选择预警期。对于地下水水源地的预警期，选择 3 个月和非汛期比较合理。

10.1.4　点预警和过程预警

地下水位的预警在时间上包括了点预警和过程预警。点预警是指对预警期的初始状态进行预警。当预警期较短时，如预警期为 1 个月、2 个月、3 个月时，只需要对预警期初发布预警。预警期为非汛期时，可以对非汛期初（10 月 1 日，以下同）的地下水位进行预警，由此可以确定非汛期的初始水位警戒线。

过程预警是指对预警期内每个月初的初始状态都进行预警。可以根据地下水水源地实时蓄水量和用户需水量对预警级别定期调整，以便对预警期后期的供、用水策略进行实时调整。当预警期较长时，如非汛期，除了在预警期初发布预警之外，还需要在预警期内以一定的时段长（建议为 1 个月）为间隔，定期发布预警，由此可以确定非汛期每个月的初始水位警戒线。

10.1.5　静态预警与动态预警

地下水位的预警在管理层面上包括了静态预警和动态预警。静态预警是指在假定预警期降水过程已知的基础上进行的预警。对于非汛期，在某一降水频率条件下，分析地下水水源地的补给和可供水量，再根据需水量来确定出非汛期的初始水位警戒线。

静态预警是指不考虑预警期内有效降水的影响，即认为在预警期内地下水没有降水补给，仅根据预警期初地下水水源地的实际储水量而发布的预警。

动态预警是指在预警期降水过程未知的基础上，根据预警期初地下水水源地的实际储水量（实际水位），考虑预警期内的地下水补给的不确定影响而发布的预警。

也就是说，静态预警只考虑预警期初地下水水源地的实际储水量，而动态预警不仅考虑预警期初地下水水源地的实际储水量，而且考虑预警期内有效降水可能的补给量。

10.1.6　静态点预警与动态点预警

对于预警期为三个月，由于预警期较短，只确定出初期的水位警戒线即可。当考虑预警期内降水对地下水补给的影响时，确定出初期的水位警戒线，即动态点预警，否则称为静态点预警。因此，将预警期为三个月的水位预警研究分为三个月静态点预警和动态点预警。

10.1.7　动态过程预警

对于预警期为非汛期，由于预警期较长，且预警期内降水较少，降水补给对水位确定的影响很大，因此需要考虑地下水补给的影响。当考虑预警期内不同频率的降水对地下水补给的影响时，确定出非汛期的初始水位警戒线，就可以实现动态点预警。当考虑对供水最不利的情况时，即先假定非汛期内无有效降水的供水，以确定出非汛期初始水位警戒线，然后随着预警期的缩短，再实时调整来确定出非汛期内每个月的初始水位警戒线，从而实现动态过程预警。因此，将预警期为非汛期的水位预警研究分为非汛期动态点预警和动态过程预警。

10.2　地下水位警戒线划定的目标及原则

10.2.1　目标

综合考虑不同区域的地下水赋存条件、水源类型、水资源量和开发利用现状等因素，科学划定地下水位警戒线，实行地下水位预警管理，促进地下水采补平衡，保障供水安全和生态环境安全。

10.2.2　原则

对于不同的地下含水层，其地下水位警戒线是不同的。地下水位警戒线确定的基本原则是最大限度地保证地下水在枯水期有足够的储水量可供取用，并在丰水期能够通过补给偿还回来。其合理划定还需遵循以下几个原则。

1. 采补平衡原则

应正确处理地下水资源开发利用与生态环境保护的关系，强化水资源的合理配置，遏制地下水超采。

2. 优先供水原则

应优先保障城乡居民生活用水的原则。

3. 因地制宜原则

应针对不同地区水资源条件、环境状况和经济发展阶段的差异，采用不同的划定方法。

4. 可操作性和可控性原则

地下水位警戒线要具有可操作性和可控制性。

10.3　地下水位警戒线的确定方法

本次研究以一个月作为最小预测时段，预测时段初为年内第 j 个月初，时段末地下水警戒水位的表达式为

$$H_{警}=H_{基}-\Delta H_j \qquad j=1,2,\cdots,12 \tag{10-3}$$

式中，$H_{基}$ 为基准水位，m；$H_{警}$ 为警戒水位，m；ΔH_j 为第 j 个月开始的计算时段的地下水位变幅预测值(即计算时段末水位减去计算时段初水位)，m；其他符号意义同前。

考虑非汛期第 j 个月开始的计算时段计划开采量与有效降水量(当月及前一个月或两个月)的综合影响，将前面分析得到的时段地下水位变幅拟合方程式(9-11)代入式(10-3)得

$$H_{警}=H_{基}-\beta_0-\beta_1 W_j-\beta_2 P_j{}'-\beta_3 P_{aj}{}' \tag{10-4}$$

式中，W_j 为第 j 个月开始的计算时段开采量，万 m^3；$P_j{}'$ 为第 j 个月开始的计算时段有效降水量，mm；$P_{aj}{}'$ 为第 j 个月开始的计算时段的前期有效降水量，mm；其他符号意义同前。

当拟合方程不考虑常数项时，地下水位变幅拟合方程见式(10-5)：

$$H_{警}=H_{基}-\beta_1 W_j-\beta_2 P_j{}'-\beta_3 P_{aj}{}' \tag{10-5}$$

10.4　地下水位预警管理

地下水位预警管理是在地下水位警戒线划定的基础上，通过限制或禁止地下水开采来减轻或解除地下水位的警戒级别，使地下水位恢复或保持健康状态。地下水水源地水位预警管理是水资源开发控制红线的重要组成部分，同时也是最严格水资源管理制度实施的保障。

以预警期内的地下水位警戒线作为预警指标，对预警期内各时段的实际初始水位进行预警，发布预警信号，并提出相应的管理措施，根据地下水警戒开采量对水源地提出不同程度的限制开采或禁止开采，相应地，预警级别也会随着降水补给的变化和开采量的变化而提高、降低或者解除。

10.5　小　　结

　　本章主要是关于地下水位预警的基本理论和方法，首先介绍了基准水位、地下水位预警、预警期、点预警和过程预警、静态预警与动态预警、静态点预警与动态点预警、动态过程预警等基本概念。预警期的划分主要包括三个月预警和非汛期预警两部分内容，提出了地下水位警戒线的确定方法和基本思路，最后提出了地下水位预警管理的含义。

第 11 章 预警期为三个月的地下水位预警方法

地下水位警戒线是指为保障供水安全和保护生态环境设定的预警水位线。参考《山东省地下水位警戒线划定技术大纲》(2010 年)，将预警期为三个月的地下水位警戒线划分为黄色、橙色和红色警戒线。其中，"黄色"为最轻警戒级别，"橙色"为较高警戒级别，"红色"为最高警戒级别。地下水位预警管理是一种动态管理，地下水位预警级别随着水位埋深和用水需求的变化而提高、降低或解除。

11.1 三个月地下水位预警线

地下水位警戒线的划定：

(1) 黄色警戒线。以基准水位为起点，基准水位以上满足三个月正常供水(工业和生活用水)水量所对应的代表水位作为黄色警戒线。

(2) 橙色警戒线。以基准水位为起点，基准水位以上满足两个月正常供水(工业和生活用水)水量所对应的代表水位作为橙色警戒线。

(3) 红色警戒线。以基准水位为起点，基准水位以上满足一个月正常供水(工业和生活用水)水量所对应的代表水位作为红色警戒线。

针对三个月的预警期，本书提出并定义两类地下水位警戒线，分别是静态地下水位警戒线和动态地下水位警戒线。

11.2 三个月地下水位静态点预警

静态地下水位警戒线：对于预测时段及降水滞后补给影响时段内无有效降水补给的情况，基准水位加上预测时段内计划开采量引起的水位变幅的预测值，得到的地下水位即该月初的静态地下水位警戒线。

静态地下水位警戒线对应的地下水位变幅预测值 $\Delta H_{\text{静}i}$ 的表达式见式(11-1)：

$$\Delta H_{\text{静}i} = \beta_0 + \beta_1 W_i \tag{11-1}$$

式中，$\Delta H_{\text{静}i}$ 为预测时段内计划开采量引起的地下水位变幅预测值，m；其他符号意义同前。

下面分别给出红、橙、黄三条地下水位静态警戒线的定义及确定方法。

11.2.1 静态红色警戒线

静态红色地下水位警戒线等于基准水位加上一个月计划开采量引起的水位变幅预测值，用 $H_{\text{红静}i}$ 表示，其表达式为

$$H_{红静i} = \begin{cases} H_{基} + \left| \Delta H_{红静i} \right|, & \Delta H_{红静i} < 0 \\ H_{基}, & \Delta H_{红静i} \geqslant 0 \end{cases} \quad i = 1, 2, \cdots, 12 \tag{11-2}$$

式中，$H_{基}$ 为基准水位，m；$H_{红静i}$ 为第 i 个月初的静态红色地下水位警戒线，m；$\Delta H_{红静i}$ 为第 i 个月当月及前期影响时段在无有效降水条件下的一个月计划开采量引起的地下水位变幅预测值，m；其他符号意义同前。

当预警时段为一个月时，由式(11-1)和式(11-2)可得

$$H_{红静i} = \begin{cases} H_{基} + \left| \beta_0 + \beta_1 W_{红i} \right|, & W_{红i} < -\dfrac{\beta_0}{\beta_1} \\ H_{基}, & W_{红i} \geqslant -\dfrac{\beta_0}{\beta_1} \end{cases} \tag{11-3}$$

式中，$W_{红i}$ 为满足未来一个月的正常供水(工业和生活用水)水量，万 m^3；其他符号意义同前。

11.2.2 静态橙色警戒线

静态橙色地下水位警戒线等于基准水位加上两个月计划开采量引起的水位变幅预测值，用 $H_{橙静i}$ 表示，其表达式为

$$H_{橙静i} = \begin{cases} H_{基} + \left| \Delta H_{橙静i} \right|, & \Delta H_{橙静i} < 0 \\ H_{基}, & \Delta H_{橙静i} \geqslant 0 \end{cases} \quad i = 1, 2, \cdots, 12 \tag{11-4}$$

式中，$H_{橙静i}$ 为第 i 个月初的静态橙色地下水位警戒线，m；$\Delta H_{橙静i}$ 为第 i 个月无有效降水量(当月、后一个月和前期降水影响时段)条件下两个月计划开采量引起的地下水位变幅预测值，m；其他符号意义同前。

当预警时段为两个月时，由式(11-1)和式(11-4)可得

$$H_{橙静i} = \begin{cases} H_{基} + \left| \beta_0 + \beta_1 W_{橙i} \right|, & W_{橙i} < -\dfrac{\beta_0}{\beta_1} \\ H_{基}, & W_{橙i} \geqslant -\dfrac{\beta_0}{\beta_1} \end{cases} \tag{11-5}$$

式中，$W_{橙i}$ 为满足未来两个月的正常供水(工业和生活用水)水量，万 m^3；其他符号意义同前。

11.2.3 静态黄色警戒线

静态黄色地下水位警戒线等于基准水位加上三个月计划开采量引起的水位变幅预测值，用 $H_{黄静i}$ 表示，其表达式为

$$H_{黄静i}=\begin{cases} H_{基}+\left|\Delta H_{黄静i}\right|, & \Delta H_{黄静i}<0 \\ H_{基}, & \Delta H_{黄静i}\geqslant 0 \end{cases} \quad i=1,2,\cdots,12 \qquad (11\text{-}6)$$

式中，$H_{黄静i}$ 为第 i 个月初的静态黄色地下水位警戒线，m；$\Delta H_{黄静i}$ 为第 i 个月无有效降水量(当月、后两个月和前期降水影响时段)条件下三个月计划开采量引起的地下水位变幅预测值，m；其他符号意义同前。

当预警时段为三个月时，由式(11-1)和式(11-6)可得

$$H_{黄静i}=\begin{cases} H_{基}+\left|\beta_0+\beta_1 W_{黄i}\right|, & W_{黄i}<-\dfrac{\beta_0}{\beta_1} \\ H_{基}, & W_{黄i}\geqslant -\dfrac{\beta_0}{\beta_1} \end{cases} \qquad (11\text{-}7)$$

式中，$W_{黄}$ 为满足未来三个月的正常供水(工业和生活用水)水量，万 m^3；其他符号意义同前。

11.3　三个月地下水位动态点预警

动态地下水位警戒线是考虑预测时段及降水滞后补给影响时段内的降水的补给作用，基准水位加上预测时段内计划开采量与有效降水量综合作用引起的地下水位变幅的预测值，得到的地下水位即该月初的动态地下水位警戒线。

由前面选用的回归拟合方程得到第 i 个月地下水位变幅的预测方程，即动态地下水位警戒线对应的地下水位变幅预测值 $\Delta H_{动i}$ 的表达式，见式(11-8)：

$$\Delta H_{动i}=\beta_0+\beta_1 W_i+\beta_2 P_i'+\beta_3 P_{ai}' \qquad (11\text{-}8)$$

式中，$\Delta H_{动i}$ 为第 i 个月预测时段内计划开采量与有效降水量综合作用引起的地下水位变幅预测值，m；W_i 为满足预测时段内的正常供水(工业和生活用水)水量，万 m^3；P_i' 为第 i 个月的有效降水量，mm；P_{ai}' 为第 i 个月的前期(一个月或两个月)有效降水量，mm；其他符号意义同前。

11.3.1　动态红色警戒线

动态红色地下水位警戒线等于基准水位加上一个月计划开采量与有效降水量(当月及前期降水影响时段)综合作用引起的地下水位变幅预测值，用 $H_{红动i}$ 表示，其表达式为

$$H_{红动i}=\begin{cases} H_{基}+\left|\Delta H_{红动i}\right|, & \Delta H_{红动i}<0 \\ H_{基}, & \Delta H_{红动i}\geqslant 0 \end{cases} \qquad (11\text{-}9)$$

式中，$\Delta H_{红动i}$ 为第 i 个月在一个月计划开采量与有效降水量(当月及前期降水影响时段)

综合作用引起的地下水位变幅预测值，m；其他符号意义同前。

当预警时段为一个月时，由式(11-8)和式(11-9)可得

$$
H_{红动i} = \begin{cases} H_{基} + \left| \beta_0 + \beta_1 W_{红i} + \beta_2 P'_{红i} + \beta_3 P'_{a红i} \right|, & W_{红i} < -\dfrac{\beta_0 + \beta_2 P'_{红i} + \beta_3 P'_{a红i}}{\beta_1} \\[3mm] H_{基}, & W_{红i} \geqslant -\dfrac{\beta_0 + \beta_2 P'_{红i} + \beta_3 P'_{a红i}}{\beta_1} \end{cases} \tag{11-10}
$$

式中，$P'_{红i}$ 为第 i 个月的有效降水量，mm；$P'_{a红i}$ 为第 i 个月的前期降水影响时段的有效降水量，mm；其他符号意义同前。

11.3.2　动态橙色警戒线

动态橙色地下水位警戒线等于基准水位加上两个月计划开采量与有效降水量(当月、后一个月和前期降水时段)综合作用引起的地下水位变幅预测值，用 $H_{橙动i}$ 表示，其表达式为

$$
H_{橙动i} = \begin{cases} H_{基} + \left| \Delta H_{橙动i} \right|, & \Delta H_{橙动i} < 0 \\[2mm] H_{基}, & \Delta H_{橙动i} \geqslant 0 \end{cases} \tag{11-11}
$$

式中，$\Delta H_{橙动i}$ 为第 i 个月在两个月计划开采量与有效降水量(当月、后一个月和前期降水影响时段)综合作用引起的地下水位变幅预测值，m；其他符号意义同前。

当预警时段为两个月时，由式(11-8)和式(11-11)可得

$$
H_{橙动i} = \begin{cases} H_{基} + \left| \beta_0 + \beta_1 W_{橙i} + \beta_2 P'_{橙i} + \beta_3 P'_{a橙i} \right|, & W_{橙i} < -\dfrac{\beta_0 + \beta_2 P'_{橙i} + \beta_3 P'_{a橙i}}{\beta_1} \\[3mm] H_{基}, & W_{橙i} \geqslant -\dfrac{\beta_0 + \beta_2 P'_{橙i} + \beta_3 P'_{a橙i}}{\beta_1} \end{cases} \tag{11-12}
$$

式中，$P'_{橙i}$ 为第 i 个月的有效降水量(当月和后一个月)，mm；$P'_{a橙i}$ 为第 i 个月的前期降水影响时段的有效降水量，mm；其他符号意义同前。

11.3.3　动态黄色警戒线

动态黄色地下水位警戒线等于基准水位加上三个月计划开采量与有效降水量(当月、后两个月和前期降水影响时段)综合作用引起的地下水位变幅预测值，用 $H_{黄动i}$ 表示，其表达式为

$$
H_{黄动i} = \begin{cases} H_{基} + \left| \Delta H_{黄动i} \right|, & \Delta H_{黄动i} < 0 \\[2mm] H_{基}, & \Delta H_{黄动i} \geqslant 0 \end{cases} \tag{11-13}
$$

式中，$\Delta H_{黄动i}$ 为第 i 个月在三个月计划开采量与有效降水量(当月、后两个月和前期降

水影响时段)综合作用引起的地下水位变幅预测值，m；其他符号意义同前。

当预警时段为三个月时，由式(11-8)和式(11-13)可得

$$H_{黄动i} = \begin{cases} H_{基} + \left| \beta_0 + \beta_1 W_{黄i} + \beta_2 P'_{黄i} + \beta_3 P'_{a黄i} \right|, & W_{黄i} < -\dfrac{\beta_0 + \beta_2 P'_{黄i} + \beta_3 P'_{a黄i}}{\beta_1} \\ H_{基}, & W_{黄i} \geqslant -\dfrac{\beta_0 + \beta_2 P'_{黄i} + \beta_3 P'_{a黄i}}{\beta_1} \end{cases} \quad (11\text{-}14)$$

式中，$P'_{黄i}$ 为第 i 个月的有效降水量(当月和后两个月)，mm；$P'_{a黄i}$ 为第 i 个月的前期降水影响时段的有效降水量，mm；其他符号意义同前。

11.4　三个月地下水位动态点预警管理

确定了红、橙、黄三条地下水位警戒线，就可实行地下水位预警管理。当已知某月初实际地下水位时，可以对未来一个月、两个月或三个月的地下水取水量进行预警。将月初地下水位与对应月份的红、橙、黄三条动态警戒线水位进行比较，当月初地下水位大于或等于警戒线水位时，认为未来几个月的需水量可以得到保证；当月初地下水位小于警戒线水位时，则需要对未来的月取水量提出预警，进行限制开采。

针对三个月预警管理，对于每种预警级别的警戒线，地下水位静态警戒线为月初最高警戒水位，基准水位为最低警戒水位。预警期内不同频率的降水对地下水的补给作用决定月初地下水位警戒线是动态变化的，可以选择三个不同降水频率的丰、平、枯设计代表年为例进行分析，划定相应的动态警戒线，在预警期内降水未知的情况下对预警决策提供指导依据。

11.5　小　　结

本章主要介绍了预警期为三个月的地下水位预警的理论和方法，在山东省地下水位警戒线划定大纲研究的基础上，提出了三个月静态点预警和三个月动态点预警，并相应给出了红、橙、黄三条地下水位静态和动态警戒线的确定方法，最后提出了三个月地下水位动态点预警管理思路。

第12章 预警期为非汛期的地下水位预警方法

12.1 非汛期预警方法

北方地区降水径流一般都集中于汛期,非汛期径流量很小。也就是说,地下水主要由汛期降水补给,非汛期补给量很小,非汛期主要为地下水的开采期。考虑到地下水水源地的补给、调蓄和开采的特点,本章选择非汛期为预警期,对地下水水源地非汛期预警方法进行研究。

在地下水水源地的预警管理过程中,将非汛期作为预警期,下面给出非汛期预警方法。选定非汛期为 10 月 1 日至第二年 6 月 1 日(即 10 月 1 日 8 时至第二年 6 月 1 日 8 时,以下同),采用倒推法从非汛期末(即第二年 6 月 1 日 8 时,以下同)的地下水位(水源地非汛期末最低限制水位)向前依次确定每个月初的水位(即每个月 1 日 8 时的水位,以下同)和地下水取水量,最后得到非汛期初(即当年 10 月 1 日 8 时,以下同)的地下水位和地下水取水总量。

非汛期第 i 个月初地下水位 H_i 的表达式为

$$H_i = H_{i+1} - \Delta H_i \qquad i = 1, 2, \cdots, 8 \tag{12-1}$$

式中, H_i 为非汛期第 i 个月的月初水位,m, H_1 为非汛期初(当年 10 月 1 日 8 时)的地下水位,m, H_9 为非汛期末(第二年 6 月 1 日 8 时)的地下水位,m;H_{i+1} 为非汛期第 i 个月底水位,即第 $i+1$ 个月初水位;ΔH_i 为第 i 个月地下水位变幅预测值(即月底水位减去月初水位),m;其他符号意义同前。

考虑非汛期第 i 个月的计划开采量与有效降水量(当月及前一个月或两个月)的综合影响,将前面分析得到的一个月地下水位变幅拟合方程 $\Delta H_i = \beta_0 + \beta_1 W_i + \beta_2 P_i' + \beta_3 P_{ai}'$ 代入式(12-1)得

$$H_i = H_{i+1} - \beta_0 - \beta_1 W_i - \beta_2 P_i' - \beta_3 P_{ai}' \tag{12-2}$$

由式(12-2)迭代计算得非汛期 10 月 1 日的初始水位 H_1 为

$$H_1 = H_9 - 8\beta_0 - \beta_1 W - \sum_{i=1}^{8} \left(\beta_2 P_i' + \beta_3 P_{ai}' \right) \tag{12-3}$$

式中, W 为非汛期计划取水量,万 m^3;其他符号意义同前。

令 $P_i' = P_{ai}' = 0$,由式(12-3)可求得无降水条件下的非汛期初始水位 H_1 为

$$H_1 = H_9 - 8\beta_0 - \beta_1 W \tag{12-4}$$

地下水在开采过程中生态环境不遭受破坏的最低水位为划定地下水位警戒线的基准水位，即最低限制水位。对于非汛期每个月的水位 H_i 都不应低于基准水位，其有如下约束条件：

$$H_i \geqslant H_{\text{基}} \qquad i = 1, 2, \cdots, 8 \tag{12-5}$$

由式 (12-3) 可知，非汛期初始地下水位由不同频率的降水量和不同保证程度的供水量综合决定。假定非汛期降水频率和开采总量已知，在非汛期末地下水位达到最低的基准水位的条件下，可以计算出非汛期初始地下水位的最低警戒值。以此为基础，可以确定不同降水频率和不同开采总量条件下的地下水初始水位警戒线和相应的预警区，从而对不同条件下的非汛期地下水初始水位进行预警判断。

12.2　非汛期地下水静态预警管理

12.2.1　警戒线的确定

地下水位警戒线是为保障供水安全和保护生态环境设定的预警控制线。针对预警期为非汛期，将非汛期初始地下水位警戒线划分为蓝色、黄色、橙色和红色四条警戒线。"蓝色"为轻度警戒级别，"黄色"为中度警戒级别，"橙色"为高度警戒级别，"红色"为最高警戒级别。

当非汛期无降水补给时，非汛期的实际可开采量（即总取水量）来源于非汛期初的水源地蓄水量。在这种情况下，以近年来非汛期中月实际开采量的最大值作为未来实际每月的开采量，确定非汛期总取水量，记为 W_{blue}，此值对应的地下水位即初始水位蓝色警戒线，记为 H_{blue}；以近年来非汛期中月实际开采量的最小值作为未来实际每月的开采量，确定非汛期总取水量，记为 W_{red}，此值对应的地下水位即初始水位红色警戒线，记为 H_{red}。由于风河地下水水源地水位埋深不大，经初步分析，地下水储水量沿埋深变化较为均匀，基本呈线性，因此，在求得 W_{blue} 和 W_{red} 后，将 W_{blue} 和 W_{red} 之间划分为三等分，即可确定初始水位黄色警戒线 H_{yellow} 及其对应的非汛期总取水量 W_{yellow} 和初始水位橙色警戒线 H_{orange} 及其对应的非汛期总取水量 W_{orange}。

12.2.2　预警区的确定

严格执行取、用水管理，必须明确区域地下水控制指标，并建立地下水位实时监控系统，在科学划定非汛期地下水初始水位警戒线的基础上，合理确定预警区，再根据实际水位和预警期长度发布相应警度的预警，进而限制超采。本章选择非汛期地下水位作为预警指标，对非汛期地下水位进行预警。在非汛期地下水位警戒线的基础上划定五种预警区，发布相应的预警信号，进行不同程度的限制开采管理。

非汛期地下水位警戒线与预警区的关系如图 12-1 所示，当非汛期初始地下水位位于绿色预警区时，发布绿色安全信号，不需要预警；当非汛期初始地下水位位于蓝色预警区时，发布轻警蓝色信号，实行轻度控制开采管理；当非汛期初始地下水位位于黄色预警区时，发布中警黄色信号，实行中度限制开采管理；当非汛期初始地下水位位于橙色预警区时，发布重警橙色信号，实行重度限制开采管理；当非汛期初始地下水位位于红色预警区时，进入紧急开采警戒状态，发布巨警红色信号，实行最严格限制开采管理。

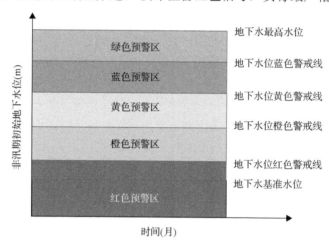

图 12-1　警戒线与预警区示意图

12.2.3　非汛期预警管理措施

不同预警区对应不同警度，可以采取一定的管理措施来减轻或排除警患(洪梅，2002)。

1. 对于绿色预警区，建议适当加大开采地下水水源

(1)坚持可持续发展的指导思想，调整区域水资源开发利用布局及管理方式，以供定需，量水而行，在保持现状的基础上，优先利用地表水并合理开发地下水，实现地下水的采补平衡和可持续利用。

(2)应制订总体开发方案和分阶段开采指标，对地下水水源的开采进行全面规划。

2. 对于蓝色预警区，应采取轻度控制开采管理

(1)维持现状开采水平，确保地下水开采处于采补平衡状态。

合理开采地下水，制止掠夺式的开采方式。优化开采布局、水源井的地域分布，避免局部地区过量开采。

(2)对已有的地下水取水工程，要根据水源替代工程建设情况、水资源条件、节水潜力，逐步削减或控制取水量。

3. 橙色预警区，应采取中度限制开采管理

(1)采用先进节水工艺，调整结构，提高重复利用率，降低用水定额，减少需水量。

根据地下水的补给特性，以开发浅层地下水为主，严格控制对深层地下水的开采，应用抽咸补淡技术，合理利用微咸水。严格禁止工业、农业和服务业在超采区内新建、

改建、扩建的建设项目取用地下水。

(2)对地下水资源实行保护性开采利用,对超采量进行全面压缩和开采布局调整。

加强超采区水资源的统一管理,以实现地下水采补平衡为目标,根据各地实际,实行超采区地下水年度取用水量总量控制和定额管理,采取综合措施,实行计划用水,强化节约用水。

4. 黄色预警区,应采取重度限制开采管理

(1)在区域内及时调整地下水开采层次及开采井布局,同时严格执行地下水取水许可管理制度。

严格履行新打机井的审批手续,坚持分层取水,保证成井质量,防止咸水沿井壁渗入取水井,不合格的开采井应停采及时处理。对废井应封闭回填,避免深层地下水变咸。严格控制新建、扩建取用地下水工程,单位、个人申请新打井时,应对开采方式、取水层位、地下水资源量、对环境的影响等进行可行性论证。

(2)限制开采地下水,充分利用其他水源(拦蓄雨水、污水处理回用、海咸水利用等)。

采取调整用水结构、调整水价等多种宏观调控手段,促进水资源配置结构趋于合理,逐步控制地下水超采。

(3)节约用水,规划建设污水处理、再生回用工程,蓄水工程和地下水回灌工程,改造引水渠道,加强水源保护和水环境综合整治工程,改变以地下水为主的供水水源结构,逐步实现地表水与地下水的合理配置与联合调度,提高水的利用率。

5. 红色预警区,应采取最严格限制开采管理

1)严禁增打新井

生活用水井报废一眼应及时更新一眼,工业用水井报废后一般应改用地面水,不能更新。

2)进行人工回灌,增加地下水补给量

一切有条件回灌的地方均要回灌,但回灌水源应符合标准,否则会污染地下水。

3)节水、治污

增加污水处理回用量,合理开发利用地表水,充分利用雨洪资源,实行地表水、地下水统一调度。

此外,还有一些必要的地下水资源管理措施。

(1)制定和进一步完善必要的法规、规章,加强地下水资源统一管理和严格执法。

(2)加强宣传教育,提高全民保护地下水资源的意识,充分认识到加强地下水资源管理的重要性,改变某些地下水资源管理部门重收费轻管理的思想。

(3)进一步调整水资源开采格局,对已建地下水取水工程适当调整开采层次,并结合地表水等替代水源工程建设,按照规划逐年压缩开采量,在条件许可的情况下,实施分质供水工程。

(4)使用经济杠杆。提高水资源费标准,其值要大于或等于地面自来水单价,超采部分加价收费，促使其减少地下水用量；地下水资源管理部门应收足用好水资源费，并为加强地下水管理筹集资金。

（5）逐步启动地下水保护行动计划，对地下水严重超采区进行专项治理。选择部分地下水严重超采区，开展地下水保护行动试点。

12.3　非汛期地下水动态预警管理

12.3.1　动态警戒水位与动态警戒开采量

地下水位预警级别可能会随着非汛期内每个月的降水补给作用和用水需求（开采量）的变化而提高、降低或解除。因此，对非汛期地下水位预警实行动态管理更有实际意义。在实际预警管理中，一般情况下，非汛期预警期内的降水频率和降水月分配未知，预警期前期降水和初始水位已知，后期每个月的降水都是不确定的，前一个月的降水对地下水的补给作用使得后一个月的地下水允许取水量发生变化，从而会引起地下水位警戒线的变化。预警期内每个月都对应一个月初水位和月取水量，当非汛期末水位为允许最低水位（即基准水位）时，得到的月初水位和月取水量即非汛期内该月的动态警戒水位和动态警戒开采量。

12.3.2　动态水位和动态开采量警戒线计算方法

下面介绍非汛期动态预警的基本思路。非汛期为 10 月 1 日到第二年 6 月 1 日，时段长为 8 个月。预警期表示非汛期中需要预警的时段，即从非汛期中某一个月初到非汛期末。预警期长用 T 表示，当 $T=t$ 时，令 $i=9-t$，则预警期为非汛期第 i 个月 1 日到非汛期末 6 月 1 日。非汛期动态预警表示随着非汛期时间的推移，预警期逐渐缩短，随着前一个月降水的影响，预警期中的地下水月初水位和地下水可开采总量会发生变化。

预警期 T 为 t 个月时，在已知非汛期第 i（$i=1,2,\cdots,8$）个月的月初实际水位 H' 和前期有效降水 P_{ai}' 的基础上，预警期内的降水未知，先假定有效降水都为 0，将计算得到的第 i 个月到非汛期末（6 月 1 日 8 时）的地下水可开采量的月平均值 W_i 作为第 i 个月的地下水动态可开采量。非汛期第 $i+1$ 个月初时，预警期 $8-i$ 个月的有效降水都假定为 0，但此时需要考虑前期有效降水（包括第 i 个月的降水）对后期地下水补给的影响，即可求出第 $i+1$ 个月的地下水动态可开采量。以此类推，可以计算出整个非汛期每个月的地下水动态可开采量和动态地下水位。

在资料充足的条件下，选择计算时段为一个月的地下水位变幅拟合方程（不考虑常数项）。对于预警期 T，非汛期第 i 个月的地下水水量平衡方程见式（12-6）：

$$H_{(i+1),T}=H_{i,T}+\beta_1 W_{i,T}+\beta_2 P_{i,T}'+\beta_3 P_{ai,T}' \tag{12-6}$$

式中，$H_{i,T}$ 为预警期长为 T 个月时，非汛期第 i 个月初（1 日 8 时）水位，mm；$H_{(i+1),T}$ 为预警期长为 T 个月时，非汛期第 $i+1$ 月初水位，即第 i 个月底（1 日 8 时）水位；$P_{ai,T}'$ 为预警期长为 T 个月时，非汛期第 i 个月的前期有效降水量，mm；$P_{i,T}'$ 为预警期长为 T 个月时，非汛期第 i 个月的当月有效降水量，mm；

预警期长用 T 表示，对于预警期第 k 个月，当 $T=t$ 时，有 $i=8-t+k$ $(1 \leqslant k \leqslant t)$，预警期第 k 个月可以用非汛期第 $8-t+k$ 个月表示，

对于预警期第 k 个月的有效降水，预警期初先假定为 0，则有

$$P'_{(8-t+k),t}=0 \tag{12-7}$$

由式 (12-6) 和式 (12-7) 得预警期第 k 个月底地下水位，其表达式见式 (12-8)：

$$H_{(9-t+k),t}=H_{(8-t+k),t}+\beta_1 W_{(8-t+k),t}+\beta_3 P'_{a(8-t+k),t} \tag{12-8}$$

由式 (12-8) 从预警起初进行迭代计算，可得预警期第 k 个月底地下水位预测值 $H_{(9-t+k),t}$ 与预警期初始实测水位 $H'_{(9-t),t}$ 的关系，其表达式见式 (12-9)：

$$H_{(9-t+k),t}=H'_{(9-t),t}+k\beta_1 W_{(9-t),t}+\beta_3 \sum_{i=9-t}^{8-t+k} P'_{ai,t} \tag{12-9}$$

令 $k=t$，由式 (12-9) 可得预警期末地下水位预测值 $H_{9,t}$ 与预警期初始实测水位 $H'_{(9-t),t}$ 的关系，其表达式见式 (12-10)：

$$H_{9,t}=H'_{(9-t),t}+t\beta_1 W_{(9-t),t}+\beta_3 \sum_{i=9-t}^{8} P'_{ai,t} \tag{12-10}$$

由式 (12-10) 可得预警期每个月的地下水可开采量 $W_{(9-t),t}$，其表达式见式 (12-11)：

$$W_{(9-t),t}=\frac{H_{9,t}-H'_{(9-t),t}-\beta_3 \sum\limits_{i=9-t}^{8} P'_{ai,t}}{\beta_1 t} \tag{12-11}$$

将式 (12-11) 代入式 (12-9) 可得预警期第 k 个月初地下水位预测值 $H_{(9-t+k),t}$，其表达式见式 (12-12)：

$$H_{(9-t+k),t}=\frac{(t-k)H'_{(9-t),t}+kH_{9,t}+\beta_3\left(t\sum\limits_{i=9-t}^{8-t+k} P'_{ai,t}-k\sum\limits_{i=9-t}^{8} P'_{ai,t}\right)}{t} \tag{12-12}$$

当 $H_{9,t}=H_{\text{基}}$ 时，对应的 $W_{(9-t),t}$ 即非汛期动态警戒开采量，对应的 $H_{(9-t+k),t}$ 即非汛期动态警戒水位。

由式 (12-11) 和式 (12-12) 可以看出，非汛期月初地下水位和开采量动态警戒线都和前期降水有关，随着预警期时段的变化而变化。

考虑到前期降水对地下水补给的影响，下面分别讨论前期有效降水影响时段为一个月和两个月这两种情况。

考虑前期一个月有效降水的补给作用，非汛期动态预警方法如下。

当前期降水影响时段为一个月时，可得前期有效降水的表达式：

$$P'_{ai,t} = \begin{cases} P''_{(8-t),t}, & i = 9-t \\ 0, & i > 9-t \end{cases} \tag{12-13}$$

式中，$P''_{(8-t),t}$ 为预警期长为 t 个月时，非汛期第 i 个月不考虑上限的有效降水量，mm；$P''_{0,t}$ 为预警期长为 t 个月时，汛期 9 月不考虑上限的有效降水量，mm。

由式（12-11）和式（12-13）可得预警期每个月的地下水可开采量 $W_{(9-t),t}$：

$$W_{(9-t),t} = \frac{H_{基} - H'_{(9-t),t} - \beta_3 P''_{(9-t),t}}{\beta_1 t} \tag{12-14}$$

由式（12-12）和式（12-13）可得预警期第 k 个月初地下水位动态警戒水位 $H_{(9-t+k),t}$：

$$H_{(9-t+k),t} = \frac{(t-k)H'_{(9-t),t} + kH_{基} + \beta_3(t-k)P''_{(8-t),t}}{t} \tag{12-15}$$

考虑前期两个月有效降水的补给作用，非汛期动态预警方法如下。

当前期降水影响时段为两个月时，可得前期有效降水的表达式：

$$P'_{ai,t} = \begin{cases} P''_{(7-t),t} + P''_{(8-t),t}, & i = 9-t \\ P''_{(8-t),t}, & i = 10-t \\ 0, & i > 10-t \end{cases} \tag{12-16}$$

式中，$P''_{(7-t),t}$ 为预警期长为 t 个月时，非汛期第 i 个月不考虑上限的有效降水量，mm；$P''_{0,t}$ 为预警期长为 t 个月时，汛期 9 月不考虑上限的有效降水量，mm；$P''_{-1,t}$ 为预警期长为 t 个月时，汛期 8 月不考虑上限的有效降水量，mm。

由式（12-11）式（12-16）可得预警期每个月的地下水可开采量 $W_{(9-t),t}$：

$$W_{(9-t),t} = \begin{cases} \dfrac{H_{基} - H'_{(9-t),t} - \beta_3\left[2P''_{(8-t),t} + P''_{(7-t),t}\right]}{\beta_1 t}, & 2 \leqslant t \leqslant 8 \\ \dfrac{H_{基} - H'_{8,1} - \beta_3\left(P''_{7,1} + P''_{6,1}\right)}{\beta_1}, & t = 1 \end{cases} \tag{12-17}$$

由式（12-12）和式（12-16）可得预警期第 k 个月初地下水位动态警戒水位 $H_{(9-t+k),t}$，见式（12-18）：

$$H_{(9-t+k),t} = \begin{cases} \dfrac{(t-1)H'_{(9-t),t} + H_{基} + \beta_3\left[(t-2)P''_{(8-t),t} + (t-1)P''_{(9-t),t}\right]}{t}, & 2 \leqslant t \leqslant 8, k = 1 \\ \dfrac{(t-k)H'_{(9-t),t} + kH_{基} + \beta_3(t-k)\left[2P''_{(8-t),t} + P''_{(9-t),t}\right]}{t}, & 2 \leqslant t \leqslant 8, 2 \leqslant k \leqslant t \end{cases}$$

$$(12-18)$$

12.3.3　非汛期动态过程预警管理

非汛期月开采量警戒线和月初实测地下水位密切相关,随着预警期长度的变化,月开采量警戒线可以实时修正调整。原则上,在提高非汛期供水保证率的同时又要防止地下水超采,地下水月实际可开采量应该不高于月开采量警戒线。由于拟合方程精度的影响,无法同时满足月初地下水位警戒线和月开采量警戒线的要求,因此,在地下水非汛期预警的实际管理过程中,应该以地下水位动态过程警戒线作为标准,月初水位低于警戒水位的应当发布预警信号,对当月进行限制开采,然后根据下个月初的实际水位再次进行判断,以此类推。

12.4　小　　结

本章主要介绍了预警期为非汛期的地下水位预警理论和方法,首先提出了非汛期预警方法和基本思路,在此基础上,提出了非汛期动态点预警管理和动态过程预警管理方法。针对非汛期动态点预警提出了红、橙、黄、蓝四条地下水位警戒线和相应的预警区,并给出了水位警戒线的确定方法和预警管理思路。针对非汛期动态过程预警提出了动态水位警戒线和动态开采量警戒线的确定方法。

第13章 区域水资源预警理论体系

13.1 区域预警警戒线与预警区的确定

13.1.1 区域预警的基本概念

区域水资源预警是在对区域预警期内可供水量与需水量预测的基础上，进行供需平衡分析，根据供需平衡的结果以及水源水量与水质条件和需水对水质的要求，确定预警期内的供水方案，并根据缺水程度确定预警级别，进而发布预警。

1. 区域点预警与过程预警

根据对预警期内连续发布预警还是只对预警期初发布预警将预警分为点预警和过程预警。只对预警期初发布预警称为点预警，对预警期内连续发布预警称为过程预警。

1）区域点预警

当预警期较短时，不确定性因素影响较小，只需要对预警期初发布预警，根据预警级别确定并调整预警期内的供水策略。下面将只对预警期初发布的预警称为点预警。

2）区域过程预警

当预警期较长时，地表水及地下水因供需发生变化，不确定性因素影响较大，除了在预警期初发布预警之外，还应在预警期中根据地表水、地下水的可供水量和用户需水量的变化对预警级别进行定期调整，根据不断调整的预警级别，对预警期后期的供、需水策略进行实时修正。除了在预警期初发布预警之外，还需要在预警期内以一定的时段长（如一个月）为间隔，定期发布预警，其称为过程预警。

2. 区域静态预警与动态预警

根据是否考虑预警期内可能发生的降水对地表水可供水量及地下水可开采量补给的影响，将预警分为静态预警和动态预警。不考虑预警期内可能发生的降水对地表水可供水量及地下水可开采量的影响，以及可能减少的生态环境需水量，称为静态预警；考虑预警期内降水对地表水可供水量及地下水可开采量的影响，称为动态预警（一般不再考虑可能减少的生态环境需水量的影响，以下同）。

1）区域静态预警

不考虑预警期（即预警时段，以下同）内可能发生的降水（水库来水和对地下水的补给）的影响，即不考虑在预警期内降水可能增加的地表水可供水量及地下水的可能补给量（包括可能减少的生态环境需水量），仅根据预警期初水库的实际蓄水量及地下水可开采量而发布预警，称为静态预警。

2) 区域动态预警

根据预警期初水库的实际蓄水量及地下水可开采量，加上预警期内可能发生的有效降水的影响及水库的蒸发和渗漏损失而发布的预警称为动态预警。

也就是说，静态预警只考虑预警期初水库的实际蓄水量及地下水可开采量，而动态预警在此基础上考虑了预警期内水库可能的来水及地下水的补给，二者共同对地表及地下可供水量造成影响。

13.1.2　基于水量的区域预警方法

在区域预警中，若可供水量大于需水量，则不需要发布预警；若可供水量小于需水量，则需要根据缺水程度划定警戒线，发布不同等级的预警。

1. 警戒线与预警区的确定

1) 点预警的警戒线与预警区的确定

点预警的警戒线与预警区的确定方法如下。

(1) 不预警区的确定。当区域内可供水量能满足预警期内需水量时，不发布预警，此时对应的预警区为不预警区。

$$W_{供} \geqslant V_{需} \tag{13-1}$$

(2) 蓝色警戒线及预警区的确定。当区域内可供水量能满足预警期内需水量的95%～100%时，发布蓝色预警，此时对应的可供水量警戒线为蓝色预警线。

$$0.95V_{需} \leqslant W_{供} < V_{需} \tag{13-2}$$

$$V_{蓝} = V_{需} \tag{13-3}$$

式中，$V_{蓝}$ 为蓝色警戒线对应的可供水量。

(3) 黄色警戒线及预警区的确定。当区域内可供水量能满足预警期内需水量的90%～95%时，发布黄色预警，此时对应的可供水量警戒线为黄色预警线。

$$0.90V_{需} \leqslant W_{供} < 0.95V_{需} \tag{13-4}$$

$$V_{黄} = 0.95V_{需} \tag{13-5}$$

式中，$V_{黄}$ 为黄色警戒线对应的可供水量。

(4) 橙色警戒线及预警区的确定。当区域内可供水量能满足预警期内需水量的80%～90%时，发布橙色预警，此时对应的可供水量警戒线为橙色预警线。

$$0.80V_{需} \leqslant W_{供} < 0.90V_{需} \tag{13-6}$$

$$V_{橙} = 0.90V_{需} \tag{13-7}$$

式中，$V_橙$ 为橙色警戒线对应的可供水量。

(5)红色警戒线及预警区的确定。当区域内可供水量只能满足预警期内需水量的80%以下时，发布红色预警，此时对应的可供水量警戒线为红色预警线。

$$W_供 < 0.80V_需 \tag{13-8}$$

$$V_红 = 0.80V_需 \tag{13-9}$$

式中，$V_红$ 为红色警戒线对应的可供水量。

点预警中，若预警期为非汛期(当年10月到第二年5月，以下同)，假设根据供需平衡结果，预警级别为黄色预警，该预警级别对应的预警线如图13-1所示。

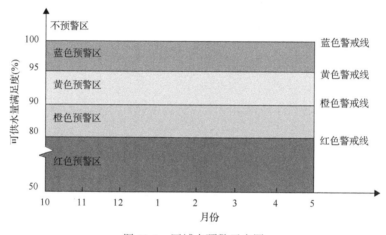

图13-1　区域点预警示意图

2)过程预警的警戒线与预警区的确定

点预警中只在预警期初发布预警，预警期作为一个整体确定需水量及可供水量。当预警期较长时，则需要定期发布预警。此时，不仅需要确定预警期总的需水量及可供水量，而且需要确定预警期内某时刻(需要发布预警的时刻)到预警期末的需水量及可供水量，还要在预警期内以一定时间间隔(本书选用间隔为一个月)定期发布预警。过程警戒线与预警区的确定方法如下。

(1)不预警区的确定。当第 j 个月初的可供水量能满足该月初到预警期末的需水量时，不发布预警，此时对应的预警区为不预警区。

$$W_{供j} \geqslant V_{需j} \qquad j = 1, 2, \cdots, x \tag{13-10}$$

式中，$W_{供j}$ 为第 j 个月初到预警期末的可供水量，万 m³；$V_{需j}$ 为第 j 个月初到预警期末的需水量，万 m³。

(2)蓝色预警线的确定。当第 j 个月初的可供水量能满足该月初到预警期末需水量的95%～100%时，发布蓝色预警，此时对应的预警区为蓝色预警区，警戒线为蓝色警戒线。

$$0.95V_{需j} \leqslant W_{供j} < V_{需j} \qquad j = 1, 2, \cdots, x \tag{13-11}$$

$$V_{\text{蓝}j}=V_{\text{需}j} \tag{13-12}$$

式中，$V_{\text{蓝}j}$ 为蓝色警戒线对应的可供水量；其他符号意义同前。

(3) 黄色预警线的确定。当第 j 个月初的可供水量能满足该月初到预警期末需水量的 90%～95%时，发布黄色预警，此时对应的预警区为黄色预警区，警戒线为黄色警戒线。

$$0.90V_{\text{需}j} \leqslant W_{\text{供}j} < 0.95V_{\text{需}j} \quad j=1,2,\cdots,x \tag{13-13}$$

$$V_{\text{黄}j}=0.95V_{\text{需}j} \tag{13-14}$$

式中，$V_{\text{黄}}$ 为黄色警戒线对应的可供水量；其他符号意义同前。

(4) 橙色预警线的确定。当第 j 个月初的可供水量恰能满足该月初到预警期末需水量的 80%～90%时，发布橙色预警，此时对应的预警区为橙色预警区，警戒线为橙色警戒线。

$$0.80V_{\text{需}j} \leqslant W_{\text{供}j} < 0.90V_{\text{需}j} \quad j=1,2,\cdots,x \tag{13-15}$$

$$V_{\text{橙}j}=0.90V_{\text{需}j} \tag{13-16}$$

式中，$V_{\text{橙}j}$ 为橙色警戒线对应的可供水量；其他符号意义同前。

(5) 红色预警线的确定。当第 j 个月初的可供水量不能满足该月初到预警期末需水量的 80%时，发布红色预警，此时对应的预警区为红色预警区，警戒线为红色警戒线。

$$W_{\text{供}j} \leqslant 0.80V_{\text{需}j} \quad j=1,2,\cdots,x \tag{13-17}$$

$$V_{\text{红}j}=0.80V_{\text{需}j} \tag{13-18}$$

式中，$V_{\text{红}j}$ 为红色警戒线对应的可供水量；其他符号意义同前。

过程预警中，为了更形象地表示预警级别的变化和趋势，若预警期为非汛期，在预警区中将非汛期每月预警级别用折线图表示。假设某年非汛期逐月预警级别依次为蓝—黄—橙—橙—红—橙—橙—黄，该预警对应的折线图如图 13-2 所示。

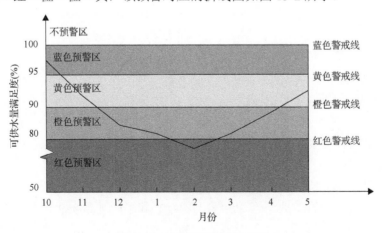

图 13-2　区域过程预警示意图

2. 静态预警与动态预警过程

1) 静态预警过程

静态预警方法以点预警为例，可简要归纳为以下步骤。

(1)确定预警期。预警期是指发布预警的预见期。在实际的预警中，预警期不宜过长或过短。若预警期过长，在预警期间自然与人为的不确定性因素过多，会影响预警的准确性，导致预警的误差过大，实用性降低；若预警期过短，不能对水资源的利用和供需关系的管理起到明显的导向作用，在一定程度上失去了预警的意义。因此，在预警中，应科学地选择预警期。对于北方地区而言，可选择 3 个月、非汛期等。

(2)计算预警期需水量。对于城市区域而言，预警期需水量一般包括生活需水量、工业需水量和生态需水量，三者之和即预警期内的需水总量。需水量应细化到月。

(3)计算预警期可供水量。对于城市区域而言，预警期可供水量一般包括地表水可供水量、地下水可供水量、客水可供水量和再生水可供水量，四者之和即预警期内的可供水总量。可供水量应与需水量对应细化到月。

(4)确定预警级别。根据预警期初区域可供水量和预警期内需水量及供需分析结果，利用 13.1.2 节中的预警方法确定预警级别。

(5)制定供水对策。根据预警级别和可供水源条件与需水要求确定预警期的供水对策。不同的预警级别、可供水源条件与需水要求，相应的供水对策不同。

2) 动态预警过程

前面介绍了静态预警方法，静态预警不考虑预警期内可能发生的降水的影响，这种情况对于供水来讲是最不利的。在多数情况下，预警时段内或多或少都有降水的发生，当考虑预警时段内有降水影响时，就引入了动态预警。动态预警与静态预警的基本步骤大致相同，区别在于动态预警需要确定预警期内水库可能的来水量及地下水的可能补给量等。

动态预警方法与静态预警相似，在计算得到预警期内降水对地表水可供水量和地下水可开采量的影响后，根据预警级别和可供水源条件与需水要求确定预警期的供水对策。

13.1.3 基于水质水量耦合的区域预警方法

在进行区域预警时，往往是地表水、地下水、客水和再生水作为可利用的水资源同时进行城市供水。但四种水的水质不同，作为供水来源的用途也不相同。本节在"量"的基础上引入了"质"的概念，将二维的预警结构提高到三维，如图 13-3 所示。由图 13-3 可看出，以蓝色预警区为例，在考虑了水质的影响后，若 I～III 类水之和不能满足 95% 以上生活需水量时，发布红色预警；若 I～III 类水之和能满足 95% 以上生活需水，但余水及 IV 类水之和不能满足 95% 以上工业需水，此时发布橙色预警；若 I～IV 类水之和能满足 95% 以上生活及工业需水，但余水及 V 类水之和不能满足 95% 以上生态需水，此时发布黄色预警；若 I～V 类水之和能满足 95%～100% 生活、工业及生态需水，此时发布蓝色预警；若Ⅰ～Ⅴ类水之和均能满足 100%以上生活、工业及生态需水，此时不需发布预警。当供水水源的水质均优于(等于)Ⅲ类水时，可满足所有用水部门的水质要求，水质不再成为预警的约束条件，此时三维预警结构与二维预警结构相同。

在总供水量不变的情况下，若不同水质对应的水量在总水量中的占比发生改变，对于某些水质要求较高的用水部门，实际可用水量也会发生改变，此时预警级别会相应升高或降低。当水质很差时，即使"量"满足需求，"质"也不能满足用水部门的要求，因此建立三维的预警结构体系是十分必要的。

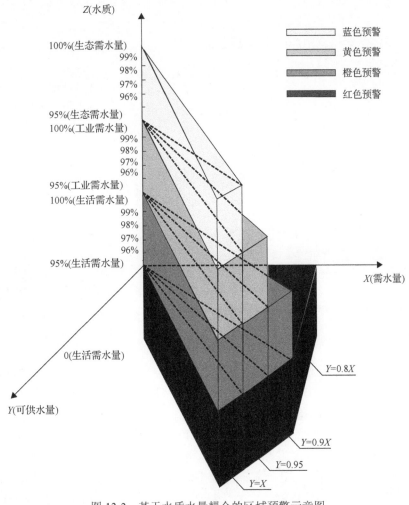

图 13-3　基于水质水量耦合的区域预警示意图

1. 供、需水的水质分类

区域可供水量中，地下水水质一般最好，可认为优于等于Ⅲ类水；地表水对应的水库水质较复杂，本书中认为其水质介于Ⅰ～Ⅳ类水，Ⅲ、Ⅳ类水最多，Ⅰ、Ⅱ类水较少；客水水质情况较复杂，一般上游水质优于下游水质，不同地域引入的客水水质不同，但在本书预警中认为引入的客水基本符合区域开发利用的水质要求，水质一般为Ⅱ～Ⅳ类水；再生水主要指废水经污水处理厂或处理设施处理后可以再次利用的水，通常水质为Ⅳ、Ⅴ类水。

与此同时，生活需水、工业需水、生态需水对水质的要求又各不相同。根据水环境区划的水环境质量标准，生活用水水质不可低于Ⅲ类水，工业用水水质不可低于Ⅳ类水，生态用水水质不可低于Ⅴ类水。

在区域水资源预警过程中，由于城市用水时供水的来源、水质各不相同，因此需水对水质也提出了具体要求，在13.1.2节的基础上提出了基于水质水量耦合的水资源预警管理。

水资源供需配置示意图如图13-4所示。

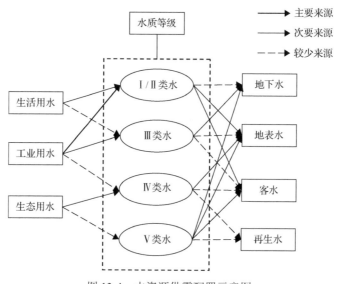

图13-4　水资源供需配置示意图

对于某些水质较差的北方地区(以济南市为例)，当Ⅰ、Ⅱ类水水量较少时，生活用水的供水水质主要来源为Ⅲ类水，次要来源为Ⅰ、Ⅱ类水；工业用水的供水水质主要来源为Ⅳ类水，次要来源为Ⅲ类水，较少来源为Ⅰ、Ⅱ类水；生态用水的供水水质主要来源为Ⅴ类水，次要来源为Ⅳ类水。本书的研究供水来源仅以上述的水源水质为依据，若某供水水源水质较差，则以水质为约束条件重新划定供水目标。

在五类水质等级中，Ⅰ、Ⅱ类水的主要来源为地下水，次要来源为地表水和客水；Ⅲ类水的主要来源为地表水及客水，次要来源为地下水；Ⅳ类水的主要来源为客水及再生水，次要来源为地表水；Ⅴ类水的主要来源为再生水，次要来源为某些水质极差的地表水水库、地下水水源及客水水源。

2. 警戒线与预警区的确定

基于水质分类的区域水资源预警比之单一的水量预警复杂。涉及多个水库、多处地下水水源地、多种供水来源的客水和再生水同时供水时，不同水库、地下水水源地，不同客水、再生水水源的水质、水量各不相同。在 13.1.2 节的基础上，水质预警中对四类可供水量的水质再进行细分。例如，对于多个水库供水，统计不同水库的可供水量及水质情况，多水源地的地下水及不同供水来源的再生水和客水，同样进行统计。在预警中，分别计算当地地表水、地下水、客水和再生水中水质为Ⅰ类的水资源总量，记为 W_I；水质为Ⅱ类的水资源总量，记为 W_{II}；水质为Ⅲ类的水资源总量，记为 W_{III}；水质为Ⅳ类的水资源总量，记为 W_{IV}；水质为Ⅴ类的水资源总量，记为 W_V。

对于可供水量的分配，实行优水向下兼容的原则，即将 W_I、W_{II} 优先分配给生活用水，不能满足的水量采用 W_{III} 补充；W_{IV} 优先分配给工业用水，若不能满足可调用Ⅰ~Ⅲ类水的余水；W_V 分配给生态用水，若不能满足可调用Ⅰ~Ⅳ类水的余水。

基于水质的预警不再以总水量的供需关系作为唯一的约束条件进行预警级别的调整。例如，在预警中，若总的可供水量大于需水量，但可供水量中可以供给生活的地下水、地表水、客水不能满足生活用水的需求，而多余的再生水又无法进行补充，此时预警级别的确定就需要将水质和水量共同作为约束条件。

1) 红色警戒线与预警区的确定

若Ⅰ、Ⅱ及Ⅲ类水之和不能满足 95% 以上的生活需水量，发布红色预警。此时对应的预警区为红色预警区，Ⅰ、Ⅱ及Ⅲ类水水量对应的警戒线为红色警戒线。

$$\sigma_{红} = \frac{W_I + W_{II} + W_{III}}{V_S} \times 100\% \leqslant 95\% \tag{13-19}$$

$$V_{红} = 0.95 V_S \tag{13-20}$$

式中，$\sigma_{红}$ 为生活需水满足率；W_I 为Ⅰ类水可供水量，万 m^3；W_{II} 为Ⅱ类水可供水量，万 m^3；W_{III} 为Ⅲ类水可供水量，万 m^3；V_S 为生活需水量，万 m^3；其他符号意义同前。

2) 橙色警戒线与预警区的确定

若Ⅰ、Ⅱ及Ⅲ类水可满足 95%~100% 的生活需水量，但余水及Ⅳ类水不能满足 95% 的工业需水量，而Ⅴ类水又无法进行补充时，发布橙色预警。此时对应的预警区为橙色预警区，Ⅰ~Ⅳ类水水量对应的警戒线为橙色警戒线。

$$\sigma_{橙} = \frac{W_{I\sim III余} + W_{IV}}{V_G} \times 100\% \leqslant 95\% \tag{13-21}$$

$$V_{橙} = 0.95(V_S + V_G) \tag{13-22}$$

式中，$\sigma_{橙}$ 为工业需水满足率；$W_{I\sim III余}$ 为剩余的Ⅰ~Ⅲ类水中可用于工业用水的水量，万 m^3；W_{IV} 为Ⅳ类水可供水量，万 m^3；V_G 为工业需水量，万 m^3；其他符号意义同前。

3) 黄色警戒线与预警区的确定

若供水量可满足生活及工业需水 95%~100% 的用水需求，但余水及Ⅴ类水不能满足 95% 的生态需水量时，发布黄色预警。此时对应的预警区为黄色预警区，Ⅰ~Ⅴ类水水量对应的警戒线为黄色警戒线。

$$\sigma_{黄} = \frac{W_{I\sim IV余} + W_V}{V_T} \times 100\% \leqslant 95\% \tag{13-23}$$

$$V_{黄} = 0.95(V_S + V_G + V_T) \tag{13-24}$$

式中，$\sigma_{黄}$ 为生态需水满足率；$W_{I\sim IV余}$ 为剩余的 I～IV 类水中可用于生态用水的水量，万 m^3；W_V 为 V 类水可供水量，万 m^3；V_T 为生态需水量，万 m^3；其他符号意义同前。

4）蓝色警戒线与预警区的确定

若供水量可以分别满足生活、工业、生态需水 95%～100% 的用水需求，发布蓝色预警。此时对应的预警区为蓝色预警区，I～V 类水水量对应的警戒线为蓝色警戒线。

$$\begin{cases} 95\% \leqslant \sigma_{红} \leqslant 100\% \\ 95\% \leqslant \sigma_{橙} \leqslant 100\% \\ 95\% \leqslant \sigma_{黄} \leqslant 100\% \end{cases} \tag{13-25}$$

$$V_{蓝} = V_S + V_G + V_T \tag{13-26}$$

5）不预警区的确定

若供水量可以分别满足生活、工业、生态的需水要求时，不需要发布预警。此时对应的预警区为不预警区。

$$\begin{cases} \sigma_{红} \geqslant 100\% \\ \sigma_{橙} \geqslant 100\% \\ \sigma_{黄} \geqslant 100\% \end{cases} \tag{13-27}$$

13.2 区域预警供水方案的确定

13.2.1 仅地表水（多水库）供水的区域预警方案

在区域水资源预警中，通常是地表水、地下水、客水和再生水作为供水来源同时进行区域供水。但在某些情况下，若该地区只有地表水（多水库，或称为水库群）供水，只需进行单一供水来源条件下的区域地表水预警。

预警级别会随着预警期内每个月的降水补给作用和用水需求的变化而提高、降低或解除，因此对水库实行动态的过程预警更有实际意义。本节以动态过程预警为例，讨论仅有水库供水的区域预警方法。

在仅有水库供水的情况下，警戒线与预警区的确定方法同 13.1 节。由于考虑了降水对水库的补给作用，因此需要计算预警期内水库可能的来水量。在预警过程中，预警期初各水库的水位和蓄水量已知，而预警期内的降水频率与每个月降水分配是未知的，且预警期内每个月降水量是动态变化的，因此降水过程不确定。预警期内每个月可能的降水对各水库的水量起到一定补充作用，这可能使得下个月的可供水量增加。预警期间的动态过程预警就是在预警期内任意时刻，在考虑降水对水库补给作用的情况下，计算该时刻到预警期末的降水，结合水库的蒸发和渗漏的影响，得到水库群的可供水量，根据供需平衡关系，确定预警级别并进行预警管理。

1. 地表水静态过程预警方法

地表水的静态过程预警，即在预警期初水库群现有的蓄水量基础上，计算地表水可供水总量，其计算公式为

$$W_{Bj} = \sum_{i=1}^{n} \left(W_{\text{蓄}ij} - P_{Zi} - P_{Li} - W_{Bi\text{死水位}} \right) \quad j=1 \tag{13-28}$$

式中，P_{Zi} 为时段初到预警期末的蒸发损失水量，万 m^3；P_{Li} 为时段初到预警期末的渗漏损失水量，万 m^3；其他符号意义同前。

将此水量在 x 个月内均匀分配，根据第一个月的供需关系确定预警级别并发布预警。若第一个月可供水量大于需水量则不需要发布预警，按照需水量直接供水即可。当第一个月结束时，考虑到该月自然及人为因素的影响，在预警的第二个月需重新发布预警。参照式(13-28)，当 $j=2$ 时，可计算得到预警期第二个月初可供水量，根据第二个月的供需关系确定预警级别并发布预警。按照此过程逐月计算月初可供水量并根据供需关系发布预警，直到预警期结束。该方法称为静态过程预警。

2. 地表水动态过程预警方法

水库群动态过程预警，即在预警期初水库群现有的蓄水量基础上，考虑预警期内可能产生的降水，结合水库蒸发、渗漏等因素，计算得到预警期内任意时刻到预警期末的动态可供水量，并在剩余的月份中合理分配。将计算所得的可供水量与需水量进行比较，进而确定预警级别并进行预警管理。

动态过程预警方法为：已知预警期内第 $j(j=1, 2, \cdots, x)$ 个月水库群的月初可供水量，同时考虑某一降水频率下所形成的入库径流量。假设第 i 个水库第 j 个月初蓄水量为 $W_{\text{蓄}ij}$，预警期间区域内所有水库月平均供水总量为 $\overline{W}$，预警中采取供水量在每月均匀分配的原则，预警期间第 $j \sim x$ 个月逐月月初水库群蓄水量为

$$W_{\text{蓄}(j+1)} = \sum_{i=1}^{n} \left(W_{\text{蓄}ij} + W_{B\text{补}ij} - P_{Zij} - P_{Lij} \right) - \overline{W} \quad j=1,2,\cdots,x \tag{13-29}$$

式中，$W_{\text{蓄}(j+1)}$ 为预警期内水库群第 $j+1$ 个月初(第 j 个月底)蓄水量，万 m^3，其他符号意义同前。

求得预警期末每个水库的蓄水量 $W_{\text{蓄}(x+1)}$ 后，为了保证水库的正常运行，预警期间的

水库水位不得低于该水库死水位，水库蓄水量不得低于该水库死水位对应水量$W_{B死水位}$，按此原则，动态过程预警中预警期末的水库蓄水量应为

$$W_{蓄(x+1)} = W_{B死水位} \qquad (13\text{-}30)$$

预警期末水库群的蓄水量应为

$$\sum_{i=1}^{n} W_{蓄i(x+1)} = \sum_{i=1}^{n} W_{Bi死水位} \qquad (13\text{-}31)$$

式中，$W_{蓄i(x+1)}$为第 i 个水库预警期末的蓄水量，万 m³；$W_{Bi死水位}$为第 i 个水库对应的死水位，万 m³。

联立式(13-29)和式(13-30)即可得到动态过程预警中第 $j \sim x$ 个月不同降水频率下对应的每月可供水量，根据供需关系确定预警级别并逐一发布预警，制订不同降水频率下的供水方案。第 j 个月结束时，由于自然因素(降水补给量、蒸发和渗漏损失水量与计算值不可能完全一致)及人为因素(实际供水水量与计算值不可能完全一致)的影响，下月实际可供水量也会发生调整，第 $j+1$ 个月需要重新发布预警，预警方法与第 j 个月相同。按照上述方法逐月计算可供水量，并根据供需平衡结果发布预警，直至预警期结束。上述预警方法称为地表水的动态过程预警。

13.2.2　地下水(多水源地)供水的区域预警方案

当区域以地下水供水为主，区域内无水库供水，且无再生水及客水供水或可供水量很小时，则需要讨论仅有地下水供水的区域预警。

在仅有地下水供水的区域预警中应当严格执行取、用水管理，在科学划定地下水埋深警戒线的基础上，合理确定预警区，再根据预警期初始埋深和预警期长度发布相应警度的预警。在地下水埋深警戒线的基础上划定五种预警区，发布相应的预警信号，进行不同程度的限制开采管理。

1) 不预警区的确定与管理

若地下水埋深位于不预警区，不需要发布预警。对于不预警区，建议适当加大开采地下水水源。

2) 蓝色预警区的确定与管理

若地下水埋深位于蓝色预警区，发布蓝色预警，实行轻度控制开采管理。优化开采布局，避免局部地区过量开采。

3) 黄色预警区的确定与管理

若地下水埋深位于黄色预警区，发布黄色预警，实行中度限制开采管理。根据地下水的补给特性，以开发浅层地下水为主，严格控制深层地下水的开采。

4) 橙色预警区的确定与管理

若地下水埋深位于橙色预警区，发布橙色预警，实行重度限制开采管理。在区域内

及时调整地下水开采层次及开采井布局，同时严格执行地下水取水许可管理制度，限制开采地下水，充分利用其他水源。

5) 红色预警区的确定与管理

若地下水埋深位于红色预警区，进入紧急开采警戒状态，发布红色预警，实行最严格限制开采管理。进行人工回灌，增加地下水补给量，逐步启动地下水保护行动计划，对地下水严重超采区进行专项治理。

1. 地下水静态过程预警方法

针对某些预警期内降水较少的情况(如非汛期)，有效降水所形成的地下水补给很少，以至于可以忽略不计，此时在预警过程中不考虑降水对地下水可供水量造成的影响，且在预警过程中地下水可认为无水量损失，因此在地下水的静态过程预警中，预警期初的地下水可供水量即预警期内的地下水可供水总量。

$$W_{X初}=W_{X供} \tag{13-32}$$

在静态过程预警中，由于本书认为地下水既无补给，也无损失，因此可供水量仅随取水量的变化而变化。预警期内采取在现有可供水量的基础上均匀供水的原则，因此在预警期间多地下水水源地供水的逐月可供水量为

$$W_{XJj}=\frac{\sum_{i=1}^{m}100\rho\mu A(H_{i基}-H_{i初})}{x} \qquad j=1,2,\cdots,x \tag{13-33}$$

2. 地下水动态过程预警方法

预警中，预警期内每个月的降水都是不确定的，前一个月的降水对地下水的补给作用使得当月的地下水允许取水量发生变化，从而会引起预警级别的变化。地下水预警级别可能会随着预警期内每个月的降水补给作用和用水需求(开采量)的变化而提高、降低或解除。以预警期内第 j 个月为例，上个月降水量及本月初地下水埋深已知，根据某一降水频率下的降水量，利用地下水埋深变幅拟合方程，计算在该频率下预警期末的地下水埋深及埋深对应的可供水量，按照均匀供水的原则制订剩余月份的供水方案，该降水频率下第 j 个月的地下水可供水量为

$$W_{XDj}=\frac{\sum_{i=1}^{m}100\rho\mu A[H_{i基}-H_{i(x+1)}]}{x+1-j} \qquad j=1,2,\cdots,x \tag{13-34}$$

式中，W_{XDj} 为多地下水水源地第 j 个月动态预警可供水量，万 m³；其他符号意义同前。

根据第 j 个月的供需水量关系，确定该降水频率下的预警级别，制订用水计划。若第 j 个月可供水量大于需水量，则按需供水，余水计入下个月。由此确定预警期不同降水频率下每个月地下水预警级别的方法称为地下水动态过程预警。

13.2.3　区域综合供水预警方案

本节主要讨论预警期中的客水及再生水可供水量近似不变的情况下，同时考虑地表水及地下水的可供水量。

1. 不考虑供水优先级的区域供水方案

1) 区域综合静态预警

(1) 静态点预警。在预警期初发布的预警，若不考虑降水的影响，称为静态点预警。预警中，在客水及再生水每月可供水量近似不变的情况下，预警期内的可供水量主要取决于水库群蓄水量及多地下水水源地储水量。

不考虑地表水及地下水的先后供水顺序，只需根据供需平衡结果按照预警级别发布预警。预警方法同 13.2.1 节，静态点预警的可供水量为

$$W_{供JD}=\sum_{i=1}^{n}\left(W_{Bi}-P_{Li}-P_{Zi}\right)+\sum_{i=1}^{m}W_{Xi}+\sum_{i=1}^{e}W_{Ki}+\sum_{i=1}^{f}W_{Zi} \tag{13-35}$$

式中，W_{Bi} 为第 i 个水库预警期初可供水量，$i=1,2,\cdots,n$，万 m^3；$W_{供JD}$ 为静态点预警可供水量，万 m^3；W_{Xi} 为第 i 个地下水水源地期初可供水量，万 m^3；W_{Ki} 为第 i 个客水水源地期初可供水量，万 m^3；W_{Zi} 为第 i 个再生水水源地期初可供水量，万 m^3；其他符号意义同前。

(2) 静态过程预警。静态过程预警即不考虑每月降水对可供水量的影响，以预警期内第 j 个月为例，第 j 个月可供水量为

$$W_{供JGj}=\frac{\sum_{i=1}^{n}\left(W_{Bij}-P_{Li}-P_{Zi}\right)+\sum_{i=1}^{m}W_{Xij}+\sum_{i=1}^{e}W_{Kij}+\sum_{i=1}^{f}W_{Zij}}{x+1-j} \quad j=1,2,\cdots,x \tag{13-36}$$

式中，$W_{供JGj}$ 为区域内第 j 个月静态过程预警可供水量，万 m^3；W_{Bij} 为第 i 个水库的第 j 个月初可供水量，万 m^3；W_{Xij} 为第 i 个地下水水源地的第 j 个月初可供水量，万 m^3；W_{Kij} 为第 i 个客水水源的第 j 个月初可供水量，万 m^3；W_{Zij} 为第 i 个再生水水源的第 j 个月初可供水量，万 m^3；其他符号意义同前。

2) 区域综合动态预警

(1) 动态点预警。在动态点预警中，考虑到预警期内降水的补给作用，动态可供水量应在静态可供水量的基础上与降水形成的补给量(包括水库补给量和地下水补给量)相加，即得到预警期内的实际可供水量，这一方法称为动态点预警。

动态点预警的可供水量为

$$W_{供DD}=W_{供JD}+\sum_{i=1}^{n}W_{Bi补}+\sum_{i=1}^{m}W_{Xi补} \tag{13-37}$$

式中，$W_{供DD}$ 为区域动态点预警可供水量，万 m^3；$W_{Bi补}$ 为第 i 个水库因降水造成的补给

量, 万 m^3; $W_{Xi补}$ 为第 i 个地下水水源地因降水造成的补给量, 万 m^3; 其他符号意义同前。

在动态点预警中, 根据区域供需水量平衡结果, 确定预警级别并发布预警。

(2)动态过程预警。与静态过程预警相比, 动态过程预警考虑了每月可供水量的变化及降水的影响, 能够根据每月的供需平衡关系动态地进行预警调整。结合实际需要, 本节将介绍考虑降水条件下的动态过程预警。

以预警期内第 j 个月为例, 预警中, 计算不同降水频率下的地表水及地下水补给量, 第 j 个月的可供水量为

$$W_{供DGj} = \frac{\sum_{i=1}^{n}\left(W_{Bij} - P_{Li} - P_{Zi} + W_{Bi补}\right) + \sum_{i=1}^{m}\left(W_{Xij} + W_{Bi补}\right) + \sum_{i=1}^{e}W_{Kij} + \sum_{i=1}^{f}W_{Zij}}{x+1-j} \qquad j = 1, 2, \cdots, x$$

(13-38)

式中, $W_{供DGj}$ 为区域内第 j 个月动态过程预警可供水量, 万 m^3; 其他符号意义同前。

按照上述方法以月为时间间隔, 逐月计算可供水量, 根据每月供需关系确定预警级别并发布预警, 直至推求到预警期结束。由此确定逐月的预警级别和供水方案的方法称为动态过程预警。

2. 考虑供水优先级的区域供水方案

在区域供水量的研究中, 当地表水和地下水同时对区域进行供水时, 若不考虑供水能力的影响, 由于地表水和地下水的供水优先级不同, 考虑到水库的蒸发和渗漏损失, 水库的可供水量 W_B 也会发生变化, 进而影响区域的可供水总量。据此, 提出了以供水优先级为依据的动态过程预警。

1)地表水优先供水

在进行区域供水时, 地下水在供水期间可认为无水量损失, 而地表水的蓄水量越大, 蒸发和渗漏损失越严重, 因此除客水和再生水外, 优先使用地表水进行供水, 当地表水无法满足区域用水需求时, 采用地下水、客水和再生水进行补充。根据地表水优先供水原则, 若在预警开始时全部由地表水供水, 可供水月数为 t, 计算地表水前 t 个月由于供水造成的水量变化对应的蒸发和渗漏损失水量 P_Z、P_L。地表水优先供水的供水方案同13.2.3 节中不考虑供水优先级的区域供水方案。在第 t 个月水库群水位均下降到死水位后, 在第 $t+1$ 个月开始直至预警期末, 主要采用(可认为)无水量损失的地下水、客水和再生水供水, 若第 $t+1$ 个月后降水对水库群造成的补给(扣除蒸发、渗漏损失后)超过死水位, 则多余的水量可在剩余月份中继续使用。

2)地下水优先供水

与地表水供水方法相同, 在预警期开始时全部由地下水供水, 可供水月数为 t, 在第 $t+1$ 个月开始直至预警期末, 由地表水、客水和再生水进行补充。根据预警期内水库群的蓄水量变化, 计算预警期内水库群的蒸发和渗漏损失 P_Z、P_L, 此损失值均大于地表水优先供水和地表水及地下水同时供水的情况。地下水优先供水的供水方案同 13.2.3 节中不

考虑供水优先级的区域供水方案。

3）所有供水水源同时供水

当地表水、地下水、客水和再生水同时供水时，水库群水量在预警期内均匀减少，由此得到的水库蒸发和渗漏损失 P_Z、P_L 大于地表水优先供水、小于地下水优先供水的情况。所有水源同时供水的供水方案同 13.2.3 节中不考虑供水优先级的区域供水方案。

综上所述，各种供水水源使用的先后顺序不同，可供水量也不相同。优先使用地表水可以有效减少水库群的蒸发和渗漏损失水量，在降水频率不变（每月降水量也不变）的情况下，实际上增大了预警期内的可供水总量。因此，在满足水质要求的条件下，优先使用地表水，提高地表水的供水优先级，可以更有效地利用区域水资源量。

13.3 小　　结

本章主要提出了区域水资源综合预警管理办法。根据区域供需平衡结果划分了基于水量的区域预警方法和基于水质水量耦合的区域预警方法。基于上述两种方法，提出了水库群的区域预警方案、多地下水水源地的区域预警方案及区域综合预警方案。考虑到北方地区降水和气候的年内分布情况，预警期选择非汛期更具有现实意义。

应用篇

第 14 章　研究区概况

14.1　研究区域

山东半岛是我国最大的半岛，是环渤海地区与长江三角洲地区的重要结合部、黄河流域地区最便捷的出海通道、东北亚经济圈的重要组成部分。山东半岛蓝色经济区规划主体区范围包括山东全部海域和青岛、东营、烟台、潍坊、淄博、威海、日照 7 市及滨州市的无棣、沾化 2 个沿海县所属陆域，海域面积 15.95 万 km^2，陆域面积 6.4 万 km^2。山东半岛蓝色经济区是全国海洋科技产业发展的先导区，生态文明建设和社会和谐进步的示范区，海陆一体开发和城乡一体发展的先行区。2011 年国务院正式批复《山东半岛蓝色经济区发展规划》，标志着山东半岛蓝色经济区建设正式上升为国家战略，成为国家海洋发展战略和区域协调发展战略的重要组成部分。

山东省滨海地区主要包括一些山东半岛的滨海县市，覆盖了一半以上的山东半岛蓝色经济区面积。山东半岛蓝色经济区包括九大核心区，它们均分布在山东半岛滨海带。当前，滨海地区的水资源短缺和水质问题成为山东半岛蓝色经济区发展的瓶颈，严格有效的水资源管理成为影响山东半岛蓝色经济区发展的重要因素，因此对滨海地区水资源进行科学合理的预警管理十分必要。

山东省沿海地区，海岸带北起冀、鲁交界的大口河河口，向东绕过山东高角成山头，南至苏鲁交界的绣针河口，大陆岸线全长 3121km。山东半岛突出于渤海和黄海之间，北临冀辽，南接江浙，东与朝鲜半岛隔海相望，是我国南北海上交通的必经之路。山东半岛位于欧亚大陆东端的中北部，是欧亚大陆桥的东部出海口。山东半岛东望日本和韩国，与日、韩具有良好的承接性；北接辽东半岛，西临京津唐地区，南接长江三角洲，是京津唐地区重要的出海口、中国环黄渤海地区的核心区域，又是环黄渤海经济圈与长江三角洲的交汇点，具有较好的地缘优势，其交通区位及市场区位优势明显。

本书界定的滨海地区为山东沿海县市，从行政区域上以城区和县域作为最小划分单元。山东省滨海地区含有 6 个地级市市区区域和 19 个县市(5 个县、14 个县级市)，其中 19 个县市分别是：无棣县、沾化县、垦利县、广饶县、昌邑市、寿光市、蓬莱市、龙口市、招远市、莱州市、莱阳市、海阳市、长岛县、荣成市、文登市、乳山市、即墨市、胶南市(现已并入青岛市黄岛区，以下不再说明)，土地总面积为 30053km²，占沿海 7 个地级市总面积的 43.18%，滨海地区总人口 1200.3 万人，占沿海 7 市总人口的 33.91%。

14.2　自 然 地 理

山东半岛蓝色经济区小清河以北地区为黄河冲积平原，地面坡度平缓，一般在

1/20000～1/12000，微地貌变化较大。小清河以南胶莱河以西地区属鲁中南低山丘陵区，为以山地丘陵为骨架、平原盆地交错环列其间的地形地貌。胶莱河以东为胶东低山丘陵区，三面环海，中部有伟德山、昆嵛山、艾山、大泽山等横亘东西，为胶东地区分水岭，并向四周辐射，地形分为低山丘陵、山前平原、滨海平原。

本区域主要土壤类型有壤土、潮土、盐渍土等。青石山区及胶东山区多为重壤土，黄河冲积平原主要为潮土、盐渍土、砂土等，河滩高地一般为砂壤土，其他平原地区多为壤土，河间洼地以黏土为主。滨海地区自然资源等类型繁多，资源储量较为丰富，为其经济社会发展创造了十分有利的基础条件。

山东半岛蓝色经济区内河流水系众多，均为季风区雨源型河流，河网密度为 $0.28km/km^2$，分属黄河、海河、淮河流域，黄河从区内东营市入海。海河流域主要河流有徒骇河、马颊河、德惠新河、秦口河、潮河、草桥沟、沾利河、挑河等，淮河流域主要河流有小清河、支脉河、潍河、弥河、白浪河、胶莱河、王河、黄水河、大沽夹河、母猪河、黄垒河、乳山河、五龙河、大沽河、傅疃河、沭河等。区内流域面积大于 $300km^2$ 的河流共 61 条，大于 $1000km^2$ 的河流共 26 条。

14.3　水文气象

山东半岛蓝色经济区属北温带半湿润季风气候区，主要特点是：四季分明，温度适宜，光照充足，雨热同季，春秋短暂，冬夏较长，春季及初夏干燥少雨，夏季多雨炎热，气候湿润，秋季凉爽易旱，冬季寒冷干燥。年平均日照时数为 2600～2800h，热量条件可满足农作物一年两作的需要。

山东半岛蓝色经济区多年平均降水量为 675.2mm（略低于全省平均水平 679.5mm），降水量年际变化较大，变差系数 C_v 值为 0.26，且降水量的多年变化具有明显的丰、枯交替出现的特点，连续丰水年和连续枯水年的出现十分明显。多年平均蒸发量为 1100.0mm，干旱指数为 1.8。多年平均天然径流量为 87.0 亿 m^3，径流深为 136.8mm，年径流量变差系数 C_v 为 0.9，天然年径流的年际变化幅度比降水量的变化幅度要大得多。多年平均浅层地下水资源量为 48.4 亿 m^3。多年平均当地水资源总量为 113.6 亿 m^3，占全省当地水资源总量的 37.5%，产水模数为 17.87 万 m^3/km^2。

14.4　社会经济

山东半岛蓝色经济区东临日、韩经济带，北接京津冀和东北老工业基地，南依长江三角洲经济区，区域内工业实力雄厚，经济较发达，在山东省经济社会发展中具有十分重要的地位，是山东省改革开放的前沿阵地。

山东半岛蓝色经济区内矿产资源种类繁多，储量丰富。渤海沿海海域已探明石油储量 11.8 亿 t；龙口煤田是我国发现的第一座滨海煤田，已探明原煤储量 11.8 亿 t；莱州、招远和蓬莱沿海分布大型金矿 6 个，中型金矿 12 个；东营、滨州黄河三角洲地区有丰富的滩涂、盐卤、油气资源；山东半岛蓝色经济区沿海广泛分布玻璃石英砂、锆英石、磁铁矿石和建筑砂、型砂，菱镁矿和花岗岩储量居国内前列。

山东半岛蓝色经济区内交通发达，交通基础设施先进，运输装备优良，具备发展海洋交通物流的区位优势。胶济铁路、兰烟铁路、大莱龙铁路等将各市相连；各市、各港区之间基本实现高速公路互连；区域内共拥有港口泊位 440 个，其中深水泊位 171 个，以青岛港为龙头，日照、烟台港为两翼，威海、潍坊、东营、滨州等港口为补充的层次分明的现代化港口群已初步形成。

山东半岛蓝色经济区内旅游资源丰富，如滨海城市青岛、烟台、威海、日照，风筝都潍坊，国家级自然保护区黄河三角洲。

14.5 水利发展现状

14.5.1 河流情况

山东半岛蓝色经济区规划范围包括青岛、东营、烟台、潍坊、淄博、威海、日照等沿海 7 市全部行政区域及滨州市的无棣县、沾化县 2 个沿海县。区内流域面积大于 300km² 的河流共 61 条，其中支流 27 条；大于 1000km² 的河流共 26 条，其中支流 6 条。

14.5.2 主要水利工程

各类大中小型水库 3808 座(含平原水库)，总库容 99.93 亿 m³，其中大型水库 18 座、中型水库 113 座、小型水库 3677 座；各类河道拦河闸坝 308 座；万亩①以上灌区 213 处，有效灌溉面积 618.3 万亩，其中大型灌区 17 处；塘坝 2.04 万座；机井 32.88 万眼。

14.6 地下水资源概况

14.6.1 水文地质特点

浅层含水层组是山东滨海地区主要的地下水资源开采层段，根据水文地质条件的差异，全区可划分为鲁北平原和胶东半岛低山丘陵两个浅层地下水系统区(徐建国等，2004)。

鲁北平原地下水系统区主要为松散岩类覆盖区，浅层含水层底界面埋深 50～60m，地下水类型为潜水到浅层微承压水。按照浅层地下水补径排特点、地层成因、含水层组成等条件的差异，基本上以小清河为界划分为黄泛平原地下水系统子区和鲁中南山前冲、洪积平原地下水系统子区。黄泛平原浅层含水层组是由黄河多次泛滥沉积而成，岩性以细砂与粉砂为主，局部地段为中砂。在垂向上呈多层透镜体状，含水层间有多层黏质砂土、砂质黏土或黏土；在水平方向上砂层受古河道控制，多呈带状分布。区内古河道宽 2～13km，古河道带砂层厚度一般在 10m 以上，单井涌水量一般大于 500m³/d；古河道间带砂层颗粒较细、厚度较小，单井涌水量一般小于 500m³/d。鲁中南山前冲、洪积平

---

① 1 亩≈666.7m²。

原浅层淡水含水层组主要由冲洪积物组成，含水层受冲洪积扇制约，呈片状分布；含水层岩性多为砾质砂、中粗砂，单井涌水量一般大于 2500m³/d。鲁北平原区浅层地下水化学场较复杂，除鲁中南山前冲、洪积平原区南部为全淡水区外，大部分地区为咸淡水组合型或全咸水型。大致以无棣、利津、央子一线为界，以东滨海地区为矿化度大于 3g/L 的全咸水区，无开采价值；以西则为淡水与微咸水分布区。

胶东半岛低山丘陵地下水系统区主要为变质岩、岩浆岩、碎屑岩和第四系松散岩分布区，以地形地貌为主要依据划分为胶东半岛低山丘陵北坡地下水系统子区、胶东低山丘陵南坡地下水系统亚区和胶莱盆地地下水系统子区。胶东半岛丘陵区地形起伏大，河流源短流急，水资源的时空分布不均；区内大部分河流长时间断流，河道径流集中在汛期的数天时间内。各地下水系统子区边界与地表分水岭一致，含水层系统分为第四系孔隙含水层系统和基岩裂隙含水层系统，两含水层系统间水交替频繁。第四系主要分布于山间河谷平原和滨海平原，厚度由上游向下游变厚，单井涌水量由不到 500m³/d 增大为下游河谷平原的 1000～3000m³/d。基岩出露区含水层富水性弱，单井涌水量一般小于 200m³/d。

14.6.2 地下水动态

山东滨海大部分地区的地下水除少量脉状构造裂隙水外，均为第四系浅层地下水。无论是构造裂隙水还是第四系孔隙水，均以大气降水为其主要补给来源，除此之外，还有侧向地下径流补给、河流入渗补给等方面。降水量、降水强度、降水时间、包气带性质包括厚度岩性等，以及上覆植被都是影响降水对地下水补给量的因素。地下水水源地的地形地貌都有利于地表水向地下水的转化，河水与地下水之间的关系也十分密切，两者具有互相补排的关系。当河水位高于地下水位时，河水补给地下水，反之则排泄地下水。地下水径流补给呈水平方向流入，主要由孔隙水、基岩山地和山麓地带的裂隙水组成。该区地下水主要排泄方式为人工开采，随着开采量的增加，水位埋深加大，蒸发排泄减少。

地下水运动以垂向运动为主，主要接受大气降水直接渗透并将其作为主要补给来源，以人工开采作为主要排泄方式。地下水位随着降水而升高，随着开采而降低。其动态变化在年内呈现季节性，在年际间呈现周期性。年内变化实际上是降水与开采在时间上的分配。一般来说，春季到初夏期间的地下水位由于降水稀少和春灌大量用水大幅度下降，每年的春灌后汛期前的 6 月底到 7 月初，地下水位降至最低。7 月进入雨季，地下水接受降水补给，地下水位大幅回升，8～9 月水位达到最高点。秋季因降水减少和秋灌，地下水位开始下降，但是由于汛后补给的滞后效应，地下水位下降不多。12 月至第二年 3 月，由于停止采水和少量雨雪的补给，地下水位处于相对稳定状态。

地下水动态主要受人为因素、水文因素和气象因素影响。地下水位的低水位与地下水开采期基本一致，开采量增加的时期内，地下水位呈下降趋势；反之，地下水位呈上升趋势。从总体变化趋势来看，地下水位的变化周期与开采量的变化周期有一定的相关性。每年从 4 月开始，随着春灌地下水开采量开始逐渐上升，与之对应，地下水位下降。

春灌后，汛期来临，降水增加补给地下水，同时由于降水浇灌以及对地下水的开采减少，地下水位缓慢上升直至达到最高值。汛期结束，由于汛后补给的滞后作用，地下水下降不大。近年来，橡胶坝与截渗墙的一系列水利工程的作用，增加了地下水的涵蓄能力，使得地下水位多年来变化趋势平稳。水文因素是另外一个重要的影响因素。河流为研究区地下水补给来源之一，河流径流量的变化也影响着研究区地下水位的变化起伏。

滨海地区的地下水主要赋存于第四系冲洪积层下部，含水层为砂砾石层，地下水的峰值变化与河流径流量有一定的相关关系。每年七、八月随着降雨的增加，河流径流量增加，距离河流较近的地下水位的滞后时间越短，水位变化幅度越大，水位峰值变化与河流径流量峰值变化较为一致。随着距离河流的长度增加，河水补给路径增加，时间也增加，水位变化幅度减小。河流径流量的年际变化会对滨海平原区的地下水位的年际变化产生显著影响。最后，气象因素对潜水的水位动态有显著影响。在研究区内，降雨为地下水的主要补给来源。

14.6.3 海水入侵问题

海水入侵是滨海地区自然环境及人类社会活动综合影响因素作用下引发的一种自然灾害，滨海地区地下水动力条件发生变化，破坏了滨海地区含水层中淡水与海水或与海水有水力联系的高矿化地下咸水之间的平衡状态，导致海水或咸水沿含水层向陆地方向扩侵，该现象称为海水入侵。在滨海地区，随着经济的发展，当地工农业和生活对地下水需求量日益增多，地下水的开采量也不断增大，使得地下水对海洋的补给量日益减少。当沿海地下含水层的开采量超过其补给量时，海岸附近地下水位下降，海水进入滨海含水层，并逐步向内陆推进。

滨海地区具有降水量少、蒸发量大、地下淡水亏损多的特点，因此该地区容易发生海水入侵。海水入侵具有危害大、隐蔽性强、动态变化多、治理难等特点，比海水沿地面入侵的方式对人类的影响更大。因此，海水入侵是滨海地区地下水资源管理的一个重要问题。

当淡水的开采量超过其补给量时，就会截断原先向海洋排泄的淡水水流，降低海岸附近的地下水位，导致咸水楔体流向内陆，直到达到新平衡。因此，海水入侵与地下水抽水井分布、地下水开采量及其开采利用方式都有密切关系。用水量过大、地下水补给量偏小会造成地下水位大幅度下降，使得海水入侵则沿着海平面的负值区发展。海水入侵的分布与抽水中心的位置有关，咸、淡水界面沿海岸线逐渐向抽水中心移动，入侵带逐渐变宽。地下水的长期严重超采，会破坏稳定的地下咸、淡水等压线，使咸水渗入淡水区，引起水质恶化和土壤盐碱化，给当地人畜饮水和工农业生产带来危害。

山东滨海地区的海水入侵问题日益显著。2007 年，山东省首次启动海水入侵和盐渍化试点监测，根据《2012 年山东省海洋环境公报》，滨海部分区域海水入侵严重，海水入侵严重的地区分布于滨州和潍坊，海水入侵距离一般距海岸 20～30km。昌邑地区海水氯度值 13276mg/L，是海水入侵重度标准的 13 倍，为上一年同期的 5.5 倍，海水入侵非常严重。2012 年，威海市双岛湾沿岸地区海水入侵程度未发生明显变化，总体入侵程度为轻度海水入侵；区域土壤盐渍化呈现丰水期低、枯水期高的季节性特点。烟台市莱州湾朱旺至海庙海岸带监测区域内海水入侵程度和入侵范围与上一年基本一致，距离海岸线 1000m 的范围内，属于严重的海水入侵区，地下水为咸水；距离海岸线 1000～5000m 的范围内，属于轻度海水入侵区(过渡区)，地下水为微咸水。

　　根据《2012 年山东省海洋环境公报》，渤海滨海平原地区海水入侵较严重，局部地区呈加重趋势；黄海滨海地区海水入侵范围较小，个别监测区近岸站位氯度和含盐量明显增加。海水入侵严重的地区分布于渤海滨海平原，海水入侵距离一般距岸 10～30km。黄海沿岸海水入侵范围小、程度低，海水入侵距离一般距岸 5km 以内。莱州湾地区是我国海水入侵最为严重和典型的区域。山东滨海地区海水入侵较为严重的地区包括滨州、潍坊、烟台和威海。其中，渤海滨海平原区的海水入侵距离一般距岸较远，滨州无棣县海水入侵距离为 13.4km，滨州沾化县 29.32km，潍坊寿光市 32.10km，潍坊滨海经济技术开发区 27.36km，潍坊寒亭区央子镇 30.10km，昌邑市柳疃 17.87km，昌邑卜庄镇西峰村 17.87km，烟台莱州朱旺村 23.87km，莱州海庙村 3.68km，黄海滨海平原区 5.21km，威海初村镇 1.37km，威海张村镇 5.96km。总体来说，大部分地区的海水入侵状况较上一年并没有出现恶化趋势。

第15章　示范区概况

山东半岛是我国最大的半岛，拥有 3100 多千米的海岸线，海域面积广大，海洋资源丰富，处于环渤海地区和东北亚经济圈的关键地带，是沿黄河流域最便捷的出海通道，区位优势明显。

为把山东省滨海地区建成现代化水利示范区，使其成为全省乃至全国民生水利、生态水利、可持续发展水利建设的典范，为打造山东半岛蓝色经济区提供水资源支撑、防洪屏障和生态保障，选择乳山市、胶南市和济南东城区作为示范区，基于"三条红线"用水总量控制红线，率先开展地表水、地下水和区域预警体系研究。

15.1　乳山市基本情况

15.1.1　自然地理

素有"金岭银滩"之称的乳山市位于山东半岛东南端，地理位置为 36°41′N ～ 37°08′N，121°11′E ～ 121°51′E。地处威海、青岛、烟台三市的中间地带，东邻文登市，西毗海阳市，北接烟台市牟平区，南濒黄海，309 国道和青威一级公路穿境而过。东西最大横距 60km，南北最大纵距 48km，总面积 1665km^2，是著名的"水产之乡"、"水果之乡"和"黄金之乡"。乳山市经济发达，是中国最早的沿海对外开放城市之一。

乳山市属胶东低山丘陵区。北部和东、西两侧多低山，中南部多丘陵，中间有低山。地势呈簸箕状由北向南台阶式下降。乳山河、黄垒河两大河流向南分别流经两侧低山与中部丘陵之间入海，沿岸形成冲积小平原。南部沿海除丘陵外，有零星海积平原分布，境内山地平均海拔 300m 以上，面积占全市总面积的 22.4%；丘陵海拔 100～300m，面积占全市总面积的 50.3%；平原面积占全市总面积的 27.3%。

15.1.2　水文气象

乳山市属暖温带东亚季风型大陆性气候，四季变化和季风进退都较明显，但与同纬度的内陆相比，具有气候温和、温差较小、雨水丰沛、光照充足、无霜期长的特点。历年平均日照数为 2572.7h，平均气温 11.8℃，平均气压 1013hPa，平均无霜期 206 天，平均相对湿度为 70%。秋、冬季以北风、西北风为主，春、夏季以南风、东南风和西南风为主，历年平均风速为 3.2m/s。

乳山市境内水资源主要由大气降水形成的地表径流和地下潜水组成。多年平均降水量 756.8mm，多年平均水资源总量 4.88 亿 m^3，地表水径流量 4.3 亿 m^3，地下水储量 1.47 亿 m^3。乳山市是水资源较贫乏的地区，人均水资源占有量为全国人均占有量的 1/3，合理利用和有效保护水资源是非常重要的工作。

15.1.3　河流水系

乳山市境内河流属半岛边沿水系，为季风区雨源型河流，河床比降大、源短流急、暴涨暴落，径流量受季节影响差异较大，枯水季节多断流。全市共有大小河流393条，其中2.5km以上的有71条。河流分属黄垒河、乳山河两大水系和南部沿海直接入海河流。乳山河为乳山境内第一大河，发源于马石山南麓的垛鱼顶，全长64km，流域面积1015.8km^2；黄垒河（全长69km）发源于牟平区曲家口，境内长48.6km，流域面积651km^2。

15.1.4　水利工程

乳山市共有水库110座，其中大型水库1座，为龙角山水库，总库容1.1亿m^3，兴利库容0.59亿m^3，为乳山市最大的淡水水源；中型水库3座，分别为院里水库、台依水库和花家疃水库，三座中型水库总库容4888万m^3，兴利库容2548万m^3；小型水库106座，其中小（一）型水库14座，小（二）型水库92座，小型水库总库容4573.7万m^3，兴利库容3016.4万m^3；塘坝616座，总库容1810万m^3，兴利库容1177.21万m^3。

选取龙角山水库、台依水库、院里水库和花家疃水库为研究对象。

1. 龙角山水库

龙角山水库位于乳山市西北22km处，水库大坝坐落在乳山河中上游育黎镇龙角山村北，坝址以上控制流域面积227km^2，坝址以下控制流域面积677.3km^2。水库主体工程于1959年12月开工，1960年6月建成蓄水，是一座以防洪为主，结合农业灌溉、城市供水、养殖等综合利用的大（二）型水库，水库坝址区基本地震烈度为Ⅵ度。1985年山东省水利工程三查三定资料汇编（山东省水利厅），确认龙角山水库现状为大（二）型水库，水库的防洪标准为百年设计、千年校核，防洪设计水位42.02m，校核洪水位43.31m，兴利水位41.00m，死水位30.35m，总库容9585万m^3，兴利库容5916万m^3，死库容750万m^3，最大洪峰流量4174m^3/s，最大泄量2379m^3/s，下游河道安全泄量500m^3/s，有效灌溉面积3.13万亩。2006年完成除险加固任务。

龙角山水库水位、库容、水面面积关系见表15-1和图15-1。

表 15-1　龙角山水库水位、库容、水面面积关系

水位 (m)	库容 (10^2万 m^3)	水面面积 (km^2)	水位 (m)	库容 (10^2万 m^3)	水面面积 (km^2)
22.66	0	0	33.00	15.078	3.288
27.00	1.712	1.045	34.00	18.570	3.701
28.00	2.922	1.383	35.00	22.510	4.184
29.00	4.588	1.965	35.30	23.780	4.450
30.00	6.700	2.263	36.00	27.111	5.031
30.35	7.500	2.350	37.00	32.660	6.084
31.00	9.138	2.618	38.00	39.319	7.251
32.00	11.940	2.990	39.00	47.169	8.464

续表

水位 (m)	库容 (10^2 万 m^3)	水面面积 (km^2)	水位 (m)	库容 (10^2 万 m^3)	水面面积 (km^2)
40.00	56.250	9.713	43.95	105.170	14.800
41.00	66.660	11.118	44.00	105.888	14.852
42.00	78.451	12.482	44.33	110.960	15.170
42.02	78.700	12.550	45.00	121.243	15.863
43.00	91.576	13.778			

注：水准基面为 56 黄海基准面，以下各水库同。

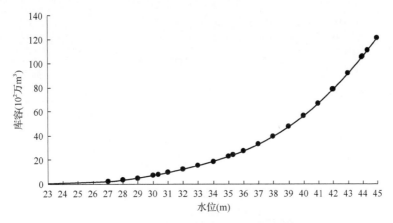

图 15-1　龙角山水库水位、库容曲线

2. 台依水库

台依水库位于乳山市夏村镇台依村东北，距乳山市 5km，地处乳山河水系崔家河支流中上游，控制流域面积 28km²，水库于 1959 年 11 月兴建，1960 年 4 月竣工，2009 年 8 月开始对水库大坝、溢洪道、放水洞进行除险加固，2010 年 11 月完成除险加固任务，加固后水库总库容 1896 万 m³，兴利库容 1250 万 m³，是一座以防洪为主，兼工业供水、农业灌溉、养鱼等综合利用的中型水库。台依水库按照百年一遇设计，按照可能最大降水校核设计，校核洪水位 35.00m，设计洪水位 33.18m，兴利水位 31.80m，死水位 23.91m，相应总库容 1896 万 m³，兴利库容 1250 万 m³，死库容 110 万 m³。台依水库水位、库容、水面面积关系见表 15-2 和图 15-2。

表 15-2　台依水库水位、库容、水面面积关系

水位 (m)	库容 (10^2 万 m^3)	水面面积 (km^2)	水位 (m)	库容 (10^2 万 m^3)	水面面积 (km^2)
21.5	0.090	0.10	25.0	1.920	0.95
22.0	0.190	0.17	25.5	2.410	1.07
22.5	0.340	0.27	26.0	2.970	1.19
23.9	1.100	0.68	26.5	3.580	1.29
24.5	1.490	0.83	27.0	4.240	1.40

续表

水位 (m)	库容 (10^2 万 m^3)	水面面积 (km²)	水位 (m)	库容 (10^2 万 m^3)	水面面积 (km²)
27.5	4.960	1.49	31.5	12.790	2.42
28.0	5.740	1.59	31.8	13.600	2.48
28.5	6.570	1.70	32.0	14.020	2.50
29.0	7.465	1.85	33.2	17.120	2.72
29.5	8.400	2.04	34.0	19.480	2.94
30.0	9.410	2.14	35.0	22.700	3.30
30.5	10.480	2.23	35.4		3.42
31.0	11.618	2.33			

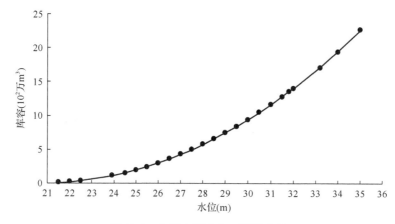

图 15-2　台依水库水位、库容曲线

3. 院里水库

院里水库位于乳山市乳山寨镇耳沟村西的乳山河支流耳沟河上，水库始建于 1958 年，1960 年建成蓄水，2007 年 12 月开始对水库大坝、溢洪、放水洞工程进行除险加固，加固后水库总库容 1098 万 m^3，兴利库容 775 万 m^3，是一座以防洪为主，兼农业灌溉、养鱼等综合利用的中型水库。

院里水库水位、库容、水面面积关系见表 15-3 和图 15-3。

表 15-3　院里水库水位、库容、水面面积关系

水位 (m)	库容 (10^2 万 m^3)	水面面积 (km²)	水位 (m)	库容 (10^2 万 m^3)	水面面积 (km²)
15	0.00	0.047	20	0.63	0.223
16	0.06	0.085	21	0.88	0.250
17	0.15	0.125	22	1.15	0.280
18	0.30	0.160	23	1.45	0.320
19	0.45	0.194	24	1.80	0.350

水位 (m)	库容 (10^2 万 m³)	水面面积 (km²)	水位 (m)	库容 (10^2 万 m³)	水面面积 (km²)
25	2.13	0.384	33	6.64	0.788
26	2.55	0.428	34	7.45	0.840
27	3.00	0.471	35	8.37	0.890
28	3.50	0.520	36	9.33	0.938
29	4.03	0.570	37	10.30	0.988
30	4.61	0.620	38	11.34	1.033
31	5.22	0.680	39	12.35	1.082
32	5.90	0.735			

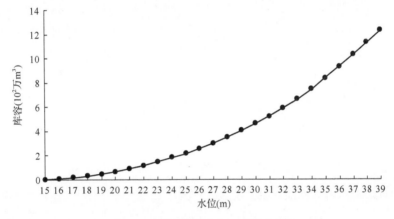

图 15-3　院里水库水位、库容曲线

4. 花家疃水库

花家疃水库位于老清河上、乳山市冯家镇花家疃村北、黄垒河支流的清水河中游，流域面积 81km²，水库于 1958 年兴建，1960 年竣工。水库主要水工建筑物级别为 3 级。2009 年 8 月开始对水库大坝、溢洪道、放水洞工程进行除险加固，2010 年 11 月完成除险加固任务，加固后水库总库容 1894 万 m³，正常蓄水位 59.00m，兴利库容 699 万 m³，死水位 52.26m，死库容 50 万 m³，是一座以防洪为主，兼农业灌溉、养鱼等综合利用的中型水库。

花家疃水库水位、库容、水面面积关系见表 15-4 和图 15-4。

表 15-4　花家疃水库水位、库容、水面面积关系

水位 (m)	库容 (10^2 万 m³)	水面面积 (km²)	水位 (m)	库容 (10^2 万 m³)	水面面积 (km²)
50.26	0.10	0.085	53.00	0.80	0.350
51.26	0.25	0.165	53.80	1.17	0.454
52.26	0.50	0.270	54.00	1.28	0.480

水位 (m)	库容 (10^2 万 m^3)	水面面积 (km^2)	水位 (m)	库容 (10^2 万 m^3)	水面面积 (km^2)
55.00	1.87	0.630	61.0	11.95	2.770
56.00	2.55	0.828	62.0	15.00	3.480
57.00	3.55	1.068	63.0	17.20	3.900
58	5.30	1.400	64.0	20.00	4.280
59	7.15	1.980	64.5	24.00	4.760
60	9.40	2.250			

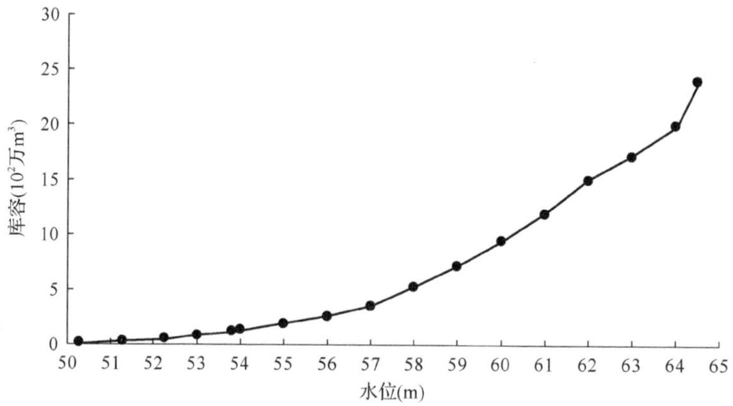

图 15-4　花家疃水库水位、库容曲线

设计洪水采用暴雨资料推求设计洪水的方法,设计暴雨采用暴雨统计参数等值线图法,经计算,水库除险加固后,百年一遇设计洪峰流量 1267m^3/s,72h 洪水总量 3400 万 m^3,设计洪水位 62.09m;千年一遇校核洪峰流量 1924m^3/s,72h 洪水总量 5030 万 m^3,水库校核洪水位 63.42m。溢洪闸设计洪水泄量 921m^3/s,校核洪水泄量 1156m^3/s。

15.1.5　地质条件

乳山市属于鲁东低山丘陵水文地质区,地下水含水岩组分为松散岩类孔隙含水岩组、碎屑岩内孔隙-裂隙含水岩组、变质岩-岩浆岩裂隙含水岩组。其地下水类型主要为第四系孔隙潜水与微承压水,主要含水层为第四系海相的粉细砂、中砂;陆相坡洪积的粗砂、粉细砂等。地下水的来源主要靠降水补给,其受降水量与降水强度的影响。河谷平原和滨海地区多为砂层含水层,埋深一般在 1~10m,分布均匀,连续呈层状,水量较丰富,是地下水富集区,也是农业灌溉的重要水源。丘陵山区的变质岩内裂隙水,其地下水埋深一般在 10~30m,水量较小,受降水影响较大。基岩断裂带的深层水,地下水埋深较大,主要分布在较大的地质构造断层中。

15.1.6　地下水概况

地下水集中开采区一般是指以工业、城市生活为主要供水对象的地下水水源地。乳山市现阶段没有大、中型地下水供水水源地,地下水的开发利用以分散开采为主。

15.2　胶南市基本情况

15.2.1　自然地理

胶南市位于山东半岛的东南部，胶州湾西岸，东南濒临黄海，北倚胶州市，南靠日照市，西与诸城市、五莲县接壤，东与青岛经济技术开发区相邻。地理坐标为：119°30′E～120°11′E，35°35′N～36°8′N。市境东北、西南长 77.4km，西北、东南宽 54km。总面积 1846km²，海岸线长 138km。2002 年城区规划面积 284km²，建成区面积 33.8km²，城区总人口 22.1 万人，全市总人口 83.2 万人。

胶南市属鲁中南低山丘陵地区，漫长的地质构造作用形成了连绵起伏、蜿蜒曲折的现代地貌状况，地势西高东低，北高南低，自西北向东南倾斜入海，中部呈东北、西南走向隆起。全市共有大小山头 500 多个，小珠山为群山之首，海拔 724.9m。铁橛山、藏马山山峦起伏于市域中部，加上大珠山等共同组成低山群。位于市区东部海域的灵山岛，海拔 513m，是全国第三高岛。

按成因和形态分，胶南市共有侵蚀剥蚀低山，侵蚀剥蚀丘陵，冲、洪积平原和滨海平原四种地貌类型。

15.2.2　水文气象

胶南市属华北暖温带沿海湿润季风区，因面临黄海，具有空气湿润，气候温和，雨量较多，四季分明，春迟、夏凉、秋爽、冬长的气候特点。全市历年平均气温 12℃。1 月最冷，平均气温–6.5℃；8 月最热，平均气温 29.1℃。极端最高气温 37.1℃，极端最低气温–16.3℃。

受地理位置、地形、地貌、海陆位置及水汽含量和水汽输送等诸多因素影响，降水呈现以下特点：①地区分布不均。全市降水量自西南向东北呈递减趋势，西南部的白马-吉利河区是降水高值区，多年平均降水量为 746.3mm，东北部的洋河区降水量较少，多年平均降水量为 673.8mm，比西南部少 72.5mm，地区差异较大。②年际变化幅度大。从各站年降水量最大值和最小值之比看，年最大降水量比年最小降水量多 3～4 倍，即多800～1000mm。③年内分配不均。从多年降雨观测，年降水多集中在汛期6～9月。例如，六汪观测站，多年平均年降水量的 74%主要集中在 6～9 月，其中 7 月降水量占全年降水量的 26%，3～5 月降水量占全年降水量的 13.3%，10～12 月降水量占 10.6%，1～2 月占2.1%。从现有蒸发观测资料统计分析，多年平均蒸发深度 898mm，最大年蒸发深度1161mm，最小年蒸发深度 694.5mm(均换算为 E601 标准蒸发器后)。经计算，多年平均干旱指数在 1.2～1.5，属半湿润地区。

15.2.3　河流水系

胶南市境内的河流属沿海独立入海的诸小河水系。河流均为季风区雨源型河流，其特点是自成流域体系，源短流急，单独入海。全市共有大小河流 35 条，其中较大河流10 条，分属四大流域。风河流域主要由风河、横河及其支流构成，总面积 1023.8km²。

洋河流域分布于胶南市东北部，总面积 236.2km²，主要由洋河、巨洋河和错水河三条河流组成。白马-吉利河流域位于市区西南部，总面积 502.7km²，主要包括白马河、吉利河、甜水河和潮河 4 条河流。南胶莱河流域位于胶南市西北部，总面积 131.3km²，由胶河及其支流组成。

15.2.4　水利工程

胶南市现有吉利河水库、陡崖子水库、铁山水库、小珠山水库、孙家屯水库 5 座中型水库，总库容 22026 万 m³，兴利库容 13087 万 m³；全市共有小型水库 179 座，总库容 11013 万 m³，兴利库容 7295 万 m³；全市共有塘坝 1073 座，总库容 2411 万 m³。因此，主要针对吉利河水库、陡崖子水库、孙家屯水库、铁山水库、小珠山水库 5 座中型水库进行研究。

1. 吉利河水库

吉利河水库位于胶南市理务关镇北部，吉利河上游，控制流域面积 103km²，干流长度 15.81km，干流坡降 0.0043，总库容 6152 万 m³，兴利库容 3865 万 m³，死库容 112 万 m³。吉利河水库水位、库容、泄量关系见表 15-5 和图 15-5。

表 15-5　吉利河水库水位、库容、泄量关系

水位 (m)	库容 (万 m³)	泄量 (m³/s)	水位 (m)	库容 (万 m³)	泄量 (m³/s)	水位 (m)	库容 (万 m³)	泄量 (m³/s)
33.50	22	0	44.00	2982	42	48.00	5716	620
34.00	37	0	44.50	3301	87	48.50	6153	720
35.00	112	0	45.00	3583	142	49.00	6553	825
37.00	371	0	45.50	3929	205	49.50	7025	935
39.00	833	0	46.00	4240	275	50.00	7461	1051
41.00	1538	0	46.50	4612	352	50.50	7964	1172
43.10	2501	0	47.00	4948	436	51.00	8469	1298
43.50	2700	10	47.50	5350	525	51.50	8976	1427

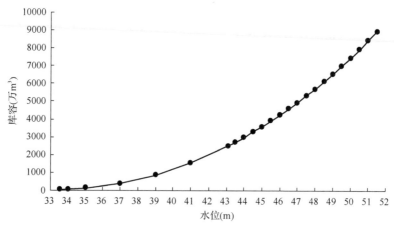

图 15-5　吉利河水库水位、库容曲线

吉利河水库流域地处泰沂山南区东部丘陵区，内属山丘区（山区约占 85%，丘陵约占 15%），流域属暖温带季风气候区，降水量年内分配很不均匀，年降水量的 70%左右主要集中在汛期（6～9 月），甚至集中在一、二次特大暴雨之中，其他季节干旱少雨。降水量年际变化大，连丰连枯，丰枯年交替出现，流域多年平均降水量 744.8mm，年最大降水量 1321mm（1964 年），年最小降水量 460.2mm（1988 年），最大年份降水量是最小年份的 2.87 倍。

吉利河水库流域属雨源型河流，洪水完全由暴雨形成，一般洪水历时 10～20h，洪峰滞时 1～2h。由于流域内实施封山育林，因此植被较好，水土流失不严重。流域内暴雨成因以锋面雨、台风雨为主，降雨特点是强度大、历时短，暴雨中心笼罩面积小。

吉利河水库是一座以防洪、供水为主，兼顾灌溉、养殖的综合性水库。百年一遇洪水削减洪峰 56.64%，千年一遇削减洪峰 58.82%。现状供水能力为 5.8 万 m³/d。目前，该水库主要承担着向青岛经济技术开发区的供水任务，日均供水 2.5 万 m³ 左右。

2. 陡崖子水库

陡崖子水库位于胶南市藏南镇西部，横河（胶南市主要河流之一）上游，控制流域面积 71km²，总库容 5679 万 m³，允许最高水位 40.00m，兴利库容 3435 万 m³，兴利水位 37.25m，死库容 125 万 m³，死水位 26.35m。陡崖子水库水位、库容、泄量关系见表 15-6 和图 15-6。

表 15-6　陡崖子水库水位、库容、泄量关系

水位 (m)	库容 (万 m³)	泄量 (m³/s)	水位 (m)	库容 (万 m³)	泄量 (m³/s)
21.70	0	0	33.70	1880	0
22.70	5	0	34.70	2320	0
23.70	10	0	35.70	2820	0
24.70	40	0	36.70	3400	0
25.70	90	0	36.95	3560	0
26.05	125	0	37.70	4040	87
26.70	190	0	38.70	4900	312
27.70	290	0	38.80	4980	339
28.70	460	0	39.15	5112	440
29.70	650	0	39.70	5640	615
30.70	900	0	40.70	6620	980
31.70	1200	0	41.70	7940	1397
32.70	1520	0			

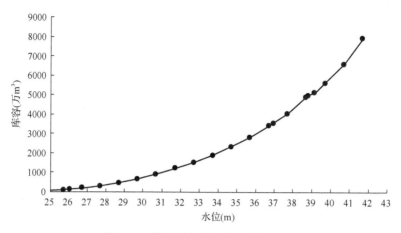

图 15-6　陡崖子水库水位、库容曲线

陡崖子水库地处北温带季风气候区，属季风大陆性气候，并有明显的海洋性气候特征。该流域年平均气温 11.6℃，历年最高气温 38.6℃，最低气温 -19.5℃。一般年份夏热多雨，冬旱少雪，春旱多风，秋旱少雨，四季变化明显，气候温和，冬暖夏凉，全年无严寒酷暑。

水库多年平均降水量为 734.8mm，受地理位置和自然环境的影响，降水量具有年际变化较大和年内分配不均的特点，历年最大年降水量 1303.3mm（1962 年），最小年降水量 345.0mm（1997 年），最大值是最小值的 3.8 倍；其中汛期（6～9 月）四个月降水量占全年降水量的 70%左右。一年中 7 月和 8 月降水量最大，1 月和 12 月最小。

陡崖子水库是一座以防洪、灌溉为主的中型水库。该水库担负着向海军古镇口和胶南城区的供水任务，设计供水能力为 4 万 m³/d。

3. 孙家屯水库

孙家屯水库位于胶南市驻地西南 22km，泊里东河上游，藏南镇唐家庄东北约 1.2km 处。坝址坐落在孙家屯村前，控制流域面积 13.5km²。流域形状呈扇形，平均宽度约 3km，平均长度约 4.5km。坝址以上干流长度 7.4km，干流坡降 0.0128。孙家屯水库属中型水库，现状总库容 1002 万 m³，兴利库容 646 万 m³，死库容 45 万 m³。孙家屯水库水位、库容、泄量关系见表 15-7 和图 15-7。

表 15-7　孙家屯水库水位、库容、泄量关系

水位 (m)	库容 (万 m³)	泄量 (m³/s)	水位 (m)	库容 (万 m³)	泄量 (m³/s)
32.00	44.90	0	35.00	171.00	0
32.50	58.70	0	35.50	211.20	0
33.00	72.40	0	36.00	251.30	0
33.50	92.40	0	36.50	297.20	0
34.00	112.40	0	37.00	341.10	0
34.50	141.70	0	37.50	392.30	0

续表

水位 (m)	库容 (万 m³)	泄量 (m³/s)	水位 (m)	库容 (万 m³)	泄量 (m³/s)
38.00	441.50	0	41.50	940.30	114.08
38.50	497.80	0	42.00	1031.10	175.65
39.00	554.10	0	42.50	1130.45	245.47
39.50	622.40	0	43.00	1229.80	322.68
40.00	690.70	0	43.50	1340.60	0
40.50	770.10	21.96	44.00	1450.40	0
41.00	848.50	62.10	44.50	1572.80	0

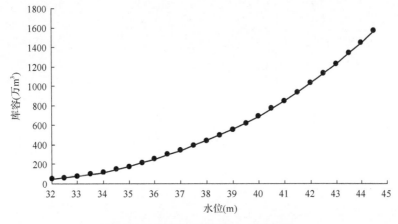

图 15-7　孙家屯水库水位、库容曲线

孙家屯水库流域属暖温带季风气候区，降水量年内分配很不均匀，年降水量的 70%
左右主要集中在汛期(6~9 月)，甚至集中在一、二次特大暴雨之中，其他季节干旱少雨。
降水量年际变化大，连丰连枯，丰枯年交替出现，流域多年平均降水量为 713mm，年最
大降水量为 1479.9mm(1964 年)，年最小降水量 345.0mm(1997 年)，最大年份降水量是
最小年份的 4.3 倍。多年平均陆上水面蒸发深为 960mm。

孙家屯水库地处泰沂山南区，暴雨成因以锋面雨、台风雨为主，降雨特点是强度大、
历时短，暴雨中心笼罩面积小。该流域属雨源型河流，洪水完全由暴雨形成，一般洪水
历时 10~20h，洪峰滞时 1~2h。流域内植被较好，水土流失不严重。

孙家屯水库各设计频率的设计洪水成果见表 15-8。

表 15-8　孙家屯水库各设计频率洪峰流量、洪水总量成果

设计频率(%)	0.1	1	2	3.33	5
洪峰流量(m³/s)	357	243	210	188	164
洪水总量(万 m³)	533	369	319	288	252

4. 铁山水库

铁山水库位于胶南市铁山镇西北部，控制流域面积 58km²，总库容 4864 万 m³，

兴利库容 2642 万 m³，95%保证率的现状供水能力为 3 万 m³/d。该水库担负着向胶南城区的供水任务，是胶南城区的主要供水水源。铁山水库水位、库容、泄量关系见表 15-9 和图 15-8。

表 15-9   铁山水库水位、库容、泄量关系

水位(m)	库容(万 m³)	溢洪道泄量(m³/s)	输水洞泄量(m³/s)
34.00	97	0	4.96
35.00	157	0	6.00
36.00	235	0	6.86
37.00	332	0	7.63
38.00	445	0	8.33
39.00	575	0	8.98
40.00	725	0	9.58
41.00	899	0	10.15
42.00	1097	0	10.69
43.00	1319	0	11.20
45.00	1840	0	12.16
46.00	2147	0	12.61
47.00	2482	0	13.05
47.70	2739	0	13.34
48.00	2849	5.80	13.47
49.00	3246	52.55	
50.00	3672	123.50	
51.00	4128	212.20	
52.00	4618	315.70	
53.00	5141	431.90	
54.00	5700	559.80	
55.00	6297	698.20	

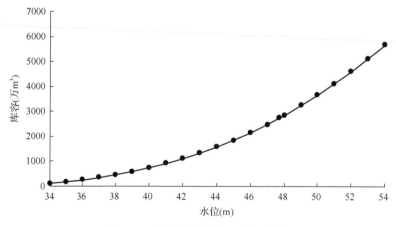

图 15-8   铁山水库水位、库容曲线

5. 小珠山水库

小珠山水库位于胶南市东北部错水河上游(黄岛区境内)，管理权归胶南市。该水库控制流域面积 34km²，总库容 3111 万 m³，允许最高水位 59.80m，兴利库容 2782 万 m³，兴利水位 56.54m，死库容 76 万 m³，死水位 43.07m。小珠山水库水位、库容关系见表 15-10 和图 15-9。

小珠山水库地处北温带季风气候区，属季风大陆性气候，并有明显的海洋性气候特征。一般年份夏热多雨，冬旱少雪，春旱多风，秋旱少雨，四季变化明显，气候温和，冬暖夏凉，全年无严寒酷暑。该流域年平均气温 11.6℃，历年最高气温 38.6℃，最低气温−19.5℃。

表 15-10 小珠山水库水位、库容关系

水位(m)	库容(万 m³)	水位(m)	库容(万 m³)	水位(m)	库容(万 m³)
40.0	11	46.5	288	53.0	1232
40.5	18	47.0	338	53.5	1332
41.0	22	47.5	388	54.0	1455
41.5	38	48.0	438	54.5	1573
42.0	46	48.5	488	55.0	1698
42.5	68	49.0	549	55.5	1823
43.0	76	49.5	608	56.0	1965
43.5	99	50.0	683	56.5	2108
44.0	124	50.5	758	57.0	2250
44.5	149	51.0	844	57.5	2400
45.0	183	51.5	929	58.0	2550
45.5	208	52.0	1029	58.5	2713
46.0	254	52.5	1129	59.0	3111

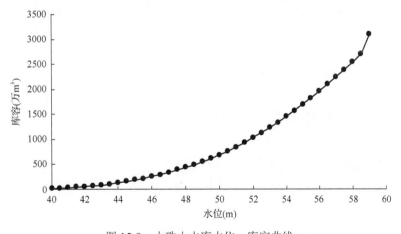

图 15-9 小珠山水库水位、库容曲线

小珠山水库多年平均降水量为 729.1mm，受地理位置和自然环境的影响，降水量具有年际变化较大和年内分配不均的特点，历年最大年降水量 1214.1mm（1964 年），最小年降水量 293.9mm（1981 年），最大值是最小值的 4.1 倍；其中，汛期（6～9 月）四个月降水量占全年降水量的 70%左右。一年中 7 月、8 月降水量最大，1 月和 12 月最小。

小珠山水库 95%保证率供水能力为 2 万 m^3/d，目前担负着向青岛经济技术开发区的供水任务。

15.2.5　地质条件

胶南地质构造属鲁东地质次一级构造单位——胶南隆起。早期太古代以褶皱为主。自元古代以来，胶南地质构造除晚侏罗世至白垩纪初发生沉降外，一直处于隆起、剥蚀状态。出露的地层主要有下元古界、上侏罗统、白垩系及第四系，并伴随着不同时期的岩浆侵入岩。胶南地处郯庐断裂带、沂沭断裂带以东，断裂构造极为发育，其主体方位是北东东向、北东向，另外还有东北方向，以及与之共轭的北北西向、北西西向和北西向。胶南市地下水按赋存条件、含水介质、水理性质及水力特征，可划分为松散岩类孔隙水、碳酸盐岩类裂隙岩溶水和基岩裂隙水三种主要类型。

1. 松散岩类孔隙水

1) 残坡积、坡洪积孔隙潜水

残坡积、坡洪积孔隙潜水主要分布在剥蚀残丘周围，山坡、山麓前缘，缓坡和切割不深的沟谷及两侧，堆积物厚度一般小于 5m。含水层主要为砂质黏土，坡洪积砂和黏质砂土中的沙层，其厚度一般小于 1m。在一些较大冲沟及格冲沟的交汇地带，含水层厚度略大，以中粗砂为主，不纯，厚度亦不稳定。地下水位随季节变化较大，其富水性较弱，单井涌水量一般小于 50m³/d，在一些较低洼的汇水部位，水量可达 100m³/d。

2) 冲洪积层孔隙潜水、微承压水

冲洪积层孔隙潜水、微承压水主要分布在胶南市风河、白马-吉利河、洋河、巨洋河、错水河、甜水河、横河、潮河的中下游平原地带。另外，其在一些独流入海的小河流，如大荒河、柏果树河、两河、代戈庄河等中下游地段也有小范围分布，堆积物厚度一般在 10m 左右。但在较大河流中下游古河道主流带，堆积物厚度可达 10～20m。含水层主要为冲洪积层、砂砾石层，其分布和岩性在水平和垂直方向上的变化均较大，总的特点是：自现代河床向两侧边缘，含水层厚度由大变小，颗粒由粗变细，由单层结构变为双层结构或多层结构，地下水类型由潜水向微承压水过渡，富水性逐渐变弱。

3) 冲积、海积层空隙潜水、微承压水

冲积、海积层空隙潜水、微承压水分布于沿海一带，河流入海口及其两侧，为海陆交互相沉积层，受海水顶托，土层盐分含量较高，地下水埋深较浅，水质较差。

2. 碳酸盐岩类裂隙岩溶水

碳酸盐岩类裂隙岩溶水呈带状和透镜体状分布于胶南市黄山镇的石灰尧、灰村、崔家屯、小屯、王台镇的郎中沟、宝山镇的从家屯、窝洛子、柳家屯、胶河经济区的刘新庄、六汪镇的石灰山以及大村镇的龙古村、桃山村和理务关镇的范家沟一线的岩溶丘陵区，岩性为大理岩，分布面积较小，由于其出露高，规模小，补给条件较差，其富水性多较弱，单井涌水量小于 50m³/d，但出露面积大，延伸长度较长的地段富水性较强。

3. 基岩裂隙水

基岩裂隙水广泛分布于胶南市低山丘陵区及周围浅埋区，主要岩性为元古代片麻岩和中生代燕山期深成侵入花岗岩。岩石由风化和构造活动形成的风化裂隙和构造裂隙构成了基层裂隙水的赋存空间，裂隙发育不均匀性和地形连绵起伏，造成了基层岩裂隙水的分布极不均匀，无统一的自由水面。基层裂隙水的富水性差，单井涌水量一般小于 50m³/d，但在一些补给条件较好、风化程度较大的低凹汇水部位和岩性及构造比较有利的地段，如断层破碎带或有岩脉断层阻水的地段富水性较好，单井涌水量可达 100m³/d 以上。

根据研究区内地质地貌、水文地质条件以及地下水资源开发现状，对地质资料进行整理分析，可以将研究区埋深 20m 以内的地层概化为顶部为粉土和粉质黏土组成的隔水层，厚度在 5m 左右，下部为渐变的粗砂—中粗砂—粗砾砂含水层组，含水层厚度分布不均，为 2~10m 不等，中间夹杂一层视为弱透水层的粉质黏土，底部为强风化花岗岩层，地下水水源地的概化地质土层结构如图 15-10 所示。

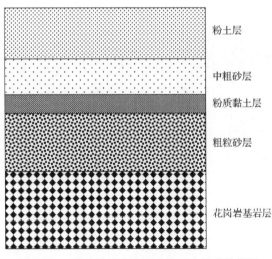

图 15-10　胶南地下水水源地地质土层结构简图

15.2.6　地下水水源地概况

地下水集中开采区一般是指以工业、城镇生活为主要供水对象的地下水水源地。胶南市地下水资源较为丰富，有王台、白马-吉利河、寨里、灵山卫和风河 5 处水源地，地下水类型以孔隙水为主。其中，风河地下水水源地及王台水源地已集中开发，水井均安装智能水表或普通水表计量。下面主要针对风河和王台两个地下水水源地进行研究。

1. 风河地下水水源地概况

风河地下水水源地位于胶南市中部的风河中下游,水源地面积 32km²。风河地下水水源地北起铁山,南至逯家庄,西起大溧水,东至肖家庄。

风河发源于胶南市七宝山、铁橛山一带,于隐珠乡烟台前村入黄海。全长 35km,流域面积 303km²。河谷冲积层主要在铁山以南,沿河两侧呈带状分布,宽度 1200~2000m。现河床两侧为古河道带,含水层以粗砂、砾石为主,上游含水层厚 3~5m,单层结构,顶板埋深小于 2m,两侧含水层厚 2~3m,岩性中粗砂,顶板埋深 2~4m;中游含水砂层厚 5~8m,岩性中粗砂,顶板埋深 4~8m,两侧含水层厚 3m 左右,岩性以中细砂为主,顶板埋深 12~14m。古河道带富水性强,单井涌水量一般大于 1000m³/d,其两侧富水性中等,单井涌水量 500~1000m³/d。

该区地下水的主要类型为第四系松散岩类孔隙潜水,补给来源为大气降水的垂直入渗和上游含水层的径流补给以及地表水体的入渗补给。地下水流向基本与地形坡度一致,局部受古河道的影响有所不同。排泄方式主要为人工开采和地下径流排泄。

风河地下水水源地多年平均地下水资源总补给量为 704.42 万 m³,地下水补给模数为 22 万 m³/km²;地下水资源量为 647.67 万 m³,地下水资源模数为 20.2 万 m³/km²;多年平均地下水可取水量为 598.75 万 m³,可开采模数为 18.7 万 m³/km²。

2. 王台地下水水源地概况

王台地下水水源地位于胶南市东北部的错水河中上游,水源地面积 22.0km²,是黄岛发电厂的供水水源地。王台地下水水源地北起张小庄,南至石梁唐,西起雒家,东至魏家岛耳河。

错水河发源于胶南市小珠山西北麓,于胶南市五河头入胶州湾。全长 25.0km,流域面积 86.12km²。错水河与巨洋河中上游的冲洪积层连成一片,上游流经花岗岩、变质岩地区,含水层为中粗砂,厚度约 10m,含水层厚约 4m。

王台地下水的主要类型为第四系松散岩类孔隙潜水,补给来源为大气降水的垂直入渗和上游含水层的径流补给以及地表水体的入渗补给。地下水流向基本与地形坡度一致,局部受古河道的影响有所不同。排泄方式主要为人工开采和地下径流排泄。

王台地下水水源地多年平均地下水资源总补给量为 445.82 万 m³,地下水补给模数为 20.3 万 m³/km²;地下水资源量为 390.62 万 m³,地下水资源模数为 17.8 万 m³/km²;多年平均地下水可取水量为 378.95 万 m³,可开采模数为 17.2 万 m³/km²。

第16章 中型水库预警期为三个月警戒线的确定

应用中型水库预警期为三个月的研究理论,分别对乳山市和胶南市的中型水库预警期为三个月的警戒线的确定进行研究。

16.1 乳山市预警期为三个月的预警管理

16.1.1 基本资料

1. 水库渗漏量

乳山市各水库除险加固后渗漏损失水量很小,忽略不计。

2. 水库蒸发损失水量

因台依、院里和花家疃三座中型水库没有实测蒸发值,水面蒸发深采用米山水库蒸发深。按多年平均水面面积,计算水库各月蒸发损失水量。三座中型水库的各月多年平均水面面积见表16-1,月蒸发损失水量见表16-2。进一步统计最大月蒸发损失水量、汛期蒸发损失水量、非汛期蒸发损失水量、年蒸发损失水量等,见表16-3。

表 16-1 水库各月多年平均水面面积 (单位:km²)

名称	6 月	7 月	8 月	9 月	10 月	11 月	12 月	1 月	2 月	3 月	4 月	5 月
台依水库	1.795	1.699	1.859	2.013	2.036	1.991	1.976	1.917	1.905	1.873	1.851	1.821
院里水库	0.567	0.608	0.654	0.656	0.636	0.611	0.577	0.553	0.550	0.550	0.548	0.555
花家疃水库	0.722	0.703	0.920	0.869	0.789	0.722	0.727	0.683	0.700	0.717	0.693	0.683

表 16-2 水库月蒸发损失量 (单位:万 m³)

名称	6 月	7 月	8 月	9 月	10 月	11 月	12 月	1 月	2 月	3 月	4 月	5 月
台依水库	17.13	13.16	15.62	19.33	16.03	9.28	6.65	5.67	7.44	11.39	14.91	17.99
院里水库	5.41	4.71	5.49	6.30	5.01	2.85	1.94	1.63	2.15	3.35	4.41	5.48
花家疃水库	6.89	5.44	7.73	8.35	6.21	3.36	2.45	2.02	2.74	4.36	5.58	6.75

表 16-3 水库蒸发损失量统计 (单位:万 m³)

名称	最大 1 个月	最大 2 个月	最大 3 个月	汛期	非汛期	年
台依水库	19.33	35.36	50.98	65.24	89.36	154.60
院里水库	6.30	11.79	16.80	21.91	26.82	48.73
花家疃水库	8.35	16.08	22.29	28.41	33.47	61.88

3. 水库工业生活需水量

每月按 30.4 天计，各水库工业生活需水量计算结果见表 16-4。

表 16-4 水库工业生活需水量

名称	供水能力(万 m³/d)	月供水能力(万 m³)
台依水库	2.00	60.80
院里水库	1.00	30.40
花家疃水库	1.00	30.40

4. 生态需水量

生态需水量取汛末水库多年平均可供水量的 10%，将其均匀分配在非汛期的 8 个月内，计算结果见表 16-5。

表 16-5 各水库生态需水量计算结果　　　　　　　（单位：万 m³）

名称	汛末蓄水量											生态需水量
	2001年	2002年	2003年	2004年	2005年	2006年	2007年	2008年	2009年	2010年	平均值	
台依水库	890	902	1070	1080	1120	1030	1090	906	236	862	918.6	10.11
院里水库	495	490	615	551	667	603	593	74	505	562	515.5	5.51
花家疃水库	167	283	392	182	254	274	469	313	55	271	266	2.7

16.1.2 警戒线确定

1. 黄色警戒线确定

根据式(4-7)，可求得各水库黄色警戒线，划分结果见表 16-6。

表 16-6 水库黄色警戒线

名称	死库容(万 m³)	3 个月蒸发损失量(万 m³)	3 个月渗漏损失量(万 m³)	3 个月生态需水量(万 m³)	3 个月工业生活需水量(万 m³)	黄色警戒线	
						水量(万 m³)	水位(m)
台依水库	110.0	51.0	0.0	30.3	182.4	373.7	26.62
院里水库	75.0	16.8	0.0	16.5	91.2	199.5	24.60
花家疃水库	50.0	22.3	0.0	8.1	91.2	171.6	54.73

2. 橙色警戒线确定

根据式(4-8)，可求得各水库橙色警戒线，划分结果见表 16-7。

3. 红色警戒线确定

根据式(4-9)，可求得各水库红色警戒线，划分结果见表 16-8。

表 16-7　水库橙色警戒线

名称	死库容 (万 m³)	2 个月蒸发 损失量(万 m³)	2 个月渗漏 损失量(万 m³)	2 个月生态需水 量(万 m³)	2 个月工业生活 需水量(万 m³)	橙色警戒线	
						水量(万 m³)	水位(m)
台依水库	110.0	35.4	0.0	20.2	121.6	287.2	25.91
院里水库	75.0	11.8	0.0	11.0	60.8	158.6	23.34
花家疃水库	50.0	16.1	0.0	5.4	60.8	132.3	54.07

表 16-8　水库红色警戒线

名称	死库容 (万 m³)	1 个月蒸发 损失量(万 m³)	1 个月渗漏 损失量(万 m³)	1 个月生态需 水量(万 m³)	1 个月工业生活 需水量(万 m³)	红色警戒线	
						水量(万 m³)	水位(m)
台依水库	110.0	19.3	0.0	10.1	60.8	200.2	25.08
院里水库	75.0	6.3	0.0	5.5	30.4	117.2	22.21
花家疃水库	50.0	8.4	0.0	2.7	30.4	91.5	53.25

16.2　胶南市预警期为三个月的预警管理

16.2.1　基本资料

1. 水库渗漏量

小珠山水库多年非汛期平均渗漏量取水库汛末多年(2006～2012 年)平均蓄水量的10%,年内渗漏均匀,月渗漏量为 8.644 万 m³。其他水库除险加固后渗漏损失水量很小,忽略不计。

2. 水库蒸发损失水量

因这五座水库没有实测蒸发值,本次参照日照水库计算。按兴利库容的比值,计算水库各月蒸发损失水量。日照水库的兴利库容为 18232 万 m³,进一步统计五座水库最大月蒸发损失水量、汛期蒸发损失水量、非汛期蒸发损失水量、年蒸发损失水量等,计算结果见表 16-9～表 16-11。

3. 水库工业生活需水量

考虑到用水需求会随着社会的进步、科技的发展不断增长,按照供水能力计算(供水能力采用最新数据)水库工业生活需水量。每月按 30.4 天计,计算结果见表 16-12。

表 16-9　倍比系数

名称	兴利库容(万 m³)	倍比系数
吉利河水库	3865	0.2120
陡崖子水库	3435	0.1884
铁山水库	2642	0.1449
小珠山水库	2044	0.1121
孙家屯水库	646	0.0354

表 16-10　水库蒸发损失量　　　　　　　（单位：万 m³）

名称	1 月	2 月	3 月	4 月	5 月	6 月	7 月	8 月	9 月	10 月	11 月	12 月
日照水库	31.7	33.4	78.4	104.3	129.9	126.3	107.6	105.3	92.8	92.7	59.8	42.7
吉利河水库	6.7	7.1	16.6	22.1	27.5	26.7	22.8	22.4	19.6	19.6	12.7	9.1
陡崖子水库	6.0	6.3	14.7	19.6	24.5	23.8	20.3	19.9	17.5	17.4	11.3	8.0
铁山水库	4.6	4.8	11.3	15.1	18.8	18.3	15.6	15.3	13.4	13.4	8.7	6.2
小珠山水库	3.6	3.7	8.8	11.7	14.6	14.1	12.1	11.8	10.4	10.4	6.7	4.8
孙家屯水库	1.1	1.2	2.8	3.7	4.6	4.5	3.8	3.7	3.3	3.3	2.1	1.5

表 16-11　水库蒸发损失水量统计　　　　　　（单位：万 m³）

名称	最大 1 个月	最大 2 个月	最大 3 个月	汛期	非汛期	年
吉利河水库	27.5	54.3	77.1	91.4	121.1	212.5
陡崖子水库	24.5	48.2	68.5	81.2	107.6	188.8
铁山水库	18.8	37.1	52.7	62.5	82.7	145.2
小珠山水库	14.6	28.7	40.8	48.3	64.0	112.4
孙家屯水库	4.6	9.1	12.9	15.3	20.2	35.5

表 16-12　水库月工业生活需水量

名称	供水能力(万 m³/d)	月供水量(万 m³)
吉利河水库	5.8	176.3
陡崖子水库	4.0	121.6
铁山水库	3.0	91.2
小珠山水库	2.0	60.8
孙家屯水库	0.2	6.08

4. 生态需水量

生态需水量取汛末水库多年平均可供水量的 10%，均匀分配在非汛期的 8 个月内，计算结果见表 16-13。

表 16-13　各水库生态需水量计算结果　　　　　（单位：万 m³）

名称	汛末蓄水量							生态需水量
	2006 年	2007 年	2008 年	2009 年	2010 年	2011 年	平均值	
吉利河水库	3100.0	3310.0	3140.0	2330.0	2210.0	2390.0	2746.7	32.9
陡崖子水库	2660.0	3440.0	2320.0	868.0	1130.0	1300.0	1953.0	22.9
铁山水库	2460.0	2570.0	2530.0	2180.0	1610.0	914.0	2044.0	24.3
小珠山水库	1340.0	1720.0	1570.0	816.0	776.0	458.0	1113.3	13.0
孙家屯水库	555.0	567.0	561.0	529.0	396.0	695.0	550.5	6.3

16.2.2 警戒线确定

1. 黄色警戒线确定

根据式(4-7)，可求得各水库黄色警戒线，划分结果见表 16-14。

表 16-14 水库黄色警戒线

名称	死库容 (万 m³)	3 个月蒸发 损失量(万 m³)	3 个月渗漏 损失量(万 m³)	3 个月生态需水 量(万 m³)	3 个月工业生活 需水量(万 m³)	黄色警戒线	
						水量(万 m³)	水位(m)
吉利河水库	112.0	77.1	0.0	98.7	529.0	816.8	38.9
陡崖子水库	125.0	68.5	0.0	68.7	364.8	627.0	29.6
铁山水库	97.0	52.7	0.0	72.9	273.6	496.2	38.4
小珠山水库	76.0	40.8	25.9	39.0	182.4	364.1	47.3
孙家屯水库	45.0	12.9	0.0	20.1	18.2	96.2	33.6

2. 橙色警戒线确定

根据式(4-8)，可求得各水库橙色警戒线，划分结果见表 16-15。

表 16-15 水库橙色警戒线

名称	死库容 (万 m³)	2 个月蒸发 损失量(万 m³)	2 个月渗漏 损失量(万 m³)	2 个月生态需水 量(万 m³)	2 个月工业生活 需水量(万 m³)	橙色警戒线	
						水量(万 m³)	水位(m)
吉利河水库	112.0	54.3	0.0	65.8	352.6	584.7	38.3
陡崖子水库	125.0	48.2	0.0	45.8	243.2	462.2	28.7
铁山水库	97.0	37.1	0.0	48.6	182.4	365.1	37.3
小珠山水库	76.0	28.7	17.3	26.0	121.6	269.6	46.2
孙家屯水库	45.0	9.1	0.0	13.4	12.2	79.6	33.2

3. 红色警戒线确定

根据式(4-9)，可求得各水库红色警戒线，划分结果见表 16-16。

表 16-16 水库红色警戒线

名称	死库容 (万 m³)	1 个月蒸发 损失量(万 m³)	1 个月渗漏 损失量(万 m³)	1 个月生态需水 量(万 m³)	1 个月工业生活 需水量(万 m³)	红色警戒线	
						水量(万 m³)	水位(m)
吉利河水库	112.0	27.5	0.0	32.9	176.3	348.7	36.9
陡崖子水库	125.0	24.4	0.0	22.9	121.6	293.9	27.7
铁山水库	97.0	18.8	0.0	24.3	91.2	231.3	35.9
小珠山水库	76.0	14.5	8.6	13.0	60.8	172.9	44.9
孙家屯水库	45.0	4.6	0.0	6.7	6.1	62.4	32.6

16.3　小　　结

本章依据《山东省重点工程可供水量警戒线划定技术大纲》，结合最严格的水资源管理，选择三个月为预警期，结合乳山市和胶南市共八座中型水库(乳山市的台依水库、院里水库和花家疃水库，胶南市的吉利河水库、陡崖子水库、铁山水库、小珠山水库和孙家屯水库)进行实例分析，分别计算了八座中型水库的警戒线。山东省位于中国北方地区，北方地区降水多集中于汛期，仅以三个月为预警期划定警戒线实际意义不大，如果预警期位于非汛期前段(如 10～12 月、1～3 月等)，水库蓄水量仅能满足三个月的需求是远远不够的，因此需要对预警期进行延长。结合北方地区降水分布特征，应把预警期延长到非汛期，进行非汛期预警管理，才能对供水政策的调整起到导向作用。

第17章　中型水库预警期为非汛期警戒线与预警期的确定

本章应用第 5 章理论，对乳山市和胶南市中型水库预警期为非汛期的警戒线进行研究。

17.1　乳山市预警期为非汛期的预警管理

17.1.1　基本资料

1. 工业、城乡生活需水量

工业、城乡生活需水量按各水库供水能力及每月实际天数计算，计算结果见表 17-1。

表 17-1　水库各月工业、城乡生活需水量　　　　（单位：万 m³）

名称	1 月	2 月	3 月	4 月	5 月	6 月	7 月	8 月	9 月	10 月	11 月	12 月
台依水库	62.0	56.0	62.0	60.0	62.0	60.0	62.0	62.0	60.0	62.0	60.0	62.0
院里水库	31.0	28.0	31.0	30.0	31.0	30.0	31.0	31.0	30.0	31.0	30.0	31.0
花家疃水库	31.0	28.0	31.0	30.0	31.0	30.0	31.0	31.0	30.0	31.0	30.0	31.0

2. 农业灌溉需水量

农业灌溉定额采用 60m³/（亩·次），每年在 3 月、4 月和 10 月各灌溉一次，计算结果见表 17-2。

表 17-2　农业灌溉需水量

名称	有效灌溉面积（万亩）	定额（m³/亩）	需水量（万 m³）
台依水库	1.60	60.0	96.0
院里水库	0.80	60.0	48.0
花家疃水库	0.80	60.0	48.0

3. 其他需水量

生态需水量、水库蒸发损失水量和水库渗漏损失水量的计算在第 16 章中已给出，此处不再重述。

17.1.2　静态点警戒线划定

1. 蓝色警戒线划定

根据式（5-10），可求得各水库蓝色警戒线，划分结果见表 17-3。

表 17-3　水库蓝色警戒线

名称	死库容(万 m³)	工业生活需水量(万 m³)	生态需水量(万 m³)	农业灌溉需水量(万 m³)	蒸发渗漏损失水量(万 m³)	蓝色警戒线	
						水量(万 m³)	水位(m)
台依水库	110.0	486.0	80.9	288.0	89.4	890.0	29.80
院里水库	75.0	243.0	44.1	144.0	26.8	449.9	29.81
花家疃水库	50.0	243.0	21.6	144.0	33.5	414.7	57.44

2. 黄色警戒线划定

根据式(5-11)，可求得各水库黄色警戒线，划分结果见表 17-4。

表 17-4　水库黄色警戒线

名称	死库容(万 m³)	工业生活需水量(万 m³)	生态需水量(万 m³)	农业灌溉需水量(万 m³)	蒸发渗漏损失水量(万 m³)	黄色警戒线	
						水量(万 m³)	水位(m)
台依水库	110.0	486.0	80.9	288.0	89.4	880.3	29.75
院里水库	75.0	243.0	44.1	144.0	26.8	445.0	29.72
花家疃水库	50.0	243.0	21.6	144.0	33.5	409.8	57.40

3. 橙色警戒线划定

根据式(5-12)，可求得各水库橙色警戒线，划分结果见表 17-5。

表 17-5　水库橙色警戒线

名称	死库容(万 m³)	工业生活需水量(万 m³)	生态需水量(万 m³)	蒸发渗漏损失水量(万 m³)	橙色警戒线	
					水量(万 m³)	水位(m)
台依水库	110.0	486.0	80.9	89.4	736.3	28.94
院里水库	75.0	243.0	44.1	26.8	373.0	28.43
花家疃水库	50.0	243.0	21.6	33.5	337.8	56.83

4. 红色警戒线划定

根据式(5-13)，可求得各水库红色警戒线，划分结果见表 17-6。

表 17-6　水库红色警戒线

名称	死库容(万 m³)	工业生活需水量(万 m³)	蒸发渗漏损失水量(万 m³)	红色警戒线	
				水量(万 m³)	水位(m)
台依水库	110.0	486.0	89.4	675.6	28.61
院里水库	75.0	243.0	26.8	340.0	27.89
花家疃水库	50.0	243.0	33.5	321.6	56.67

17.1.3　过程预警线的确定

水库城乡生活需水量、工业需水量、农业灌溉需水量、生态需水量、蒸发损失水量、渗漏损失水量的计算方法同前，此处不再详述。

1. 蓝色警戒线划定

根据式(5-22)，可求得各水库非汛期各月蓝色警戒线，见表17-7。

表 17-7　水库各月蓝色警戒线

月份	台依水库		院里水库		花家疃水库	
	水量(万 m³)	水位(m)	水量(万 m³)	水位(m)	水量(万 m³)	水位(m)
10	890.0	29.75	449.9	29.81	414.7	57.44
11	756.4	29.05	385.7	28.67	351.4	56.96
12	679.6	28.63	348.8	27.98	316.1	56.61
1	603.3	28.18	311.7	27.23	280.6	56.26
2	528.1	27.71	274.9	26.44	245.5	55.86
3	457.0	27.23	240.6	25.66	212.8	55.38
4	328.1	26.26	178.2	23.95	151.4	54.39
5	197.6	25.06	115.6	22.02	89.8	53.21

2. 黄色警戒线划定

根据式(5-23)，可求得各水库非汛期各月黄色警戒线，见表17-8。

表 17-8　水库各月黄色警戒线

月份	台依水库		院里水库		花家疃水库	
	水量(万 m³)	水位(m)	水量(万 m³)	水位(m)	水量(万 m³)	水位(m)
10	880.3	29.70	445.0	29.72	409.8	57.40
11	747.9	29.01	381.5	28.59	347.2	56.92
12	672.3	28.59	345.1	27.90	312.4	56.57
1	597.3	28.14	308.7	27.17	277.6	56.23
2	523.3	27.68	272.5	26.39	243.1	55.82
3	453.4	27.20	238.8	25.61	210.9	55.35
4	325.6	26.24	176.9	23.91	150.2	54.37
5	196.3	25.04	115.0	22.00	89.2	53.20

3. 橙色警戒线划定

根据式(5-24)，可求得各水库非汛期各月橙色警戒线，见表17-9。

4. 红色警戒线划定

根据式(5-25)，可求得各水库非汛期各月红色警戒线，见表17-10。

表 17-9　水库各月橙色警戒线

月份	台依水库		院里水库		花家疃水库	
	水量(万 m³)	水位(m)	水量(万 m³)	水位(m)	水量(万 m³)	水位(m)
10	736.3	28.94	373.0	28.43	337.8	56.83
11	651.9	28.47	333.5	27.67	299.2	56.44
12	576.3	28.01	297.1	26.94	264.4	56.09
1	501.3	27.53	260.7	26.13	229.6	55.62
2	427.3	27.02	224.5	25.27	195.1	55.12
3	357.4	26.50	190.8	24.33	162.9	54.58
4	277.6	25.83	152.9	23.23	126.2	53.97
5	196.3	25.04	115.0	22.00	89.2	53.20

表 17-10　水库各月红色警戒线

月份	台依水库		院里水库		花家疃水库	
	水量(万 m³)	水位(m)	水量(万 m³)	水位(m)	水量(万 m³)	水位(m)
10	675.64	28.60	339.96	27.80	321.61	56.67
11	598.85	28.15	304.57	27.09	285.02	56.30
12	530.77	27.72	272.32	26.38	252.26	55.96
1	463.36	27.27	240.00	25.64	219.43	55.48
2	396.93	26.80	207.99	24.86	187.03	55.00
3	334.61	26.31	178.40	23.95	156.85	54.48
4	262.46	25.69	144.67	22.99	122.11	53.90
5	188.75	24.96	110.86	21.85	87.13	53.15

17.1.4　预警区的确定

警戒线确定后，即可确定预警区，各水库过程警戒线如图 17-1～图 17-3 所示。

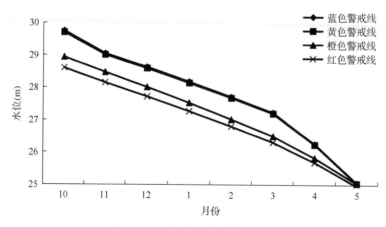

图 17-1　台依水库过程警戒线图

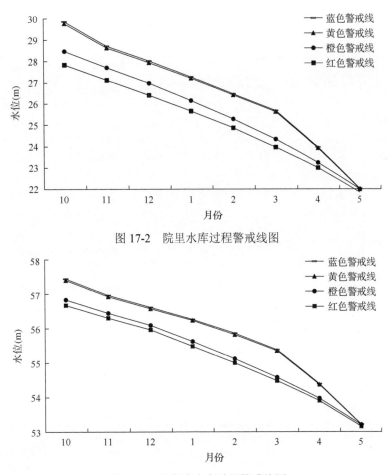

图 17-2　院里水库过程警戒线图

图 17-3　花家疃水库过程警戒线图

17.1.5　动态预警

1. 不同频率设计径流过程

1) 不同频率非汛期降水量计算

由于缺少实测入库径流资料，选用崖子水文站实测降水资料(表 17-11)为参照，对 1953～2012 年非汛期降水进行适线，计算结果如图 17-4 和表 17-12 所示。

表 17-11　崖子水文站降水量　　　　(单位：mm)

年份	10 月	11 月	12 月	1 月	2 月	3 月	4 月	5 月	年降水	非汛期
1953	54.1	23.6	0.5	8.3	8.8	30.6	16.0	96.7	986.2	238.6
1954	20.9	18.6	3.6	8.0	38.0	3.8	31.1	33.9	576.6	157.9
1955	3.5	41.8	10.4	2.0	2.4	3.0	8.2	65.3	919.8	136.6
1956	19.0	1.0	18.7	4.9	40.5	18.2	14.1	14.3	621.4	130.7
1957	0.0	20.6	14.5	24.0	11.0	18.2	25.5	12.5	680.9	126.3
1958	59.9	9.5	20.2	19.8	0.0	15.8	33.9	1.0	497.6	160.1

续表

年份	10月	11月	12月	1月	2月	3月	4月	5月	年降水	非汛期
1959	66.8	44.1	17.8	17.1	2.3	32.8	52.6	23.4	1313.9	256.9
1960	9.9	11.3	0.2	1.7	16.4	18.8	43.4	15.5	814.4	117.2
1961	17.5	76.5	42.7	6.9	17.6	11.5	17.5	95.4	911.6	285.6
1962	0.0	22.0	6.6	22.1	5.2	0.0	35.2	6.0	922.4	97.1
1963	8.5	14.0	13.3	9.9	0.0	17.0	45.6	67.4	756.9	175.7
1964	90.1	13.1	4.7	52.9	5.8	26.3	79.2	54.9	1358.9	327.0
1965	12.9	39.3	5.6	17.3	8.4	6.8	15.4	22.9	795.1	128.6
1966	81.1	24.2	2.8	0.0	15.3	25.3	26.7	27.6	739.3	203.0
1967	24.0	23.5	2.8	14.4	22.1	21.9	36.8	87.6	587.8	233.1
1968	56.0	19.7	45.4	0.1	0.3	49.7	16.5	43.9	614.5	231.6
1969	31.1	0.0	0.0	8.9	31.2	20.1	70.4	15.9	637.0	177.6
…	…	…	…	…	…	…	…	…	…	…
2005	16.5	11.8	23.3	0.1	19.1	1.0	45.5	85.5	857.3	202.8
2006	7.5	8.0	13.1	13.7	14.6	6.9	22.5	74.5	547.8	160.8
2007	13.4	0.0	2.4	4.6	1.9	110.2	14.7	18.9	976.1	166.1
2008	33.0	9.4	14.5	4.4	3.2	25.7	29.4	88.5	853.6	208.1
2009	53.5	28.4	7.5	0.2	5.5	34.0	69.5	50.0	617.6	248.6
2010	7.5	0.0	0.8	11.9	27.9	43.8	68.0	61.5	779.9	221.4
2011	7.0	57.1	17.8	2.9	16.8	0.0	20.0	31.0	804.6	152.6
2012	14.0	36.5	38.9	0.9	1.0	30.0	85.0	10.0	778.3	216.3

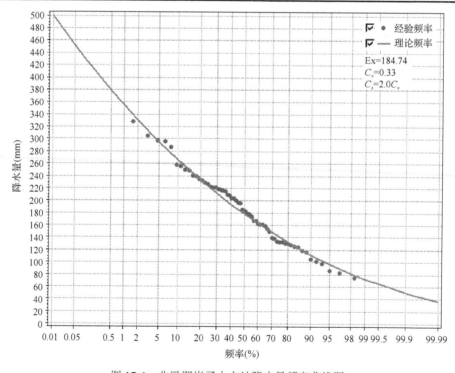

图 17-4 非汛期崖子水文站降水量频率曲线图

表 17-12　非汛期频率计算结果　　　(单位：mm)

名称	统计参数			不同频率降水量值				
	均值	C_v	C_s	5%	25%	50%	75%	95%
崖子水文站	184.74	0.33	0.66	295.1	221.4	178.1	140.8	97.1

2)不同频率设计年非汛期降水分布计算

根据乳山市不同频率非汛期降水量选取典型年(由于水库汛末蓄水量较少,降水越靠后越不利,因此选取降水靠后的典型年),按照同倍比法计算设计年的年内分配过程,结果见表 17-13。

表 17-13　设计年非汛期降水分配　　　(单位：mm)

	频率	10 月	11 月	12 月	1 月	2 月	3 月	4 月	5 月	备注
典型年	5%	53.6	0.9	2.2	0.9	0.2	2.2	154.9	79.8	1973 年
	25%	7.5	0.0	0.8	11.9	27.9	43.8	68.0	61.5	2010 年
	50%	31.1	0.0	0.0	8.9	31.2	20.1	70.4	15.9	1969 年
	75%	24.7	15.0	3.9	0.0	38.1	3.5	24.1	29.3	1976 年
	95%	0.0	22.0	6.6	22.1	5.2	0.0	35.2	6.0	1962 年
设计年	5%	53.7	0.9	2.2	0.9	0.2	2.2	155.1	79.9	
	25%	7.5	0.0	0.8	11.9	27.9	43.8	68.0	61.5	
	50%	31.2	0.0	0.0	8.9	31.3	20.2	70.6	15.9	
	75%	25.1	15.2	4.0	0.0	38.7	3.6	24.5	29.8	
	95%	0.0	22.0	6.6	22.1	5.2	0.0	35.2	6.0	

3)不同频率设计年非汛期径流量计算

采用径流系数法计算。根据实际情况,非汛期乳山市各地的无效降水取 25mm,径流系数为 0.34,根据式(5-26)计算非汛期不同频率入库水量,计算结果见表 17-14。

表 17-14　不同频率非汛期入库水量　　　(单位：万 m³)

名称	频率	10 月	11 月	12 月	1 月	2 月	3 月	4 月	5 月
台依水库	5%	27.3	0.0	0.0	0.0	0.0	0.0	123.9	52.3
	25%	0.0	0.0	0.0	0.0	2.8	17.9	40.9	34.7
	50%	5.9	0.0	0.0	0.0	6.0	0.0	43.4	0.0
	75%	0.1	0.0	0.0	0.0	13.0	0.0	0.0	4.6
	95%	0.0	0.0	0.0	0.0	0.0	0.0	9.7	0.0
院里水库	5%	14.6	0.0	0.0	0.0	0.0	0.0	66.4	28.0
	25%	0.0	0.0	0.0	0.0	1.5	9.6	21.9	18.6
	50%	3.2	0.0	0.0	0.0	3.2	0.0	23.3	0.0
	75%	0.1	0.0	0.0	0.0	7.0	0.0	0.0	2.4
	95%	0.0	0.0	0.0	0.0	0.0	0.0	5.2	0.0
花家疃水库	5%	79.0	0.0	0.0	0.0	0.0	0.0	358.3	151.2
	25%	0.0	0.0	0.0	0.0	8.0	51.8	118.4	100.5
	50%	17.1	0.0	0.0	0.0	17.4	0.0	125.6	0.0
	75%	0.3	0.0	0.0	0.0	37.7	0.0	0.0	13.2
	95%	0.0	0.0	0.0	0.0	0.0	0.0	28.1	0.0

2. 预警期为非汛期的动态点预警管理

水库汛末蓄水量采用 2010 年 10 月 1 日蓄水量，结合式(5-10)～式(5-13)、表 17-7～表 17-10 和表 17-14，动态点预警结果见表 17-15。

表 17-15　动态点预警结果　　　　　　　　　(单位：万 m³)

名称	频率	来水量	汛末水量	合计	预警级别
台依水库	5%	203.5	862	1065.5	无
	25%	96.3	862	958.3	无
	50%	55.3	862	917.3	无
	75%	17.7	862	879.7	黄色
	95%	9.7	862	871.7	黄色
院里水库	5%	109.0	562	671.0	无
	25%	51.6	562	613.6	无
	50%	29.7	562	591.7	无
	75%	9.5	562	571.5	无
	95%	5.2	562	567.2	无
花家疃水库	5%	588.5	271	859.5	无
	25%	278.7	271	549.7	无
	50%	160.1	271	431.1	无
	75%	51.2	271	322.2	橙色
	95%	28.1	271	299.1	红色

3. 预警期为非汛期的动态过程预警

台依水库和院里水库汛末蓄水量采用 2010 年 10 月 1 日蓄水量，花家疃水库汛末蓄水量采用 2003 年 10 月 1 日蓄水量，结合式(5-22)～式(5-25)、式(5-27)～式(5-32)、表 17-7～表 17-10 和表 17-14，水库蓄水量、供水量动态变化过程和动态预警过程见表 17-16～表 17-18。

表 17-16　台依水库不同频率预警结果　　　　　　　　　(单位：万 m³)

	频率	10 月	11 月	12 月	1 月	2 月	3 月	4 月	5 月
蓄水量	5%	862.0	705.2	625.8	547.0	469.2	395.7	277.6	320.2
	25%	862.0	677.9	598.5	519.7	441.9	371.2	295.5	237.2
	50%	862.0	683.8	604.4	525.6	447.8	380.3	277.6	239.7
	75%	862.0	678.0	598.6	519.8	442.0	381.5	277.6	196.3
	95%	862.0	677.9	598.5	519.7	441.9	368.4	277.6	206.0
供水量	5%	184.1	79.4	78.8	77.8	73.6	118.1	81.3	197.6
	25%	184.1	79.4	78.8	77.8	73.6	93.6	99.2	127.2
	50%	184.1	79.4	78.8	77.8	73.6	102.7	81.3	129.7
	75%	184.1	79.4	78.8	77.8	73.6	103.9	81.3	86.3
	95%	184.1	79.4	78.8	77.8	73.6	90.8	81.3	96.0

续表

	频率	10 月	11 月	12 月	1 月	2 月	3 月	4 月	5 月
预警	5%	黄色	黄色	黄色	黄色	黄色	黄色	橙色	橙色
	25%	黄色	黄色	黄色	黄色	黄色	黄色	橙色	橙色
	50%	黄色	黄色	黄色	黄色	黄色	黄色	橙色	橙色
	75%	黄色	黄色	黄色	黄色	黄色	黄色	橙色	橙色
	95%	黄色	黄色	黄色	黄色	黄色	黄色	橙色	橙色

表 17-17　院里水库不同频率预警结果　　　（单位：万 m³）

	频率	10 月	11 月	12 月	1 月	2 月	3 月	4 月	5 月
水量	5%	562.0	487.1	448.7	410.3	372.1	336.5	248.6	227.1
	25%	562.0	472.5	434.1	395.7	357.5	323.4	245.1	179.1
	50%	562.0	475.7	437.3	398.9	360.7	328.3	240.4	175.8
	75%	562.0	472.6	434.2	395.8	357.6	329.0	241.1	153.2
	95%	562.0	472.5	434.1	395.7	357.5	321.9	234.0	151.3
供水量	5%	89.5	38.4	38.5	38.1	35.7	87.9	87.9	115.6
	25%	89.5	38.4	38.5	38.1	35.7	87.9	87.9	104.1
	50%	89.5	38.4	38.5	38.1	35.7	87.9	87.9	100.8
	75%	89.5	38.4	38.5	38.1	35.7	87.9	87.9	78.2
	95%	89.5	38.4	38.5	38.1	35.7	87.9	87.9	76.3
预警	5%	无	无	无	无	无	无	无	无
	25%	无	无	无	无	无	无	无	无
	50%	无	无	无	无	无	无	无	无
	75%	无	无	无	无	无	无	无	无
	95%	无	无	无	无	无	无	无	无

表 17-18　花家疃水库不同频率预警结果　　　（单位：万 m³）

	频率	10 月	11 月	12 月	1 月	2 月	3 月	4 月	5 月
水量	5%	392.0	383.1	347.0	310.9	275.2	241.7	155.7	447.5
	25%	392.0	304.1	268.0	231.9	196.2	170.9	178.0	210.1
	50%	392.0	321.2	285.1	249.0	213.3	197.2	126.2	214.8
	75%	392.0	304.4	268.3	232.2	196.5	200.7	126.2	89.2
	95%	392.0	304.1	268.0	231.9	196.2	162.9	126.2	117.3
供水量	5%	87.9	36.1	36.2	35.7	33.4	86.1	66.5	89.8
	25%	87.9	36.1	36.2	35.7	33.2	44.8	86.3	89.8
	50%	87.9	36.1	36.2	35.7	33.4	71.1	37.0	89.8
	75%	87.9	36.1	36.2	35.7	33.4	74.6	37.0	39.2
	95%	87.9	36.1	36.2	35.7	33.2	36.8	37.0	67.3
预警	5%	黄色	黄色	黄色	黄色	黄色	黄色	黄色	橙色
	25%	黄色	黄色	黄色	黄色	黄色	橙色	橙色	黄色
	50%	黄色	黄色	黄色	黄色	黄色	黄色	橙色	橙色
	75%	黄色	黄色	黄色	黄色	黄色	黄色	橙色	橙色
	95%	黄色	黄色	黄色	黄色	黄色	橙色	橙色	橙色

17.2　胶南市预警期为非汛期的预警管理

17.2.1　基本资料

1. 工业、城乡生活需水量

工业、城乡生活需水量按各水库供水能力及每月实际天数计算，计算结果见表 17-19。

表 17-19　水库各月工业、城乡生活需水量　　　（单位：万 m³）

名称	1月	2月	3月	4月	5月	6月	7月	8月	9月	10月	11月	12月
吉利河水库	179.8	162.4	179.8	174.0	179.8	174.0	179.8	179.8	174.0	179.8	174.0	179.8
陡崖子水库	124.0	112.0	124.0	120.0	124.0	120.0	124.0	124.0	120.0	124.0	120.0	124.0
铁山水库	93.0	84.0	93.0	90.0	93.0	90.0	93.0	93.0	90.0	93.0	90.0	93.0
小珠山水库	62.0	56.0	62.0	60.0	62.0	60.0	62.0	62.0	60.0	62.0	60.0	62.0
孙家屯水库	6.2	5.6	6.2	6.0	6.2	6.0	6.2	6.2	6.0	6.2	6.0	6.2

2. 农业灌溉需水量

农业灌溉定额采用 60m³/(亩·次)，每年在 3 月、4 月和 10 月各灌溉一次，计算结果见表 17-20。

表 17-20　农业灌溉需水量

名称	有效灌溉面积(万亩)	定额(m³/亩)	需水量(万 m³)
吉利河水库	4.5	60.0	270.0
陡崖子水库	4.5	60.0	270.0
铁山水库	3.1	60.0	184.7
小珠山水库	2.8	60.0	165.6
孙家屯水库	1.6	60.0	96.0

3. 其他需水量

生态需水量、水库蒸发损失水量和水库渗漏损失水量的计算同前。

17.2.2　静态点警戒线划定

1. 蓝色警戒线划定

根据式(5-10)，可求得各水库蓝色警戒线，划分结果见表 17-21。

2. 黄色警戒线划定

根据式(5-11)，可求得各水库黄色警戒线，划分结果见表 17-22。

表 17-21　水库蓝色警戒线

名称	死库容(万 m³)	工业生活需水量(万 m³)	生态需水量(万 m³)	农业灌溉需水量(万 m³)	蒸发渗漏损失水量(万 m³)	蓝色警戒线	
						水量(万 m³)	水位(m)
吉利河水库	112.0	1409.4	263.5	810.0	121.0	2245.0	42.6
陡崖子水库	125.0	972.0	182.8	810.0	107.6	1746.7	33.4
铁山水库	97.0	729.0	136.3	554.0	82.7	1331.8	43.1
小珠山水库	76.0	486.0	103.7	496.8	133.2	1021.3	52.0
孙家屯水库	45.0	48.6	53.6	288.0	20.3	298.1	36.5

表 17-22　水库黄色警戒线

名称	死库容(万 m³)	工业生活需水量(万 m³)	生态需水量(万 m³)	农业灌溉需水量(万 m³)	蒸发渗漏损失水量(万 m³)	黄色警戒线	
						水量(万 m³)	水位(m)
吉利河水库	112.0	1381.2	263.5	810.0	121.0	2216.9	42.5
陡崖子水库	125.0	952.6	182.8	810.0	107.6	1727.2	33.3
铁山水库	97.0	714.4	136.3	554.0	82.7	1317.2	43.0
小珠山水库	76.0	476.3	103.7	496.8	133.2	1011.6	51.9
孙家屯水库	45.0	47.63	53.6	288	20.3	297.1	36.5

3. 橙色警戒线划定

根据式(5-12)，可求得各水库橙色警戒线，划分结果见表 17-23。

表 17-23　水库橙色警戒线

名称	死库容(万 m³)	工业生活需水量(万 m³)	生态需水量(万 m³)	蒸发渗漏损失水量(万 m³)	橙色警戒线	
					水量(万 m³)	水位(m)
吉利河水库	112.0	1381.2	263.5	121.0	1811.9	41.6
陡崖子水库	125.0	952.6	182.8	107.6	1322.2	32.1
铁山水库	97.0	714.4	136.3	82.7	1040.2	41.8
小珠山水库	76.0	476.3	103.7	133.2	763.2	50.5
孙家屯水库	45.0	47.63	53.6	20.3	153.1	34.7

4. 红色警戒线划定

根据式(5-13)，可求得各水库红色警戒线，划分结果见表 17-24。

表 17-24　水库红色警戒线

名称	死库容(万 m³)	工业生活需水量(万 m³)	蒸发渗漏损失水量(万 m³)	红色警戒线	
				水量(万 m³)	水位(m)
吉利河水库	112.0	1409.4	121.0	1614.3	41.2
陡崖子水库	125.0	972.0	107.6	1185.1	31.6
铁山水库	97.0	729.0	82.7	894.2	40.9
小珠山水库	76.0	486.0	133.2	685.4	50.0
孙家屯水库	45.0	47.63	20.3	112.9	34.0

17.2.3 过程警戒线与预警区的确定

1. 基本资料

水库城乡生活需水量、工业需水量、农业灌溉需水量、生态需水量、蒸发损失水量、渗透损失水量的计算方法同前，此处不再详述。

2. 警戒线划定

1）蓝色警戒线划定

根据式（5-22），可求得各水库非汛期各月蓝色警戒线，见表 17-25。

表 17-25　水库各月蓝色警戒线

月份	吉利河水库 水量（万 m³）	水位（m）	陡崖子水库 水量（万 m³）	水位（m）	铁山水库 水量（万 m³）	水位（m）	小珠山水库 水量（万 m³）	水位（m）	孙家屯水库 水量（万 m³）	水位（m）
10	2245.0	42.6	1746.7	33.4	1331.8	43.1	1021.3	52.0	298.1	36.5
11	1886.0	41.8	1453.2	32.5	1114.8	42.1	847.8	51.0	235.6	35.8
12	1674.7	41.3	1304.8	32.0	997.9	41.5	762.8	50.5	222.4	35.6
1	1461.1	40.7	1155.6	31.5	880.5	40.9	677.6	50.0	209.7	35.5
2	1249.9	40.1	1008.5	31.0	764.7	40.2	593.7	49.4	197.3	35.3
3	1055.8	39.6	873.1	30.6	657.6	39.6	515.6	48.7	185.5	35.2
4	699.7	38.4	582.3	29.4	442.7	38.0	343.7	47.1	123.5	34.2
5	344.0	36.8	290.6	27.7	227.0	35.9	170.9	44.8	60.8	32.6

2）黄色警戒线划定

根据式（5-23），可求得各水库非汛期各月黄色警戒线，见表 17-26。

表 17-26　水库各月黄色警戒线

月份	吉利河水库 水量（万 m³）	水位（m）	陡崖子水库 水量（万 m³）	水位（m）	铁山水库 水量（万 m³）	水位（m）	小珠山水库 水量（万 m³）	水位（m）	孙家屯水库 水量（万 m³）	水位（m）
10	2216.9	42.5	1727.2	33.3	1317.2	43.0	1011.6	51.9	297.1	36.5
11	1861.4	41.7	1436.2	32.4	1102.1	42.0	839.4	51.0	234.7	35.8
12	1653.6	41.3	1290.2	32.0	987.0	41.5	755.5	50.5	221.7	35.6
1	1443.6	40.7	1143.6	31.5	871.5	40.8	671.6	49.9	209.1	35.5
2	1236.0	40.1	998.9	31.0	757.5	40.2	588.9	49.4	196.9	35.3
3	1045.1	39.6	865.8	30.6	652.1	39.5	512.0	48.7	185.2	35.2
4	692.6	38.4	577.4	29.3	439.0	37.9	341.3	47.0	123.3	34.2
5	340.4	36.8	288.1	27.7	225.2	35.9	169.7	44.8	60.7	32.6

3) 橙色警戒线划定

根据式 (5-24)，可求得各水库非汛期各月橙色警戒线，见表 17-27。

表 17-27　水库各月橙色警戒线

月份	吉利河水库		陡崖子水库		铁山水库		小珠山水库		孙家屯水库	
	水量 (万 m³)	水位 (m)	水量 (万 m³)	水位 (m)	水量 (万 m³)	水位 (m)	水量 (万 m³)	水位 (m)	水量 (万 m³)	水位 (m)
10	1811.9	41.6	1322.2	32.1	1040.2	41.8	763.2	50.5	153.1	34.7
11	1591.4	41.1	1166.2	31.6	917.4	41.1	673.8	50.0	138.7	34.5
12	1383.6	40.5	1020.2	31.1	802.3	40.4	589.9	49.4	125.7	34.2
1	1173.6	39.9	873.6	30.6	686.8	39.8	506.0	48.6	113.1	34.0
2	966.0	39.3	728.9	30.0	572.8	39.0	423.3	47.9	100.9	33.7
3	775.1	38.7	595.8	29.4	467.4	38.2	346.4	47.1	89.2	33.4
4	557.6	37.8	442.4	28.6	346.7	37.1	258.5	46.1	75.3	33.1
5	340.4	36.8	288.1	27.7	225.2	35.9	169.7	44.8	60.7	32.6

4) 红色警戒线划定

根据式 (5-25)，可求得各水库非汛期各月红色警戒线，见表 17-28。

表 17-28　水库各月红色警戒线

月份	吉利河水库		陡崖子水库		铁山水库		小珠山水库		孙家屯水库	
	水量 (万 m³)	水位 (m)	水量 (万 m³)	水位 (m)	水量 (万 m³)	水位 (m)	水量 (万 m³)	水位 (m)	水量 (万 m³)	水位 (m)
10	1614.3	41.2	1185.1	31.6	894.2	40.9	685.4	50.0	112.9	34.0
11	1418.5	40.6	1046.2	31.2	789.7	40.3	605.7	49.5	103.6	33.8
12	1235.4	40.1	917.4	30.7	692.8	39.8	531.6	48.9	95.6	33.6
1	1050.1	39.6	787.9	30.3	595.5	39.2	457.4	48.2	88.0	33.4
2	867.2	39.1	660.4	29.7	499.8	38.4	384.4	47.5	80.8	33.2
3	701.0	38.4	544.4	29.2	412.6	37.7	317.2	46.8	74.1	33.0
4	508.2	37.6	408.1	28.4	310.2	36.8	239.0	45.8	65.3	32.7
5	315.7	36.6	271.0	27.5	206.9	35.6	159.9	44.7	55.7	32.4

3. 预警区确定

警戒线确定后，即可确定预警区，各水库过程警戒线如图 17-5～图 17-9 所示。

17.2.4　预警管理

1. 不同典型年设计径流过程

1) 不同频率非汛期降水量计算

由于缺少实测入库径流资料，选用胶南水文站实测降水资料 (表 17-29) 为参照，对非汛期降水进行适线，计算结果如图 17-10 和表 17-30 所示。

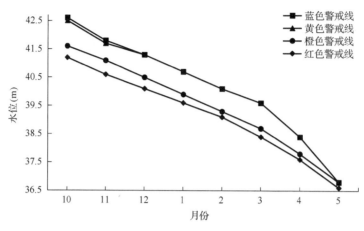

图 17-5　吉利河水库过程警戒线图

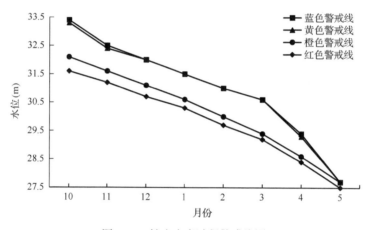

图 17-6　铁山水库过程警戒线图

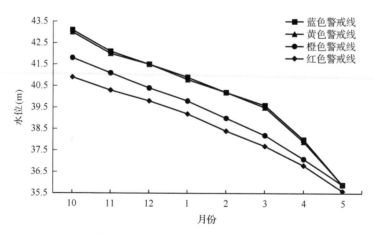

图 17-7　小珠山水库过程警戒线图

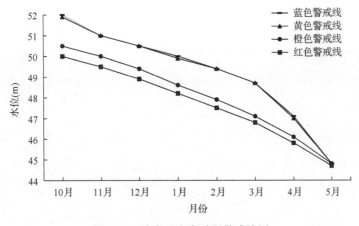

图 17-8　陡崖子水库过程警戒线图

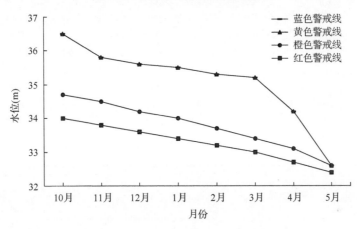

图 17-9　孙家屯水库过程警戒线图

表 17-29　胶南水文站降水量　　　　　（单位：mm）

年份	10 月	11 月	12 月	1 月	2 月	3 月	4 月	5 月	年降水	非汛期
1961	18.0	81.6	21.5	1.5	11.0	3.5	20.4	37.2	688.0	194.7
1962	72.6	78.7	13.6	0.4	0.0	26.2	38.3	118.8	1346.2	348.6
1963	4.4	22.9	14.0	45.0	13.1	7.6	94.8	96.0	792.7	297.8
1964	120.9	17.7	0.0	4.5	15.6	7.3	48.3	2.0	1096.2	216.3
1965	35.8	11.2	2.2	0.4	13.4	49.3	26.6	49.6	870.0	188.5
1966	70.1	21.8	7.0	8.9	35.3	16.6	23.2	36.9	523.3	219.8
1967	65.6	35.8	0.0	0.0	0.1	25.3	3.8	41.9	700.6	172.5
1968	49.9	12.2	8.9	18.2	20.9	14.1	41.5	53.2	608.9	218.9
1969	0.0	1.7	0.6	0.0	28.4	1.3	27.4	53.5	484.8	112.9
1970	58.2	16.1	4.4	21.5	17.9	67.6	28.7	10.7	1167.0	225.1
1971	20.2	1.0	10.4	36.6	2.1	34.1	27.1	98.6	1012.5	230.1
1972	42.2	21.8	0.1	6.5	15.3	10.2	106.8	55.2	721.9	258.1
1973	76.2	0.0	0.2	10.7	2.7	28.9	73.9	79.3	739.4	271.9
1974	31.6	16.0	47.8	0.7	18.3	12.1	91.0	0.4	768.2	217.9
1975	85.8	131.7	9.1	0.1	32.1	4.2	9.5	41.5	998.2	314.0

年份	10月	11月	12月	1月	2月	3月	4月	5月	年降水	非汛期
1976	28.8	7.1	1.0	0.0	0.0	9.2	80.3	95.3	832.0	221.7
1977	44.3	23.9	25.3	0.0	8.5	16.3	0.0	14.0	368.0	132.3
1978	39.2	7.9	2.4	24.6	16.2	43.1	55.4	50.4	804.7	239.2
1979	3.9	4.1	24.8	6.8	3.9	16.8	57.1	40.0	692.6	157.4
1980	88.3	6.5	2.8	8.0	4.5	44.6	7.7	15.6	678.4	178.0
…	…	…	…	…	…	…	…	…	…	…
1998	45.4	2.2	6.0	0.0	2.2	7.2	27.6	79.4	708.7	170.0
1999	82.2	7.8	0.1	40.4	9.7	2.0	6.8	86.2	808.5	235.2
2000	84.4	61.5	1.5	44.7	21.2	6.7	8.8	18.0	956.0	246.8
2001	45.4	11.6	14.4	10.3	1.4	19.9	48.5	108.0	856.0	259.5
2002	12.0	8.6	11.1	12.0	29.4	29.2	58.5	69.0	490.8	229.8
2003	84.4	32.1	23.9	4.1	29.5	3.8	54.6	75.0	867.4	307.4
2004	13.3	104.8	8.3	0.0	30.6	8.9	14.7	57.0	679.2	237.6
2005	22.6	5.3	10.0	4.5	9.3	11.3	39.5	70.0	936.5	172.5
2006	18.5	21.3	30.1	4.3	36.0	73.0	58.0	46.5	707.7	287.7
2007	12.4	0.0	33.5	9.8	5.4	14.0	81.7	102.0	1488.3	258.8
2008	149.5	18.4	2.9	1.1	14.3	29.1	33.9	52.5	933.7	301.7
2009	14.8	23.1	20.8	1.2	43.8	20.9	34.0	155.5	643.1	314.1
2010	1.0	0.0	1.0	0.2	31.0	0.3	7.5	50.5	627.5	91.5
2011	13.0	42.3	27.3							

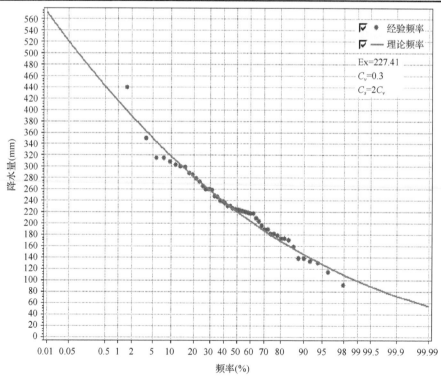

图 17-10　非汛期胶南水文站降水量频率曲线图

表 17-30　非汛期频率计算结果

名称	统计参数			不同频率降水量值(mm)				
	均值(mm)	C_v	C_s	5%	25%	50%	75%	95%
胶南水文站	227.4	0.30	0.60	350.0	269.0	220.6	178.5	128.0

2) 不同频率设计年非汛期降水分布计算

根据胶南市不同频率非汛期降水量选取典型年(由于水库汛末蓄水量较少,降水越靠后越不利,因此选取降水靠后的典型年),按照同倍比法计算设计年的年内分配过程,结果见表 17-31。

表 17-31　设计年非汛期降水分配　　　(单位:mm)

	频率	10 月	11 月	12 月	1 月	2 月	3 月	4 月	5 月	备注
典型年	5%	72.6	78.7	13.6	0.4	0.0	26.2	38.3	118.8	1962 年
	25%	0.6	3.4	6.1	7.9	19.9	50.5	34.9	141.0	1990 年
	50%	28.8	7.1	1.0	0.0	0.0	9.2	80.3	95.3	1976 年
	75%	22.6	5.3	10.0	4.5	9.3	11.3	39.5	70.0	2005 年
	95%	2.4	19.3	16.7	20.9	11.6	11.4	13.2	42.2	1991 年
设计年	5%	72.9	79.0	13.7	0.4	0.0	26.3	38.5	119.3	
	25%	0.6	3.5	6.2	8.0	20.3	51.4	35.5	143.5	
	50%	28.7	7.1	1.0	0.0	0.0	9.2	79.9	94.8	
	75%	23.4	5.5	10.3	4.7	9.6	11.7	40.9	72.4	
	95%	2.5	20.4	17.7	22.1	12.3	12.1	14.0	44.6	

3) 不同频率设计年非汛期径流量计算

采用径流系数法计算。根据实际情况,非汛期胶南市各地的无效降水取 25mm,径流系数为 0.2,根据式(5-26)计算非汛期不同频率入库水量,计算结果见表 17-32。

表 17-32　不同频率非汛期入库水量　　　(单位:万 m³)

名称	频率	10 月	11 月	12 月	1 月	2 月	3 月	4 月	5 月
吉利河水库	5%	98.7	111.3	0.0	0.0	0.0	2.7	27.7	194.2
	25%	0.0	0.0	0.0	0.0	0.0	54.4	21.7	244.1
	50%	7.5	0.0	0.0	0.0	0.0	0.0	113.1	143.8
	75%	0.0	0.0	0.0	0.0	0.0	0.0	32.7	97.7
	95%	0.0	0.0	0.0	0.0	0.0	0.0	0.0	40.4
陡崖子水库	5%	68.0	76.7	0.0	0.0	0.0	1.9	19.1	133.9
	25%	0.0	0.0	0.0	0.0	0.0	37.5	14.9	168.3
	50%	5.2	0.0	0.0	0.0	0.0	0.0	78.0	99.2
	75%	0.0	0.0	0.0	0.0	0.0	0.0	22.5	67.4
	95%	0.0	0.0	0.0	0.0	0.0	0.0	0.0	27.9

名称	频率	10 月	11 月	12 月	1 月	2 月	3 月	4 月	5 月
铁山水库	5%	55.6	62.7	0.0	0.0	0.0	1.5	15.6	109.4
	25%	0.0	0.0	0.0	0.0	0.0	30.6	12.2	137.5
	50%	4.2	0.0	0.0	0.0	0.0	0.0	63.7	81.0
	75%	0.0	0.0	0.0	0.0	0.0	0.0	18.4	55.0
	95%	0.0	0.0	0.0	0.0	0.0	0.0	0.0	22.8
小珠山水库	5%	32.6	36.7	0.0	0.0	0.0	0.9	9.1	64.1
	25%	0.0	0.0	0.0	0.0	0.0	18.0	7.2	80.6
	50%	2.5	0.0	0.0	0.0	0.0	0.0	37.3	47.5
	75%	0.0	0.0	0.0	0.0	0.0	0.0	10.8	32.3
	95%	0.0	0.0	0.0	0.0	0.0	0.0	0.0	13.3
孙家屯水库	5%	12.9	14.6	0.0	0.0	0.0	0.4	3.6	25.5
	25%	0.0	0.0	0.0	0.0	0.0	7.1	2.8	32.0
	50%	1.0	0.0	0.0	0.0	0.0	0.0	14.8	18.9
	75%	0.0	0.0	0.0	0.0	0.0	0.0	4.3	12.8
	95%	0.0	0.0	0.0	0.0	0.0	0.0	0.0	5.3

2. 预警期为非汛期的动态点预警与预警区的确定

水库汛末蓄水量采用 2011 年 10 月 1 日蓄水量,结合式(5-10)～式(5-13)、表 17-25～表 17-28 和表 17-32,动态点预警结果见表 17-33。

表 17-33　动态点预警结果　　　　　　　　（单位：万 m³）

名称	频率	来水量	汛末水量	合计	预警级别
吉利河水库	5%	434.5	2390.0	2824.5	无
	25%	320.2	2390.0	2710.2	无
	50%	264.5	2390.0	2654.5	无
	75%	130.4	2390.0	2520.4	无
	95%	40.4	2390.0	2430.4	无
铁山水库	5%	244.7	914.0	1158.7	黄色
	25%	180.3	914.0	1094.3	黄色
	50%	148.9	914.0	1062.9	黄色
	75%	73.4	914.0	987.4	橙色
	95%	22.8	914.0	936.8	橙色
陡崖子水库	5%	299.5	1300.0	1599.5	黄色
	25%	220.7	1300.0	1520.7	黄色
	50%	182.3	1300.0	1482.3	黄色
	75%	89.9	1300.0	1389.9	黄色
	95%	27.9	1300.0	1327.9	黄色

名称	频率	来水量	汛末水量	合计	预警级别
小珠山水库	5%	143.4	458.0	601.4	红色
	25%	105.7	458.0	563.7	红色
	50%	87.3	458.0	545.3	红色
	75%	43.0	458.0	501.0	红色
	95%	13.3	458.0	471.3	红色
孙家屯水库	5%	57.0	695.0	752.0	无
	25%	42.0	695.0	737.0	无
	50%	34.7	695.0	729.7	无
	75%	17.1	695.0	712.1	无
	95%	5.3	695.0	700.3	无

3. 预警期为非汛期的动态预警过程线与预警区的确定

水库汛末蓄水量采用 2011 年 10 月 1 日蓄水量, 结合式 (5-22)~式 (5-25) 和表 17-28~表 17-31 和表 17-33, 动态预警过程见表 17-34~表 17-38。

表 17-34　吉利河水库不同频率预警结果 　　　（单位：万 m³）

	频率	10 月	11 月	12 月	1 月	2 月	3 月	4 月	5 月
水量	5%	2390.0	2129.7	2029.6	1816.1	1604.9	1410.8	1057.4	729.4
	25%	2390.0	2031.0	1819.7	1606.2	1395.0	1200.9	899.2	565.2
	50%	2390.0	2038.5	1827.2	1613.7	1402.5	1208.4	852.3	609.7
	75%	2390.0	2031.0	1819.7	1606.2	1395.0	1200.9	844.8	521.8
	95%	2390.0	2031.0	1819.7	1606.2	1395.0	1200.9	844.8	489.1
预警	5%	无	无	无	无	无	无	无	无
	25%	无	无	无	无	无	无	无	无
	50%	无	无	无	无	无	无	无	无
	75%	无	无	无	无	无	无	无	无
	95%	无	无	无	无	无	无	无	无

表 17-35　陡崖子水库不同频率预警结果 　　　（单位：万 m³）

	频率	10 月	11 月	12 月	1 月	2 月	3 月	4 月	5 月
水量	5%	1300.0	1212.0	1142.7	996.0	862.8	729.6	444.3	307.2
	25%	1300.0	1144.0	998.0	851.3	718.1	584.9	445.6	303.0
	50%	1300.0	1149.2	1003.2	856.5	723.3	590.1	408.1	349.0
	75%	1300.0	1144.0	998.0	851.3	718.1	584.9	408.1	293.5
	95%	1300.0	1144.0	998.0	851.3	718.1	584.9	408.1	271.0
预警	5%	橙色	黄色	黄色	黄色	黄色	黄色	黄色	无
	25%	橙色	橙色	橙色	橙色	橙色	橙色	黄色	无
	50%	橙色	橙色	橙色	橙色	橙色	橙色	红色	无
	75%	橙色	橙色	橙色	橙色	橙色	橙色	红色	无
	95%	橙色	橙色	橙色	橙色	橙色	橙色	红色	红色

表 17-36　铁山水库不同频率预警结果　　　　　　（单位：万 m³）

	频率	10 月	11 月	12 月	1 月	2 月	3 月	4 月	5 月
水量	5%	914.0	846.8	794.3	678.7	564.7	459.3	340.1	234.2
	25%	914.0	791.2	692.8	595.5	499.8	412.6	340.8	219.1
	50%	914.0	795.4	692.8	595.5	499.8	412.6	310.2	270.6
	75%	914.0	791.2	692.8	595.5	499.8	412.6	310.2	225.3
	95%	914.0	791.2	692.8	595.5	499.8	412.6	310.2	206.9
预警	5%	橙色	橙色	橙色	橙色	橙色	橙色	橙色	橙色
	25%	橙色	红色	红色	红色	红色	红色	橙色	橙色
	50%	橙色	红色	红色	红色	红色	红色	红色	橙色
	75%	橙色	红色	红线	红色	红色	红色	红色	橙色
	95%	橙色	红色	红色	红色	红色	红色	红色	红色

表 17-37　小珠山水库不同频率预警结果　　　　　　（单位：万 m³）

	频率	10 月	11 月	12 月	1 月	2 月	3 月	4 月	5 月
水量	5%	458.0	410.9	373.5	299.3	226.3	159.1	81.8	85.1
	25%	458.0	378.3	304.2	230.0	157.0	89.8	94.0	83.2
	50%	458.0	380.8	306.7	232.5	159.5	92.3	76.0	113.3
	75%	458.0	378.3	304.2	230.0	157.0	89.8	76.0	86.8
	95%	458.0	378.3	304.2	230.0	157.0	89.8	76.0	76.0
预警	5%	红色	红色	红色	红色	红色	红色	红色	红色
	25%	红色	红色	红色	红色	红色	红色	红色	红色
	50%	红色	红色	红色	红色	红色	红色	红色	红色
	75%	红色	红色	红色	红色	红色	红色	红色	红色
	95%	红色	红色	红色	红色	红色	红色	红色	红色

表 17-38　孙家屯水库不同频率预警结果　　　　　　（单位：万 m³）

	频率	10 月	11 月	12 月	1 月	2 月	3 月	4 月	5 月
水量	5%	695.0	645.7	647.5	635.0	622.9	611.4	550.1	491.3
	25%	695.0	632.8	632.9	635.0	622.9	611.4	556.9	490.5
	50%	695.0	633.8	632.9	635.0	622.9	611.4	549.7	502.5
	75%	695.0	632.8	632.9	635.0	622.9	611.4	549.7	491.9
	95%	695.0	632.8	632.9	635.0	622.9	611.4	549.7	487.7
预警	5%	无	无	无	无	无	无	无	无
	25%	无	无	无	无	无	无	无	无
	50%	无	无	无	无	无	无	无	无
	75%	无	无	无	无	无	无	无	无
	95%	无	无	无	无	无	无	无	无

4. 保障对策

1）吉利河水库

汛末蓄水量满足非汛期各用水户需水量，不需要进行预警。

2）陡崖子水库

按重要程度压缩水库供水量。当发布黄色预警时，城乡生活供水和工业供水压缩至95%，生态供水压缩至 75%，剩下的水量用于农业灌溉；当发布橙色预警时，城乡生活供水和工业供水压缩至 90%，剩下的水量用于生态，停止向农业供水。

3）铁山水库

一直处于橙色预警区，按重要程度压缩水库供水量。城乡生活供水和工业供水压缩至 90%，剩下的水量用于生态，停止向农业供水。

4）小珠山水库

水库缺水严重，一直处于红色预警区，停止向农业供水和生态供水，城乡生活供水和工业供水压缩至 90%，并通过从其他区域调水等方式保证城乡生活和工业用水。

17.3　小　　　结

本章在对乳山和胶南两市八座中型水库多年水文资料分析整理的基础上，根据是否考虑非汛期来水，对水库进行了静态和动态预警，并针对不同频率(5%、25%、50%、75%和95%)降水给出了动态预警管理方案，具有实际意义；根据预警级别的不同给出了不同的供水方案，统筹考虑和区别不同用水户的用水需求，优先保障城乡居民生活用水。当水库进入黄色预警时，城乡生活供水和工业供水采用 95%～98%保证率，生态供水采用50%～75%保证率，剩余水量用于农业灌溉；当水库进入橙色预警时，城乡生活供水和工业供水采用 90%～95%保证率，剩余水量用于生态，停止向农业灌溉供水；当水库进入红色预警时，停止向农业和生态供水，城乡生活供水保证率压缩至 90%～95%，工业供水保证率压缩至 85%～90%，并通过跨区域调水等方式保证城乡生活和工业用水。

第18章 预警期为三个月与非汛期大型水库的预警管理

应用第 6 章理论,针对大型水库预警期为三个月和非汛期两种情况,对乳山市龙角山水库分别进行预警线确定、静态预警、动态点预警、动态过程预警的研究。

18.1 大型水库预警期为三个月的预警管理

18.1.1 基本资料

1)水库渗漏量

乳山市龙角山水库已于 2002 年完成除险加固,渗漏损失水量很小,忽略不计。

2)水库蒸发损失水量

因龙角山水库没有实测蒸发资料,参照米山水库实测值计算。米山水库水面月蒸发深见表 18-1,根据龙角山水库对应时间段的平均水面面积(表 18-2),可计算出相应的蒸发损失量,计算结果见表 18-3。

3)水库工业生活需水量

水库工业生活需水量按照龙角山水库实际供水情况计算。根据 2008~2012 年实际供水资料,考虑到最大供水流量为 $0.667 m^3/s$,每月按 30.4 天计,龙角山水库工业生活需水量为 175.2 万 m^3/月。

表 18-1 米山水库水面月蒸发深 (单位:mm)

年份	1 月	2 月	3 月	4 月	5 月	6 月	7 月	8 月	9 月	10 月	11 月	12 月
2008	21.38	27.90	69.70	83.60	93.50	75.60	58.50	87.80	88.30	74.00	44.40	24.12
2009	20.29	22.74	61.60	89.80	93.00	107.50	85.00	106.30	101.00	91.70	47.80	17.62
2010	17.60	18.79	45.80	63.80	93.90	106.90	94.70	69.60	76.50	80.10	47.50	27.76
2011	20.22	22.56	66.10	95.00	106.90	99.20	73.70	71.00	112.50	66.30	46.10	19.05
2012	14.98	20.07	56.10	68.10	107.30	89.10	75.70	87.50	103.80	85.90	48.10	21.39

表 18-2 龙角山水库月平均水面面积 (单位:km^2)

年份	1 月	2 月	3 月	4 月	5 月	6 月	7 月	8 月	9 月	10 月	11 月	12 月
2008	6.62	6.51	6.36	6.18	6.15	5.44	4.95	6.13	6.93	6.83	6.77	6.68
2009	6.57	6.44	6.29	6.27	6.29	5.63	5.21	5.18	4.82	4.53	4.34	4.21
2010	4.09	3.99	4.03	4.16	4.27	4.53	4.85	5.64	6.43	6.56	6.44	6.22
2011	6.03	5.90	5.69	5.38	5.06	5.17	5.35	5.96	6.56	6.55	6.76	6.94
2012	6.97	6.87	6.75	6.87	5.92	4.73	4.80	5.42	6.04	6.03	5.85	5.76

表 18-3 龙角山水库月蒸发损失水量计算结果 （单位：万 m³）

年份	1 月	2 月	3 月	4 月	5 月	6 月	7 月	8 月	9 月	10 月	11 月	12 月
2008	22.1	31.3	44.3	51.7	57.5	41.1	29.0	53.8	61.2	50.5	30.1	24.8
2009	20.8	25.3	38.7	56.3	58.5	60.5	44.3	55.1	48.6	41.5	20.7	11.4
2010	11.2	12.9	18.5	26.5	40.1	48.4	46.0	39.2	49.2	52.5	30.6	26.6
2011	19.1	22.9	37.6	51.1	54.1	51.3	39.5	42.3	73.8	43.4	31.1	20.3
2012	16.3	23.8	37.9	46.8	63.5	42.2	36.3	47.4	62.7	51.8	28.2	18.9
均值	17.9	23.2	35.4	46.5	54.7	48.7	39.0	47.6	59.1	48.0	28.1	20.4

4）生态需水量

龙角山水库生态需水量取汛末水库多年平均可供水量的 10%，将其均匀分配在非汛期的 8 个月内，计算结果见表 18-4。

表 18-4 龙角山水库生态需水量计算结果 （单位：万 m³）

	2008 年	2009 年	2010 年	2011 年	2012 年	均值	月生态需水量
蓄水量	3699.0	2502.0	3546.0	3479.0	3306.0	3306.4	33.0

5）灌溉需水量

灌溉需水量采用定额法进行计算。龙角山水库有效灌溉面积为 3.13 万亩，灌溉定额为 60m³/(亩·次)，灌溉用水量为 187.8 万 m³/次，每年 3 月、4 月和 10 月各灌一次。

18.1.2 预警期为三个月的警戒线的确定

根据式(4-7)～式(4-9)，可求得龙角山水库预警期为三个月的黄色、橙色、红色三条警戒线，结果见表 18-5。

表 18-5 龙角山水库警戒线划分结果（预警期为三个月）

警戒线	死库容(万 m³)	蒸发量(万 m³)	生态需水量(万 m³)	工业生活需水量(万 m³)	灌溉需水量(万 m³)	黄色警戒线 水量(万 m³)	黄色警戒线 水位(m)
黄色	750.0	154.6	95.9	525.6	375.6	1901.7	34.04
橙色	750.0	107.1	63.9	350.4	187.8	1459.2	32.86
红色	750.0	59.1	32.0	175.2	187.8	1204.1	32.05

18.2 大型水库预警期为非汛期的警戒线的确定

18.2.1 基本资料

1. 生活工业需水量

生活工业需水量按照实际供水情况计算。根据 2008～2012 年实际供水资料，最大供水流量为 0.667m³/s，最小供水流量为 0.44m³/s，均匀内插确定蓝色、黄色、橙色、红色四条警戒线，即城乡生活和工业分别按照 $0.667\text{m}^3/\text{s}$、$0.591\text{m}^3/\text{s}$、$0.516\text{m}^3/\text{s}$ 和 $0.44\text{m}^3/\text{s}$ 供水。每月按照实际天数计算，结果见表 18-6。

表 18-6　龙角山水库城乡生活及工业月供水量 （单位：万 m^3）

警戒线	1月	2月	3月	4月	5月	6月	7月	8月	9月	10月	11月	12月
蓝色	178.6	161.4	178.6	172.9	178.6	172.9	178.6	178.6	172.9	178.6	172.9	178.6
黄色	158.4	143.1	158.4	153.3	158.4	153.3	158.4	158.4	153.3	158.4	153.3	158.4
橙色	138.1	124.8	138.1	133.7	138.1	133.7	138.1	138.1	133.7	138.1	133.7	138.1
红色	117.8	106.4	117.8	114.0	117.8	114.0	117.8	117.8	114.0	117.8	114.0	117.8

2. 其他需水量

龙角山水库农业需水量、生态需水量、水库蒸发和渗漏损失水量的计算方法同前。

18.2.2　点警戒线的确定

将数据代入式(5-10)～式(5-13)，可求得龙角山水库点警戒线，结果见表 18-7。

表 18-7　龙角山水库点预警结果（预警期为非汛期）

警戒线	死库容(万 m^3)	工业生活 (万 m^3)	生态需水量 (万 m^3)	灌溉需水量 (万 m^3)	蒸发损失水量 (万 m^3)	合计(万 m^3)	水位(m)
蓝色	750.0	1400.4	191.7	281.7	345.6	2969.4	36.46
黄色	750.0	1241.5	191.7	281.7	345.6	2810.5	36.17
橙色	750.0	1082.7	191.7	0.0	345.6	2370.0	35.37
红色	750.0	923.8	0.0	0.0	345.6	2019.4	34.34

18.2.3　预警过程线的确定

将数据代入式(5-22)～式(5-25)，可求得龙角山水库预警过程线，结果见表 18-8。

表 18-8　龙角山水库过程预警结果（预警期为非汛期）

警戒线	10月	11月	12月	1月	2月	3月	4月	5月	备注
蓝色	2969.4	2618.2	2372.6	2131.0	1880.8	1636.4	1291.9	973.0	
黄色	2810.5	2479.6	2253.6	2032.3	1802.4	1576.2	1252.0	952.8	水量
橙色	2370.0	2153.2	1946.8	1745.8	1536.1	1328.3	1118.3	932.5	(万 m^3)
红色	2019.4	1846.8	1684.1	1527.2	1361.8	1196.2	1030.4	888.3	
蓝色	36.46	36.72	35.38	34.61	33.99	33.43	32.33	31.24	
黄色	36.17	36.30	35.09	34.37	33.91	33.25	32.20	31.17	水位
橙色	35.37	34.67	34.15	33.74	33.14	32.45	31.76	31.10	(m)
红色	34.34	34.04	33.57	33.11	32.55	32.02	31.45	30.93	

18.2.4　静态预警管理

静态预警指仅在非汛期初(10 月 1 日)发布的预警。

1. 相对隶属度模型

根据龙角山水库历年汛末蓄水量、表 18-8 和相对隶属度概念[式(6-1)和式(6-2)]，即可求得水库汛末水位的相对隶属度，计算结果见表 18-9。

表 18-9　静态预警结果(模糊识别模型)

年份		2008	2009	2010	2011	2012
汛末蓄水位(m)		37.64	35.56	37.41	37.31	37.05
汛末蓄水量(万 m³)		3699	2502	3546	3479	3306
相对隶属度	无	0.879	0	0.599	0.529	0.35
	蓝色	0.121	0	0.401	0.471	0.65
	黄色	0	0.300	0	0	0
	橙色	0	0.700	0	0	0
	红色	0	0	0	0	0

2. 模糊评价模型

根据表 18-8 和式(6-3)，可得到指标标准值区间矩阵为

$$I=\left([750,2019.4]_1\ [2019.4,2370.0]_2\ [2370.0,2810.5]_3\ [2810.5,2969.4]_4\ [2969.4,3931.9]_5\right)$$

根据式(6-4)，点值矩阵 M 为

$$M=[750,2019.4,2370.0,2810.5,3931.9]$$

依次将 2008～2012 年汛末蓄水量代入式(6-5)～式(6-7)，得到历年汛末龙角山水库蓄水量对各个级别的隶属度矩阵为

$$_{2008}U=[0\ \ 0\ \ 0\ \ 0.120987\ \ 0.879013]$$
$$_{2009}U=[0\ \ 0.350158\ \ 0.850158\ \ 0.149842\ \ 0]$$
$$_{2010}U=[0\ \ 0\ \ 0\ \ 0.200467\ \ 0.799533]$$
$$_{2011}U=[0\ \ 0\ \ 0\ \ 0.235272\ \ 0.764728]$$
$$_{2012}U=[0\ \ 0\ \ 0\ \ 0.325143\ \ 0.674858]$$

将计算结果(隶属度)代入式(6-8)和式(6-9)，可计算出历年汛末龙角山水库蓄水量对各个级别的综合隶属度，并按照式(6-10)进行归一化，计算结果见表 18-10。

将归一化的综合隶属度代入式(6-11)，求出各样本的级别特征值，对照表 6-1，即可确定预警级别，结果见表 18-11。

表 18-10　级别综合隶属度计算结果

年份	级别	综合隶属度				
		$\alpha = 1, p = 1$	$\alpha = 1, p = 2$	$\alpha = 2, p = 1$	$\alpha = 2, p = 2$	归一化
2008	1	0	0	0	0	0
	2	0	0	0	0	0
	3	0	0	0	0	0
	4	0.120987	0.018592	0.120987	0.018592	0.06979
	5	0.879013	0.981408	0.879013	0.981408	0.93021
2009	1	0	0	0	0	0
	2	0.259346	0.109219	0.259346	0.109219	0.197351
	3	0.629673	0.743002	0.629673	0.743002	0.735007
	4	0.110981	0.015345	0.110981	0.015345	0.067642
	5	0	0	0	0	0
2010	1	0	0	0	0	0
	2	0	0	0	0	0
	3	0	0	0	0	0
	4	0.200467	0.059147	0.200467	0.059147	0.129807
	5	0.799533	0.940853	0.799533	0.940853	0.870193
2011	1	0	0	0	0	0
	2	0	0	0	0	0
	3	0	0	0	0	0
	4	0.235272	0.086467	0.235272	0.086467	0.16087
	5	0.764728	0.913533	0.764728	0.913533	0.83913
2012	1	0	0	0	0	0
	2	0	0	0	0	0
	3	0	0	0	0	0
	4	0.325142	0.188394	0.325142	0.188394	0.256768
	5	0.674858	0.811606	0.674858	0.811606	0.743232

表 18-11　模糊评价预警结果

年份	汛末蓄水量(万 m³)	级别特征值	预警结果
2008	3699	4.93	无
2009	2502	2.87	黄色
2010	3546	4.87	无
2011	3479	4.84	无
2012	3306	4.74	无

3. 调度运行

(1)对于台依水库,汛末蓄水量采用 2010 年 10 月 1 日蓄水量时,一直处于黄色预警区,按重要程度压缩水库供水量。城乡生活供水和工业供水压缩至 95%～98%,生态供水压缩至 50%～75%,剩余水量用于农业灌溉。

(2)对于院里水库,汛末蓄水量采用 2010 年 10 月 1 日蓄水量时,汛末蓄水量满足非汛期各用水户需水量，不需要进行预警。

(3)对于花家疃水库，汛末蓄水量采用 2003 年 10 月 1 日蓄水量时，一直处于黄色预警区，按重要程度压缩水库供水量。城乡生活供水和工业供水压缩至 95%～98%，生态供水压缩至 50%～75%，剩下的水量用于农业灌溉。

18.2.5　动态预警管理

1. 设计年入库径流量分配计算

选取崖子水文站作为代表站，对 1953～2012 年实测非汛期降水系列进行适线，计算结果见图 17-4 和表 17-12 所示。根据适线结果选取典型年，并按同倍比该计算设计年降水分配，计算结果见表 17-13。

降水径流系数取 0.34，无效降水取 25mm，将表 17-13 的数据代入式(5-26)，即可求得设计年非汛期径流量分配，计算结果见表 18-12。

表 18-12　设计年径流量分配结果　　　　　　（单位：万 m³）

频率	10 月	11 月	12 月	1 月	2 月	3 月	4 月	5 月
5%	422.8	0.0	0.0	0.0	0.0	0.0	86.5	472.2
25%	24.2	0.0	52.1	0.0	0.0	0.0	166.7	418.6
50%	0.0	0.0	0.0	55.8	0.0	288.0	0.0	130.6
75%	0.0	0.0	0.0	0.0	0.0	0.0	212.3	125.5
95%	0.0	0.0	0.0	0.0	0.0	0.0	11.1	70.9

2. 动态点预警

动态点预警指考虑到预警时间段(未来非汛期 8 个月)不同来水量的影响，仅在汛末发布预警的预警方式。

1)相对隶属度模型

以 2009 年为例进行计算，将数据代入式(6-1)和式(6-2)，计算结果见表 18-13。

表 18-13　动态点预警结果

频率	径流量(万 m³)	合计水量(万 m³)	无	蓝色	黄色	橙色	红色
5%	981	3483	0.534	0.466	0	0	0
25%	662	3164	0.202	0.798	0	0	0
50%	474	2976	0.007	0.993	0	0	0
75%	338	2840	0	0.184	0.816	0	0
95%	82	2584	0	0	0.486	0.514	0

2)模糊评价模型

以 2009 年为例进行计算，根据表 18-8 和式(6-3)，可得到指标标准值区间矩阵为

$$I=\left(\left[750,2019.4\right]_1\ \left[2019.4,2370.0\right]_2\ \left[2370.0,2810.5\right]_3\ \left[2810.5,2969.4\right]_4\ \left[2969.4,3931.9\right]_5\right)$$

根据式(6-4)，点值矩阵 M 为

$$M=[750,2019.4,2370.0,2810.5,3931.9]$$

依次将不同频率来水量及 2008 年汛末蓄水量的和代入式(6-5)～式(6-7)，得到不同频率下各个级别的隶属度矩阵为

$$_{5\%}U=[0\quad 0\quad 0\quad 0.233\quad 0.767]$$
$$_{25\%}U=[0\quad 0\quad 0\quad 0.399\quad 0.601]$$
$$_{50\%}U=[0\quad 0\quad 0\quad 0.497\quad 0.503]$$
$$_{75\%}U=[0\quad 0\quad 0.407\quad 0.907\quad 0.093]$$
$$_{95\%}U=[0\quad 0\quad 0.257\quad 0.757\quad 0.243]$$

将计算结果(隶属度)代入式(6-8)和式(6-9)，可计算出历年汛末龙角山水库蓄水量对各个级别的综合隶属度，并按照式(6-10)进行归一化，计算结果见表 18-14。

表 18-14　级别综合隶属度计算结果

频率	级别	综合隶属度				
		$\alpha=1, p=1$	$\alpha=1, p=2$	$\alpha=2, p=1$	$\alpha=2, p=2$	归一化
5%	1	0	0	0	0	0
	2	0	0	0	0	0
	3	0	0	0	0	0
	4	0.233	0.085	0.233	0.085	0.159
	5	0.767	0.915	0.767	0.915	0.841
25%	1	0	0	0	0	0
	2	0	0	0	0	0
	3	0	0	0	0	0
	4	0.399	0.306	0.399	0.306	0.352
	5	0.601	0.694	0.601	0.694	0.648
50%	1	0	0	0	0	0
	2	0	0	0	0	0
	3	0	0	0	0	0
	4	0.497	0.493	0.497	0.493	0.495
	5	0.503	0.507	0.503	0.507	0.505
75%	1	0	0	0	0	0
	2	0	0	0	0	0
	3	0.289	0.142	0.289	0.142	0.226
	4	0.645	0.767	0.645	0.767	0.737
	5	0.066	0.005	0.066	0.005	0.037
95%	1	0	0	0	0	0
	2	0.205	0.062	0.205	0.062	0.147
	3	0.602	0.696	0.602	0.696	0.716
	4	0.193	0.054	0.193	0.054	0.137
	5	0	0	0	0	0

将归一化的综合隶属度代入式(6-11)，求出各样本的级别特征值，对照表 6-1，即可

确定预警级别，结果见表 18-15。

表 18-15　模糊评价预警结果

频率	汛末蓄水量(万 m³)	级别特征值	预警结果
5%	3483	4.841	无
25%	3164	4.648	无
50%	2976	4.507	无
75%	2840	3.812	黄蓝蓝色
95%	2584	2.989	黄色

3. 动态过程预警

1) 相对隶属度模型

以 2008 年水库汛末蓄水量为例进行计算，代入式(5-27)～式(5-32)，即可得到不同频率下非汛期水库蓄水量动态变化过程，代入式(6-1)和式(6-2)，即可得到相对隶属度，计算结果见表 18-16～表 18-20。

表 18-16　5%频率下动态过程预警结果

	10 月	11 月	12 月	1 月	2 月	3 月	4 月	5 月
水量(万 m³)	2502	2594	2348	2107	1857	1612	1268	1039
供水量(万 m³)	331	246	242	250	244	345	315	472.2
无	0	0	0	0	0	0	0	0.069
蓝色	0	0.824	0.796	0.754	0.690	0.597	0.391	0.931
黄色	0.300	0.176	0.204	0.246	0.310	0.403	0.609	0
橙色	0.700	0	0	0	0	0	0	0
红色	0	0	0	0	0	0	0	0

表 18-17　25%频率下动态过程预警结果

	10 月	11 月	12 月	1 月	2 月	3 月	4 月	5 月
水量(万 m³)	2502	2195	1969	1800	1570	1362	1118	1099
供水量(万 m³)	331	226	221	230	208	244	186	472.2
无	0	0	0	0	0	0	0	0.131
蓝色	0	0	0	0	0	0	0	0.869
黄色	0.300	0.129	0.073	0.190	0.128	0.138	0	0
橙色	0.700	0.871	0.927	0.810	0.872	0.862	1.000	0
红色	0	0	0	0	0	0	0	0

表 18-18　50%频率下动态过程预警结果

	10 月	11 月	12 月	1 月	2 月	3 月	4 月	5 月
水量(万 m³)	2502	2171	1947	1746	1592	1384	1406	1087
供水量(万 m³)	331	224	201	210	208	266	319	472.2
无	0	0	0	0	0	0	0.119	0.119

	10 月	11 月	12 月	1 月	2 月	3 月	4 月	5 月
蓝色	0	0	0	0	0	0	0.881	0.881
黄色	0.300	0.055	0	0	0.210	0.225	0	0
橙色	0.700	0.945	1.000	1.000	0.790	0.775	0	0
红色	0	0	0	0	0	0	0	0

表 18-19　75%频率下动态过程预警结果

	10 月	11 月	12 月	1 月	2 月	3 月	4 月	5 月
水量(万 m³)	2502	2171	1947	1746	1536	1328	1118	1145
供水量(万 m³)	331	224	201	210	208	210	186	472.2
无	0	0	0	0	0	0	0	0.179
蓝色	0	0	0	0	0	0	0	0.821
黄色	0.300	0.055	0	0	0	0	0	0
橙色	0.700	0.945	1.000	1.000	1.000	1.000	1.000	0
红色	0	0	0	0	0	0	0	0

表 18-20　95%频率下动态过程预警结果

	10 月	11 月	12 月	1 月	2 月	3 月	4 月	5 月
水量(万 m³)	2502	2171	1947	1746	1536	1328	1118	944
供水量(万 m³)	331	224	201	210	208	210	186	472.2
无	0	0	0	0	0	0	0	0
蓝色	0	0	0	0	0	0	0	0
黄色	0.300	0.055	0	0	0	0	0	0.550
橙色	0.700	0.945	1.000	1.000	1.000	1.000	1.000	0.450
红色	0	0	0	0	0	0	0	0

2) 模糊评价模型

以 2008 年水库汛末蓄水量为例进行计算，根据表 18-8 和式 (6-3)，可得到非汛期各月指标标准值区间矩阵为

$$I = (I_1, I_2, \cdots, I_8)^{\mathrm{T}}$$

$$= \begin{pmatrix} [750,2019.4]_1 & [2019.4,2370.0]_2 & [2370.0,2810.5]_3 & [2810.5,2969.4]_4 & [2969.4,3931.9]_5 \\ [750,1846.8]_1 & [1846.8,2153.2]_2 & [2153.2,2479.6]_3 & [2479.6,2618.2]_4 & [2618.2,3580.7]_5 \\ [750,1684.1]_1 & [1684.1,1946.8]_2 & [1946.8,2253.6]_3 & [2253.6,2372.6]_4 & [2372.6,3335.1]_5 \\ [750,1527.2]_1 & [1527.2,1745.8]_2 & [1745.8,2032.3]_3 & [2032.3,2131.0]_4 & [2131.0,3093.5]_5 \\ [750,1361.8]_1 & [1361.8,1536.1]_2 & [1536.1,1802.4]_3 & [1802.4,1880.8]_4 & [1880.8,2843.3]_5 \\ [750,1196.2]_1 & [1196.2,1328.3]_2 & [1328.3,1576.2]_3 & [1576.2,1636.4]_4 & [1636.4,2598.9]_5 \\ [750,1030.4]_1 & [1030.4,1118.3]_2 & [1118.3,1252.0]_3 & [1252.0,1291.9]_4 & [1291.9,2254.4]_5 \\ [750, 888.3]_1 & [888.3, 932.5]_2 & [932.5, 952.8]_3 & [952.8, 973.0]_4 & [973.0,1935.5]_5 \end{pmatrix}$$

根据式(6-4)，非汛期各月点值矩阵 M 为

$$M = \left[M_1, M_2, \cdots, M_8\right]^{\mathrm{T}} = \begin{bmatrix} 750 & 2019.4 & 2370.0 & 2810.5 & 3931.9 \\ 750 & 1846.8 & 2153.2 & 2479.6 & 3580.7 \\ 750 & 1684.1 & 1946.8 & 2253.6 & 3335.1 \\ 750 & 1527.2 & 1745.8 & 2032.3 & 3093.5 \\ 750 & 1361.8 & 1536.1 & 1802.4 & 2843.3 \\ 750 & 1196.2 & 1328.3 & 1576.2 & 2598.9 \\ 750 & 1030.4 & 1118.3 & 1252.0 & 2254.4 \\ 750 & 888.3 & 932.5 & 952.8 & 1935.5 \end{bmatrix}$$

依次将不同频率下非汛期每个月初水库蓄水量代入式(6-5)～式(6-7)，即可得到非汛期各月初龙角山水库蓄水量对各个级别的隶属度矩阵,在此仅给出 5%频率下各月的隶属度矩阵:

$$_{5\%}U = \left[_{10月}U, _{11月}U, \cdots, _{4月}U, _{5月}U\right]^{\mathrm{T}} = \begin{bmatrix} 0 & 0.350 & 0.850 & 0.150 & 0 \\ 0 & 0 & 0.088 & 0.588 & 0.412 \\ 0 & 0 & 0.102 & 0.602 & 0.398 \\ 0 & 0 & 0.123 & 0.623 & 0.377 \\ 0 & 0 & 0.155 & 0.655 & 0.345 \\ 0 & 0 & 0.202 & 0.702 & 0.298 \\ 0 & 0 & 0.305 & 0.805 & 0.195 \\ 0 & 0 & 0 & 0.466 & 0.534 \end{bmatrix}$$

将计算结果(隶属度)代入式(6-8)和式(6-9)，可计算出历年汛末龙角山水库蓄水量对各个级别的综合隶属度，并按照式(6-10)进行归一化，计算结果见表 18-21。

表 18-21　5%频率下各月级别综合隶属度计算结果

月份	级别	综合隶属度				
		$\alpha = 1$, $p = 1$	$\alpha = 1$, $p = 2$	$\alpha = 2$, $p = 1$	$\alpha = 2$, $p = 2$	归一化
10	1	0	0	0	0	0
	2	0.350	0.225	0.350	0.225	0.197
	3	0.850	0.970	0.850	0.970	0.735
	4	0.150	0.030	0.150	0.030	0.068
	5	0	0	0	0	0
11	1	0	0	0	0	0
	2	0	0	0	0	0
	3	0.088	0.009	0.088	0.009	0.048
	4	0.588	0.670	0.588	0.670	0.603
	5	0.412	0.330	0.412	0.330	0.350

月份	级别	综合隶属度				
		$\alpha=1,\ p=1$	$\alpha=1,\ p=2$	$\alpha=2,\ p=1$	$\alpha=2,\ p=2$	归一化
12	1	0	0	0	0	0
	2	0	0	0	0	0
	3	0.102	0.013	0.102	0.013	0.056
	4	0.602	0.696	0.602	0.696	0.617
	5	0.398	0.304	0.398	0.304	0.327
1	1	0	0	0	0	0
	2	0	0	0	0	0
	3	0.123	0.019	0.123	0.019	0.068
	4	0.623	0.732	0.623	0.732	0.637
	5	0.377	0.268	0.377	0.268	0.295
2	1	0	0	0	0	0
	2	0	0	0	0	0
	3	0.155	0.032	0.155	0.032	0.087
	4	0.655	0.783	0.655	0.783	0.663
	5	0.345	0.217	0.345	0.217	0.250
3	1	0	0	0	0	0
	2	0	0	0	0	0
	3	0.202	0.060	0.202	0.060	0.115
	4	0.702	0.847	0.702	0.847	0.693
	5	0.298	0.153	0.298	0.153	0.193
4	1	0	0	0	0	0
	2	0	0	0	0	0
	3	0.305	0.161	0.305	0.161	0.173
	4	0.805	0.944	0.805	0.944	0.729
	5	0.195	0.056	0.195	0.056	0.098
5	1	0	0	0	0	0
	2	0	0	0	0	0
	3	0	0	0	0	0
	4	0.466	0.432	0.466	0.432	0.449
	5	0.534	0.568	0.534	0.568	0.551

将归一化的综合隶属度代入式(6-11)，求出各样本的级别特征值，对照表6-1，即可确定预警级别，结果见表18-22。

同样地，可以计算出其他频率下水库动态预警过程，结果见表18-23～表18-26。

表 18-22　5%频率下模糊评价预警结果

月份	月初蓄水量(万 m³)	级别特征值	预警结果
10	2502	2.87	黄色
11	2594	4.302	蓝色
12	2348	4.271	蓝色
1	2107	4.227	蓝色
2	1857	4.163	蓝色
3	1612	4.078	蓝色
4	1268	3.925	蓝色
5	1039	4.551	无

表 18-23　25%频率下动态过程预警结果

		10 月	11 月	12 月	1 月	2 月	3 月	4 月	5 月
特征值(万 m³)		2502	2195.2	1969.3	1800.1	1570.2	1362.4	1118.3	1099.2
隶属度	1	0	0	0	0	0	0	0	0
	2	0.350	0.936	0.463	0.405	0.436	0.431	0.500	0
	3	0.850	0.720	0.963	0.905	0.936	0.931	1.000	0
	4	0.150	0.280	0.037	0.095	0.064	0.069	0	0.434
	5	0	0	0	0	0	0	0	0.566
综合隶属度	1	0	0	0	0	0	0	0	0
	2	0.197	0.542	0.251	0.224	0.239	0.237	0.267	0
	3	0.735	0.360	0.736	0.737	0.737	0.737	0.733	0
	4	0.068	0.098	0.013	0.038	0.024	0.026	0	0.403
	5	0	0	0	0	0	0	0	0.597
级别特征值		2.870	2.557	2.762	2.814	2.785	2.790	2.733	4.597
预警结果		黄色	橙黄色	黄色	黄色	黄色	黄色	橙黄色	无

表 18-24　50%频率下动态过程预警结果

		10 月	11 月	12 月	1 月	2 月	3 月	4 月	5 月
特征值(万 m³)		2502	2171	1947	1746	1592	1384	1406	1087
隶属度	1	0	0	0	0	0	0	0	0
	2	0.350	0.473	0.500	0.500	0.395	0.387	0	0
	3	0.850	0.973	1.000	1.000	0.895	0.887	0	0
	4	0.150	0.027	0	0	0.105	0.113	0.441	0.441
	5	0	0	0	0	0	0	0.559	0.559
综合隶属度	1	0	0	0	0	0	0	0	0
	2	0.197	0.255	0.267	0.267	0.220	0.216	0	0
	3	0.735	0.735	0.733	0.733	0.737	0.737	0	0
	4	0.068	0.010	0	0	0.043	0.047	0.412	0.412
	5	0	0	0	0	0	0	0.588	0.588
级别特征值		2.870	2.754	2.733	2.733	2.823	2.831	4.588	4.588
预警结果		黄色	黄色	橙黄色	橙黄色	黄色	黄色	无	无

表 18-25　75%频率下动态过程预警结果

		10 月	11 月	12 月	1 月	2 月	3 月	4 月	5 月
特征值(万 m³)		2502	2171	1947	1746	1536	1328	1118	1145
隶属度	1	0	0	0	0	0	0	0	0
	2	0.350	0.473	0.500	0.500	0.500	0.500	0.500	0
	3	0.850	0.973	1.000	1.000	1.000	1.000	1.000	0
	4	0.150	0.027	0	0	0	0	0	0.411
	5	0	0	0	0	0	0	0	0.589
综合隶属度	1	0	0	0	0	0	0	0	0
	2	0.197	0.255	0.267	0.267	0.267	0.267	0.267	0
	3	0.735	0.735	0.733	0.733	0.733	0.733	0.733	0
	4	0.068	0.010	0	0	0	0	0	0.369
	5	0	0	0	0	0	0	0	0.631
级别特征值		2.870	2.754	2.733	2.733	2.733	2.733	2.733	4.631
预警结果		黄色	黄色	橙黄色	橙黄色	橙黄色	橙黄色	橙黄色	无

表 18-26　95%频率下动态过程预警结果

		10 月	11 月	12 月	1 月	2 月	3 月	4 月	5 月
特征值(万 m³)		2502	2171	1947	1746	1536	1328	1118	944
隶属度	1	0	0	0	0	0	0	0	0
	2	0.350	0.473	0.500	0.500	0.500	0.500	0.500	0.225
	3	0.850	0.973	1.000	1.000	1.000	1.000	1.000	0.725
	4	0.150	0.027	0	0	0	0	0	0.275
	5	0	0	0	0	0	0	0	0
综合隶属度	1	0	0	0	0	0	0	0	0
	2	0.197	0.255	0.267	0.267	0.267	0.267	0.267	0.129
	3	0.735	0.735	0.733	0.733	0.733	0.733	0.733	0.704
	4	0.068	0.010	0	0	0	0	0	0.167
	5	0	0	0	0	0	0	0	0
级别特征值		2.870	2.754	2.733	2.733	2.733	2.733	2.733	3.039
预警结果		黄色	黄色	橙黄色	橙黄色	橙黄色	橙黄色	橙黄色	黄色

18.3　小　结

本章以乳山市龙角山水库为例，确定了预警期为三个月和非汛期的警戒线，并引入了模糊数学中"亦此亦彼"的概念，进行了动态和静态的预警管理，使预警级别的变化过程更加清晰明了，并针对不同的预警级别给出不同的供水过程，其对水库的运行管理起到了指导作用。

第 19 章　大型水库预警期为年的预警管理

19.1　确定预警期

19.1.1　汛期各月需水量计算

根据水库多年平均蒸发损失水量、农业灌溉用水量以及城镇生活用水量可求得汛期6~9月的需水量，计算结果见表19-1。

表 19-1　汛期(6~9月)需水量　　　　　　　　　　(单位：万 m³)

警戒线	6 月	7 月	8 月	9 月
需水量	222.8	233.8	246.0	251.3
蓝色	214.8	225.9	238.0	243.3
黄色	195.1	205.6	217.8	223.7
橙色	175.5	185.3	197.5	204.1
红色	132.0	141.1	153.3	160.5

19.1.2　确定具体预警期

采用崖子水文站1953~2012年实测汛期降水系列，降雨径流系数取0.34，无效降水取25mm，代入式(5-26)，可求得历年汛期径流量(表 19-2)，与汛期各月需水量进行比较，统计径流量不能满足需水量的年份所占比例，计算结果见表19-3。

表 19-2　径流量统计结果　　　　　　　　　　(单位：万 m³)

年份	6 月	7 月	8 月	9 月	年份	6 月	7 月	8 月	9 月
1953	870.6	1498.8	2800.1	0.0	1983	25.5	1177.8	261.6	747.1
1954	148.2	978.6	811.2	521.7	1984	516.3	1206.3	411.4	570.4
1955	463.9	2952.1	571.9	1285.0	1985	0.0	1432.5	2789.3	2017.5
1956	1089.8	517.1	505.5	903.0	1986	228.5	1530.5	716.2	0.0
1957	430.7	2721.4	549.5	0.0	1987	235.4	226.1	1921.8	831.2
1958	34.0	0.0	811.2	1099.0	1988	273.2	1647.8	837.4	37.0
1959	1262.7	2783.9	2587.1	752.5	1989	78.7	707.0	701.6	213.8
1960	1530.5	1734.2	1048.1	296.4	1990	869.0	2220.5	1163.9	713.1
1961	0.0	1729.6	506.3	1825.3	1991	568.8	652.9	247.7	127.3
1962	505.5	1990.5	2128.6	973.2	1992	0.0	541.8	1380.8	241.6
1963	0.0	3200.7	837.4	0.0	1993	1211.0	1543.6	213.0	386.7
1964	643.7	2527.6	2609.5	1411.6	1994	1355.3	785.7	1095.2	0.0
...	...	...	...	...	...	...	...	...	...
1981	107.3	2152.6	184.5	0.0	2011	783.4	1072.5	1451.0	953.2
1982	220.7	328.0	716.2	0.0	2012	362.7	1620.8	1651.7	0.0

表 19-3　6～9 月各月来水不满足用水需求统计结果

	6 月	7 月	8 月	9 月	6～9 月
＜月需水量数据个数	21	3	6	31	0
＜月需水量比例(%)	35.0	5.0	10.0	51.7	0
保证程度(%)	65.0	95.0	90.0	48.3	100

从表 19-3 中可以看出，月径流满足用水需求的保证程度 6 月为 65%，7 月为 95%，6～9 月为 100%，因此年预警时，预警时间为 10 月 1 日到第二年 6 月 30 日，即 9 个月。

19.2　警戒线确定

根据式(7-9)～式(7-12)及表 18-3、表 18-4 和表 18-6，即可求出龙角山水库年预警过程线，结果见表 19-4。预警过程线的第一点(10 月)即点警戒线，此处不再详述。

表 19-4　龙角山水库年预警过程线结果

警戒线	10 月	11 月	12 月	1 月	2 月	3 月	4 月	5 月	6 月	备注
蓝色	3184	2833	2587	2346	2096	1851	1507	1188	965	
黄色	3006	2675	2449	2227	1998	1771	1447	1148	945	水量
橙色	2546	2329	2122	1921	1712	1504	1294	1108	926	(万 m³)
红色	2151	1979	1816	1659	1494	1328	1162	1020	882	
蓝色	36.85	36.26	36.62	35.31	34.53	34.05	33.02	32.02	31.21	
黄色	36.52	36.97	36.21	34.86	34.28	33.82	32.83	31.87	31.14	水位
橙色	36.50	35.34	34.59	34.09	33.65	33.01	32.34	31.73	31.07	(m)
红色	34.67	34.31	33.95	33.49	32.98	32.45	31.92	31.41	30.90	

19.3　动态预警管理

在水库实际的运行管理中，动态过程预警更为复杂，也更具有实际意义，本节只给出动态过程预警结果。

19.3.1　不同频率入库径流量分配计算

选取崖子水文站作为代表站，对 1953～2012 年实测非汛期降水系列进行适线，计算结果见图 17-4 和表 17-12 所示。根据适线结果选取典型非汛期，并按同倍比法计算不同频率的非汛期降水分配，计算结果见表 17-13。

不同频率的非汛期径流量分布，计算结果见表 18-12。

19.3.2　推求水库蓄水量变化过程

根据式(5-27)～式(5-32)，求得不同频率下水库供水量和蓄水量动态变化过程，见表 19-5。

表 19-5　龙角山水库蓄水量及供水量变化过程　　　　　（单位：万 m³）

	频率	10 月	11 月	12 月	1 月	2 月	3 月	4 月	5 月	6 月
	5%	2502	2708.0	2462.5	2227.4	1997.5	1771.4	1447.2	1234.4	1483.5
	25%	2502	2309.4	2103.1	1954.1	1724.2	1503.8	1293.8	1274.8	1470.3
蓄水量	50%	2502	2285.2	2078.9	1877.8	1723.9	1503.8	1581.8	1262.9	1170.5
	75%	2502	2285.2	2078.9	1877.8	1668.1	1460.3	1250.3	1276.9	1179.3
	95%	2502	2285.2	2078.9	1877.8	1668.1	1460.3	1250.3	1075.7	964.0
	5%	216.8	245.5	235.0	229.9	226.1	324.2	299.3	223.0	214.8
	25%	216.8	206.3	201.1	229.9	220.4	210.0	185.8	223.0	214.8
供水量	50%	216.8	206.3	201.1	209.7	220.1	210.0	318.9	223.0	214.8
	75%	216.8	206.3	201.1	209.7	207.8	210.0	185.8	223.0	214.8
	95%	216.8	206.3	201.1	209.7	207.8	210.0	185.8	182.5	214.8

19.3.3　动态预警管理

1. 相对隶属度模型

以龙角山水库 2008 年汛末蓄水量为例进行计算，代入式(6-1)和式(6-2)，即可得到相对隶属度，计算结果见表 19-6～表 19-10。

表 19-6　5%频率下动态过程预警结果

	10 月	11 月	12 月	1 月	2 月	3 月	4 月	5 月	6 月
水量(万 m³)	2502	2708.0	2462.5	2227.4	1997.5	1771.4	1447.2	1234.4	1483.5
无	0	0	0	0	0	0	0	0.062	0.694
蓝色	0	0.211	0.099	0	0	0	0	0.938	0.306
黄色	0	0.789	0.901	1.000	1.000	1.000	1.000	0	0
橙色	0.890	0	0	0	0	0	0	0	0
红色	0.110	0	0	0	0	0	0	0	0

表 19-7　25%频率下动态过程预警结果

	10 月	11 月	12 月	1 月	2 月	3 月	4 月	5 月	6 月
水量(万 m³)	2502	2309.4	2103.1	1954.1	1724.2	1503.8	1293.8	1274.8	1470.3
无	0	0	0	0	0	0	0	0.116	0.676
蓝色	0	0	0	0	0	0	0	0.884	0.324
黄色	0	0	0	0.107	0.044	0	0	0	0
橙色	0.890	0.945	0.937	0.893	0.956	1.000	1.000	0	0
红色	0.110	0.055	0.063	0	0	0	0	0	0

表 19-8　50%频率下动态过程预警结果

	10 月	11 月	12 月	1 月	2 月	3 月	4 月	5 月	6 月
水量(万 m³)	2502	2285.2	2078.9	1877.8	1723.9	1503.8	1581.8	1262.9	1170.5
无	0	0	0	0	0	0	0.101	0.101	0.275
蓝色	0	0	0	0	0	0	0.899	0.899	0.725
黄色	0	0	0	0	0.043	0	0	0	0
橙色	0.890	0.876	0.858	0.834	0.957	1.000	0	0	0
红色	0.110	0.124	0.142	0.166	0	0	0	0	0

表 19-9　75%频率下动态过程预警结果

	10 月	11 月	12 月	1 月	2 月	3 月	4 月	5 月	6 月
水量(万 m³)	2502	2285.2	2078.9	1877.8	1668.1	1460.3	1250.3	1276.9	1179.3
无	0	0	0	0	0	0	0	0.119	0.287
蓝色	0	0	0	0	0	0	0	0.881	0.713
黄色	0	0	0	0	0	0	0	0	0
橙色	0.890	0.876	0.858	0.834	0.800	0.752	0.669	0	0
红色	0.110	0.124	0.142	0.166	0.200	0.248	0.331	0	0

表 19-10　95%频率下动态过程预警结果

	10 月	11 月	12 月	1 月	2 月	3 月	4 月	5 月	6 月
水量(万 m³)	2502	2285.2	2078.9	1877.8	1668.1	1460.3	1250.3	1075.7	964.0
无	0	0	0	0	0	0	0	0	0
蓝色	0	0	0	0	0	0	0	0	0
黄色	0	0	0	0	0	0	0	0	0.038
橙色	0.890	0.876	0.858	0.834	0.800	0.752	0.669	0.631	0.962
红色	0.110	0.124	0.142	0.166	0.200	0.248	0.331	0.369	0

　　从表 19-6 中可以看出，5%频率下，由于 10 月降水较多，11 月预警级别降低到蓝色和黄色警戒线之间(靠近黄色警戒线)，12 月到第二年 4 月一直稳定在黄色警戒线附近，5 月开始解除预警。

　　从表 19-7 中可以看出，25%频率下，10～12 月预警级别稳定在橙色和红色警戒线之间逼近橙色警戒线，1～4 月预警级别降低，稳定在橙色警戒线附近，5～6 月不需发布预警。

　　从表 19-8 中可以看出，50%频率下，10 月到第二年 1 月预警级别稳定在橙色和红色警戒线之间逼近橙色警戒线；2～3 月预警级别降低，稳定在橙色警戒线附近；4～6 月不需发布预警。

　　从表 19-9 中可以看出，75%频率下，10 月到第二年 4 月预警级别稳定在橙色和红色警戒线之间逼近橙色警戒线，且越来越接近红色警戒线；5 月降水量较多，不需发布预警。

从表 19-10 中可以看出，75%频率下，10 月到第二年 5 月预警级别稳定在橙色和红色警戒线之间逼近橙色警戒线，且越来越接近红色警戒线；6 月降水较多，预警级别位于橙色警戒线附近略偏向黄色警戒线。

从表 19-6～表 19-10 中可以看出，在丰水年和平水年，随着有效降水的增加，预警级别逐渐降低，5 月开始解除预警。在干旱年，由于有效降水较少，预警级别不变，但是缺水程度有增加的趋势，5 月和 6 月预警级别降低(或解除警报)。

2. 模糊评价模型

以龙角山水库 2008 年汛末蓄水量为例进行计算，根据表 18-8 和式(6-3)，可得到非汛期各月指标标准值区间矩阵为

$$I = (I_1, I_2, \cdots, I_9)^{\mathrm{T}}$$

根据式(6-4)，非汛期各月点值矩阵 M 为

$$M = [M_1, M_2, \cdots, M_9]^{\mathrm{T}}$$

$$
= \begin{pmatrix}
[750,2151.3]_1 & [2151.3,2545.5]_2 & [2545.5,3005.7]_3 & [3005.7,3184.2]_4 & [3184.2,3931.9]_5 \\
[750,1978.8]_1 & [1978.8,2328.7]_2 & [2328.7,2674.7]_3 & [2674.7,2832.9]_4 & [2832.9,3580.7]_5 \\
[750,1816.0]_1 & [1816.0,2122.4]_2 & [2122.4,2448.8]_3 & [2448.8,2587.4]_4 & [2587.4,3335.1]_5 \\
[750,1659.2]_1 & [1659.2,1921.3]_2 & [1921.3,2227.4]_3 & [2227.4,2345.8]_4 & [2345.8,3093.5]_5 \\
[750,1493.8]_1 & [1493.8,1711.6]_2 & [1711.6,1997.5]_3 & [1997.5,2095.6]_4 & [2095.6,2843.3]_5 \\
[750,1328.2]_1 & [1328.2,1503.8]_2 & [1503.8,1771.4]_3 & [1771.4,1851.1]_4 & [1851.1,2598.9]_5 \\
[750,1162.4]_1 & [1162.4,1293.8]_2 & [1293.8,1447.2]_3 & [1447.2,1506.7]_4 & [1506.7,2254.4]_5 \\
[750,1020.2]_1 & [1020.2,1108.0]_2 & [1108.0,1147.9]_3 & [1147.9,1187.8]_4 & [1187.8,1935.5]_5 \\
[750,882.0]_1 & [882.0,925.5]_2 & [925.5,945.1]_3 & [945.1,964.8]_4 & [964.8,1712.5]_5
\end{pmatrix}
$$

$$
= \begin{bmatrix}
750 & 2151.3 & 2545.5 & 3005.7 & 3931.9 \\
750 & 1978.8 & 2328.7 & 2674.7 & 3580.7 \\
750 & 1816.0 & 2122.4 & 2448.8 & 3335.1 \\
750 & 1659.2 & 1921.3 & 2227.4 & 3093.5 \\
750 & 1493.8 & 1711.6 & 1997.5 & 2843.3 \\
750 & 1328.2 & 1503.8 & 1771.4 & 2598.9 \\
750 & 1162.4 & 1293.8 & 1447.2 & 2254.4 \\
750 & 1020.2 & 1108.0 & 1147.9 & 1935.5 \\
750 & 882.0 & 925.5 & 945.1 & 1712.5
\end{bmatrix}
$$

依次将不同频率下非汛期每个月初水库蓄水量代入式(6-5)～式(6-7)，即可得到非汛期各个月初龙角山水库蓄水量对各个级别的隶属度矩阵，以 5%频率为例，各月的隶属度矩阵如下：

$$_{5\%}U=\begin{bmatrix}_{10月}U,_{11月}U,\cdots,_{5月}U,_{6月}U\end{bmatrix}^{T}=\begin{bmatrix}0.055 & 0.555 & 0.445 & 0.000 & 0.000\\0.000 & 0.000 & 0.395 & 0.895 & 0.105\\0.000 & 0.000 & 0.451 & 0.951 & 0.049\\0.000 & 0.000 & 0.500 & 0.500 & 0.000\\0.000 & 0.000 & 0.500 & 0.500 & 0.000\\0.000 & 0.000 & 0.500 & 0.500 & 0.000\\0.000 & 0.000 & 0.500 & 0.500 & 0.000\\0.000 & 0.000 & 0.000 & 0.469 & 0.531\\0.000 & 0.000 & 0.000 & 0.153 & 0.847\end{bmatrix}$$

将计算结果(隶属度)代入式(6-8)和式(6-9)，可计算出历年汛末龙角山水库蓄水量对各个级别的综合隶属度，并按照式(6-10)进行归一化，计算结果见表 19-11。

表 19-11　5%频率下各月级别综合隶属度计算结果

月份	级别	综合隶属度				
		$\alpha=1,\ p=1$	$\alpha=1,\ p=2$	$\alpha=2,\ p=1$	$\alpha=2,\ p=2$	归一化
10	1	0.052	0.003	0.052	0.003	0.029
	2	0.526	0.552	0.526	0.552	0.567
	3	0.422	0.347	0.422	0.347	0.404
	4	0	0	0	0	0
	5	0	0	0	0	0
11	1	0	0	0	0	0
	2	0	0	0	0	0
	3	0.283	0.135	0.283	0.135	0.220
	4	0.642	0.762	0.642	0.762	0.737
	5	0.075	0.007	0.075	0.007	0.043
12	1	0	0	0	0	0
	2	0	0	0	0	0
	3	0.451	0.402	0.451	0.402	0.299
	4	0.951	0.997	0.951	0.997	0.683
	5	0.049	0.003	0.049	0.003	0.018
1	1	0	0	0	0	0
	2	0	0	0	0	0
	3	0.500	0.500	0.500	0.500	0.500
	4	0.500	0.500	0.500	0.500	0.500
	5	0	0	0	0	0
2	1	0	0	0	0	0
	2	0	0	0	0	0
	3	0.500	0.500	0.500	0.500	0.500
	4	0.500	0.500	0.500	0.500	0.500
	5	0	0	0	0	0

续表

月份	级别	综合隶属度				
		$\alpha=1,\ p=1$	$\alpha=1,\ p=2$	$\alpha=2,\ p=1$	$\alpha=2,\ p=2$	归一化
3	1	0	0	0	0	0
	2	0	0	0	0	0
	3	0.500	0.500	0.500	0.500	0.500
	4	0.500	0.500	0.500	0.500	0.500
	5	0	0	0	0	0
4	1	0	0	0	0	0
	2	0	0	0	0	0
	3	0.500	0.500	0.500	0.500	0.500
	4	0.500	0.500	0.500	0.500	0.500
	5	0	0	0	0	0
5	1	0	0	0	0	0
	2	0	0	0	0	0
	3	0	0	0	0	0
	4	0.469	0.438	0.469	0.438	0.453
	5	0.531	0.562	0.531	0.562	0.547
6	1	0	0	0	0	0
	2	0	0	0	0	0
	3	0	0	0	0	0
	4	0.153	0.032	0.153	0.032	0.092
	5	0.847	0.968	0.847	0.968	0.908

将归一化的综合隶属度代入式(6-11)，求出各样本的级别特征值，对照表 6-1，即可确定预警级别，结果见表 19-12。

表 19-12　5% 频率下模糊评价预警结果

月份	月初蓄水量(万 m³)	级别特征值	预警结果
10	2502.0	2.375	橙黄色
11	2708.0	3.823	蓝色
12	2462.5	3.773	蓝色
1	2227.4	3.500	黄蓝色
2	1997.5	3.500	黄蓝色
3	1771.4	3.500	黄蓝色
4	1447.2	3.500	黄蓝色
5	1234.4	4.547	无
6	1483.5	4.908	无

同样地，可计算出其他频率下水库动态预警过程，结果见表 19-13~表 19-16。

表 19-13　25%频率下动态过程预警结果

		10 月	11 月	12 月	1 月	2 月	3 月	4 月	5 月	6 月
特征值(万 m³)		2502.0	2309.4	2103.1	1954.1	1724.2	1503.8	1293.8	1274.8	1470.3
隶属度	1	0.055	0.028	0.031	0	0	0	0	0	0
	2	0.555	0.528	0.531	0.446	0.478	0.500	0.500	0	0
	3	0.445	0.472	0.469	0.946	0.978	0.500	0.500	0	0
	4	0	0	0	0.563	0.022	0	0	0.442	0.162
	5	0	0	0	0	0	0	0	0.558	0.838
综合隶属度	1	0.029	0.014	0.016	0	0	0	0	0	0
	2	0.567	0.534	0.539	0.183	0.257	0.500	0.500	0	0
	3	0.404	0.452	0.445	0.564	0.735	0.500	0.500	0	0
	4	0	0	0	0.253	0.008	0	0	0.414	0.099
	5	0	0	0	0	0	0	0	0.586	0.901
级别特征值		2.375	2.438	2.429	3.071	2.750	2.500	2.500	4.586	4.901
预警结果		橙黄色	橙黄色	橙黄色	黄色	橙黄色	橙黄色	橙黄色	无	无

表 19-14　50%频率下动态过程预警结果

		10 月	11 月	12 月	1 月	2 月	3 月	4 月	5 月	6 月
特征值(万 m³)		2502.0	2285.2	2078.9	1877.8	1723.9	1503.8	1581.8	1262.9	1170.5
隶属度	1	0.062	0.071	0.083	0	0	0	0	0	0
	2	0.562	0.571	0.583	0.478	0.500	0	0	0	0
	3	0.438	0.429	0.417	0.978	0.500	0	0	0	0
	4	0	0	0	0.022	0	0.450	0.450	0.362	0.162
	5	0	0	0	0	0	0.550	0.550	0.638	0.838
综合隶属度	1	0.033	0.038	0.045	0	0	0	0	0	0
	2	0.575	0.585	0.598	0.258	0.500	0	0	0	0
	3	0.392	0.377	0.358	0.735	0.500	0	0	0	0
	4	0	0	0	0.007	0	0.425	0.425	0.303	0.099
	5	0	0	0	0	0	0.575	0.575	0.697	0.901
级别特征值		2.375	2.359	2.339	2.313	2.750	2.500	4.575	4.575	4.697
预警结果		橙黄色	橙黄色	橙黄色	橙黄色	橙黄色	橙黄色	无	无	无

表 19-15　75%频率下动态过程预警结果

		10 月	11 月	12 月	1 月	2 月	3 月	4 月	5 月	6 月
特征值(万 m³)		2502.0	2285.2	2078.9	1877.8	1668.1	1460.3	1250.3	1276.9	1179.3
隶属度	1	0.062	0.071	0.083	0.100	0.124	0.166	0	0	0
	2	0.562	0.571	0.583	0.600	0.624	0.666	0	0	0
	3	0.438	0.429	0.417	0.400	0.376	0.334	0	0	0
	4	0	0	0	0	0	0	0.440	0.357	0.162
	5	0	0	0	0	0	0	0.560	0.643	0.838
综合隶属度	1	0.033	0.038	0.045	0.055	0.069	0.093	0	0	0
	2	0.575	0.585	0.598	0.615	0.637	0.670	0	0	0
	3	0.392	0.377	0.358	0.331	0.294	0.236	0	0	0
	4	0	0	0	0	0	0	0.411	0.296	0.099
	5	0	0	0	0	0	0	0.589	0.704	0.901
级别特征值		2.375	1.863	2.359	2.313	2.276	2.225	2.143	4.589	4.704
预警结果		橙黄色	橙色	橙黄色	橙黄色	橙黄色	橙色	橙色	无	无

表 19-16　95%频率下动态过程预警结果

		10 月	11 月	12 月	1 月	2 月	3 月	4 月	5 月	6 月
特征值(万 m³)		2502.0	2285.2	2078.9	1877.8	1668.1	1460.3	1250.3	1075.7	964.0
隶属度	1	0.062	0.071	0.083	0.100	0.124	0.166	0.184	0	0
	2	0.562	0.571	0.583	0.600	0.624	0.666	0.684	0	0
	3	0.438	0.429	0.417	0.400	0.376	0.334	0.316	0.019	
	4	0	0	0	0	0	0	0	0.519	0.162
	5	0	0	0	0	0	0	0	0.481	0.838
综合隶属度	1	0.033	0.038	0.045	0.055	0.069	0.093	0.105	0	0
	2	0.575	0.585	0.598	0.615	0.637	0.670	0.683	0	0
	3	0.392	0.377	0.358	0.331	0.294	0.236	0.213	0.010	
	4	0	0	0	0	0	0	0	0.523	0.099
	5	0	0	0	0	0	0	0	0.467	0.901
级别特征值		2.375	2.269	2.359	2.313	2.276	2.225	2.143	2.108	4.458
预警结果		橙黄色	橙黄色	橙黄色	橙黄色	橙黄色	橙色	橙色	橙色	无

19.4　小　　结

本章将预警期延长到一年,以乳山市大型水库龙角山水库为例,对 1953～2012 年的降水资料进行分析计算,结果表明,乳山市 6 月降水能满足当月用水需求的比例仅为68%,远远不能满足主要用水户城乡生活用水和工业用水的保证率(95%),7 月该比例为95%,7～9 月的降水能 100%满足该时段的用水需求。因此,在进行年预警时,预留了第二年 6 月的用水量,并进一步进行了动态预警管理。动态预警管理结果表明,如果预警期初水库蓄水量较少,且预警期内非汛期降水多集中在汛期的话,预警管理可以有效地缓解水资源短缺现状,使有限的水资源得到更充分的利用,发挥更大的社会、经济和生态效益。

第20章 大型水库预警期为两年的警戒线及预警区的确定

20.1 典型年组的选择

由于缺少实测入库径流资料，本书的研究假定降水径流同频率，选用崖子水文站为代表站，对崖子水文站 1953～2011 年降水资料(表 17-11)进行分析计算。

20.1.1 实测序列趋势成分分析

对于崖子水文站 1953～2011 年实测降水序列(水文年)，$n=59$ 可求得 $k=783$，代入式 (8-1)可求得 τ 和 $D(\tau)$，进而可求得 U 值，计算过程如下：

$$\tau = \left| \frac{4 \times 783}{59 \times 58} - 1 \right| = 0.085$$

$$D(\tau) = \frac{2 \times (2 \times 59 + 5)}{9 \times 59 \times (59 - 1)} = 0.008$$

$$U = \frac{0.085}{0.008^{0.5}} = 0.948$$

因为 $U_{2/\alpha} = 1.96$，大于 $U(=0.948)$，所以崖子水文站实测年降水序列不存在趋势成分，直接采用实测序列进行分析计算。

对于崖子水文站 1953～2012 年汛期实测降水序列，$n=60$，可求得 $k=784$，同理可求得 τ、$D(\tau)$ 及 U 值，计算过程如下：

$$\tau = \left| \frac{4 \times 784}{60 \times 59} - 1 \right| = 0.114$$

$$D(\tau) = \frac{2 \times (2 \times 60 + 5)}{9 \times 60 \times (60 - 1)} = 0.008$$

$$U = \frac{0.114}{0.008^{0.5}} = 1.288$$

因为 $U_{2/\alpha} = 1.96$，大于 $U(=1.288)$，所以崖子水文站汛期实测降水序列不存在趋势成分，直接采用实测序列进行分析计算。

20.1.2 计算实测序列统计参数

运用 Matlab 软件对实测序列的参数进行计算，实测年降水序列计算结果如下。

均值：$\overline{P} = \overline{x} = 745.5119\,\text{mm}$；

均方差：$s = 199.3554$；

变差系数：$C_V = 0.2674$；

偏态系数：$C_S = 0.4514$；

一阶相关系数：$r_1 = 0.0798$。

汛期实测降水序列计算结果为

均值：$\overline{P} = \overline{x} = 561.8800 \, \text{mm}$；

均方差：$s = 188.1085$；

变差系数：$C_V = 0.3348$；

偏态系数：$C_S = 0.4636$；

一阶相关系数：$r_1 = -6.6532 \times 10^{-4}$。

由上可见，两个序列的一阶相关系数有量级差异。

20.1.3　生成随机序列

因序列的 $C_S < 0.5$，因此采用 W-H 变换模拟随机序列，运用 Matlab 进行模拟，将序列延长至 10000 项。

将实测年降水序列及统计参数代入程序，求得生成序列统计参数为

均值：$\overline{P} = Y = 746.8563 \, \text{mm}$；均方差：$S = 200.1326$；变差系数：$C_v = 0.2680$。

偏态系数：$C_s = 0.4084$；一阶相关系数：$r_1 = 0.0862$。

将实测汛期降水序列及统计参数代入程序，求得统计参数为

均值：$\overline{P} = Y = 746.8563 \, \text{mm}$；均方差：$S = 200.1326$；变差系数：$C_v = 0.3318$。

偏态系数：$C_s = 0.4532$；一阶相关系数：$r_1 = -7.9150 \times 10^{-3}$。

生成序列的统计参数与样本(实测)序列相差不大，可以采用生成序列进行分析计算。

20.1.4　频率计算

运用水文频率分析软件分别对年降水量生成序列和汛期降水量生成序列进行适线，结果见图 20-1、图 20-2 和表 20-1 所示。

20.1.5　典型年组的选择

根据丰、平、枯水年的划分标准，由表 20-1 可知，降水量大于 817.3mm 为丰水年，降水量小于 646.0mm 为枯水年，降水量介于 646.0～817.3mm 的为平水年。

利用 Matlab 程序对年降水量生成序列进行统计，统计结果见表 20-2。

从表 20-2 中可以看出，当第一年为丰水年时，第二年发生丰水年的概率最大；当第一年为平水年时，第二年发生丰水年的概率最大；当第一年为枯水年时，第二年发生枯水年的概率最大。前两种情况预警意义不大，因此采取第二种方案，选用最不利年组，即第二年为 95% 的枯水年进行预警管理。

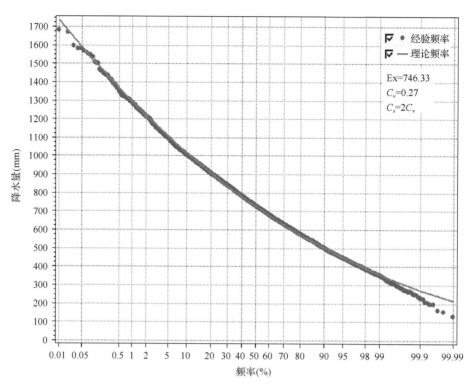

图 20-1　年降水量生成序列适线结果图

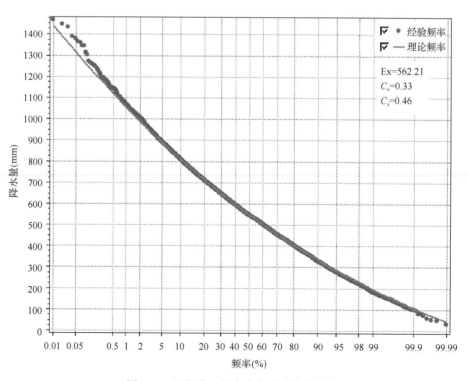

图 20-2　汛期降水量生成序列适线结果图

表 20-1　不同频率降水量值　　　　　　　　（单位：mm）

频率	5%	25%	33.67%	50%	66.67%	75%	95%
年降水量序列	1105.7	870.6	817.3	728.3	646.0	602.4	448.6
汛期降水量序列	889.7	678.4	629.8	548.0	471.5	430.6	283.2

表 20-2　转移概率统计

第一年	第二年	频数	转移概率	随机概率
丰水年	丰水年	1253	0.365	0.125
	枯水年	1055	0.307	0.106
	平水年	1125	0.328	0.113
平水年	丰水年	1118	0.342	0.112
	枯水年	1073	0.328	0.107
	平水年	1082	0.331	0.108
枯水年	丰水年	1062	0.323	0.106
	枯水年	1165	0.354	0.117
	平水年	1066	0.324	0.107

20.2　警戒线的确定

20.2.1　汛期设计径流量推求

95%频率汛期设计降水量为 283.2mm，根据设计降水量选取典型，按照同倍比法计算设计降水的汛期分配过程，结果见表 20-3。

表 20-3　设计年汛期降水分配　　　　　　（单位：mm）

	6 月	7 月	8 月	9 月	备注
典型年	130.3	91.9	44.2	38.5	1980 年
	53.6	67.5	117.8	9.9	1982 年
	98.7	109.6	57.1	41.5	1991 年
设计年	121.0	85.4	41.1	35.8	
	61.0	76.8	134.1	11.3	
	91.1	101.1	52.7	38.3	

采用径流系数法计算。根据实际情况，非汛期乳山各地的无效降水取 25mm，径流系数采用 0.34，根据式(5-26)计算非汛期径流量，计算结果见表 20-4。

20.2.2　警戒线确定

查阅龙角山水库资料可知，龙角山水库汛限水位与兴利水位一致，因此划线时不用考虑防洪的影响；由于山东省的主汛期为"七下八上"，即 7 月下旬和 8 月上旬，因此选取设计汛期 2 作为 95%频率设计汛期来水。根据式(8-16)～式(8-19)、式(8-28)～式(8-31)和式(8-40)～式(8-43)及表 19-3，可求得各警戒线水位对应的水库需水量，查水库水位-库容曲线，即可得到各警戒线水位，计算结果见表 20-5。

表 20-4　设计汛期径流量分配　　　　　　　　　　（单位：万 m³）

	6月	7月	8月	9月	合计
设计汛期1	741.1	465.9	123.9	83.0	1413.9
设计汛期2	277.9	400.0	841.9	0.0	1519.9
设计汛期3	510.0	587.6	213.7	102.6	1413.9

表 20-5　预警期为两年的警戒线

时间	警戒线对应水库蓄水量(万 m³)				警戒线对应水库蓄水位(m)			
	蓝色	黄色	橙色	红色	蓝色	黄色	橙色	红色
10月	4805.7	4388.6	3408.1	2487.7	39.09	38.70	37.21	35.53
11月	4454.5	4057.7	3191.3	2315.2	38.78	38.27	36.86	35.24
12月	4208.9	3831.7	2985.0	2152.4	38.46	37.84	36.49	34.67
第二年1月	3967.3	3610.4	2783.9	1995.6	38.15	37.51	36.13	34.28
第二年2月	3717.1	3380.5	2574.3	1830.4	37.67	37.17	35.71	33.99
第二年3月	3472.7	3154.3	2366.5	1664.6	37.30	36.79	35.36	33.51
第二年4月	3128.2	2830.1	2156.4	1498.8	36.74	36.21	34.68	32.99
第二年5月	2809.4	2530.9	1970.7	1356.6	36.17	35.62	34.21	32.54
第二年6月	2586.3	2328.1	1788.4	1218.4	35.73	35.27	33.87	32.09
第二年7月	2649.5	2410.9	1890.5	1364.3	35.87	35.37	34.01	32.56
第二年8月	2823.6	2605.3	2105.2	1623.2	36.20	35.77	34.55	33.39
第二年9月	3427.5	3229.4	2749.6	2311.9	37.24	36.93	36.06	35.23
第二年10月	3184.2	3005.7	2545.5	2151.3	36.85	36.52	35.65	34.67
第二年11月	2832.9	2674.7	2328.7	1978.8	36.21	35.92	35.27	34.23
第二年12月	2587.4	2448.8	2122.4	1816.0	35.74	35.45	34.59	33.95
第三年1月	2345.8	2227.4	1921.3	1659.2	35.31	34.86	34.09	33.49
第三年2月	2095.6	1997.5	1711.6	1493.8	34.53	34.28	33.65	32.98
第三年3月	1851.1	1771.4	1503.8	1328.2	34.05	33.82	33.01	32.45
第三年4月	1506.7	1447.2	1293.8	1162.4	33.02	32.83	32.34	31.92
第三年5月	1187.8	1147.9	1108.0	1020.2	32.02	31.87	31.73	31.41
第三年6月	964.8	945.1	925.5	882.0	31.21	31.14	31.07	30.90

在实际运用中，考虑到库区淹没等影响，龙角山水库最高蓄水位为 38.10m，相应库容为 3931.9 万 m³，汛中允许超蓄水位为 36.5m，对应库容为 2988.6 万 m³。从表 20-5 中可以看出，龙角山水库在现状利用水平下，必须考虑汛限水位的影响；由于允许最高正常蓄水位与汛中允许超蓄水位之间的蓄水量较少，因此划线时也不能简单地按照汛限水位加上需水量[式(8-40)～式(8-43)]考虑，需要结合防洪与用水需求考虑。因此，在划线时，将水库最高正常允许蓄水量与第一年需水量(指 10 月到第二年 6 月)的差值作为预留水量，以该预留水量代替式(8-40)～式(8-43)汛中允许需水量 $V_{汛中}$ 来确定 10 月到第二年 6 月的警戒线，第二年 7 月到第三年 6 月警戒线的确定方法与考虑防洪影响的警戒线(8.3 节)

的确定方法相同，计算结果见表 20-6。

表 20-6　龙角山水库现状利用水平警戒线

时间	警戒线对应水库蓄水量(万 m³)				警戒线对应水库蓄水位(m)			
	蓝色	黄色	橙色	红色	蓝色	黄色	橙色	红色
10 月	3931.9	3753.4	3293.2	2899.1	38.10	37.73	37.03	36.33
11 月	3580.7	3422.4	3076.4	2726.5	37.47	37.23	36.65	36.02
12 月	3335.1	3196.5	2870.1	2563.8	37.10	36.87	36.28	35.69
第二年 1 月	3093.5	2975.2	2669.0	2406.9	36.68	36.47	35.91	35.36
第二年 2 月	2843.3	2745.3	2459.4	2241.5	36.23	36.06	35.47	34.89
第二年 3 月	2598.9	2519.1	2251.6	2075.9	35.76	35.59	35.09	34.48
第二年 4 月	2254.4	2194.9	2041.5	1910.1	35.09	34.77	34.39	34.06
第二年 5 月	1935.5	1895.6	1855.8	1768.0	34.13	34.03	34.06	33.81
第二年 6 月	1712.5	1692.9	1673.3	1629.7	33.65	33.59	33.53	33.41
第二年 7 月								
第二年 8 月				不预警				
第二年 9 月								
第二年 10 月	3184.2	3005.7	2545.5	2151.3	36.85	36.52	35.65	34.67
第二年 11 月	2832.9	2674.7	2328.7	1978.8	36.21	35.92	35.27	34.23
第二年 12 月	2587.4	2448.8	2122.4	1816.0	35.74	35.45	34.59	33.95
第三年 1 月	2345.8	2227.4	1921.3	1659.2	35.31	34.86	34.09	33.49
第三年 2 月	2095.6	1997.5	1711.6	1493.8	34.53	34.28	33.65	32.98
第三年 3 月	1851.1	1771.4	1503.8	1328.2	34.05	33.82	33.01	32.45
第三年 4 月	1506.7	1447.2	1293.8	1162.4	33.02	32.83	32.34	31.92
第三年 5 月	1187.8	1147.9	1108.0	1020.2	32.02	31.87	31.73	31.41
第三年 6 月	964.8	945.1	925.5	882.0	31.21	31.14	31.07	30.90

20.3　预　警　管　理

对于大型水库预警期为两年的预警管理，推求不同频率典型年的入库径流量及水库蓄水量变化，运用模糊评价进行动态预警管理并给出动态预警结果。

20.3.1　设计年入库径流量分配

1. 非汛期入库径流量分配计算

非汛期入库径流量计算结果见表 18-12。

2. 水文年入库径流量分配计算

对水文年生成序列进行适线，结果如图 20-1 和表 20-1 所示。

根据崖子水文站不同频率水文年降水量选取典型年，按照同倍比法计算设计年的年内分配过程，结果见表 20-7 和表 20-8，将表 20-8 的数据代入式(5-26)，即可求得设计年非汛期径流量分布，计算结果见表 20-9。

表 20-7　典型年降水量年内分配　　　　　　　　　（单位：mm）

频率	6月	7月	8月	9月	10月	11月	12月	1月	2月	3月	4月	5月	备注
5%	174	128	413.5	133	27	40.8	19	4.2	15.3	19	38.5	98	2003 年
25%	74	292	240	39.5	33	9.4	14.5	0.2	5.5	34	69.5	50	2008 年
50%	119.7	223.9	157.1	6.9	35.5	7.2	29.3	9.9	25	14.3	19.8	87.8	1996 年
75%	166.2	92	90.5	142	19	1	18.7	24	11	18.225	25.5	12.5	1956 年
95%	53.6	67.5	117.8	9.9	42.8	53.2	9.7	4.7	4.8	17.1	40.5	34.9	1982 年

表 20-8　设计年降水量年内分配　　　　　　　　　（单位：mm）

频率	6月	7月	8月	9月	10月	11月	12月	1月	2月	3月	4月	5月
5%	173.3	127.5	411.8	132.4	26.9	40.6	18.9	4.2	15.2	18.9	38.3	97.6
25%	74.8	295.1	242.5	39.9	33.3	9.5	14.7	0.2	5.6	34.4	70.2	50.5
50%	118.4	221.4	155.4	6.8	35.1	7.1	29.0	9.8	24.7	14.1	19.6	86.8
75%	161.3	89.3	87.8	137.8	18.4	1.0	18.2	23.3	10.7	17.7	24.8	12.1
95%	52.7	66.3	115.8	9.7	42.1	52.3	9.5	4.6	4.7	16.8	39.8	34.3

表 20-9　设计年非汛期径流量年内分配　　　　　（单位：万 m³）

频率	6月	7月	8月	9月	10月	11月	12月	1月	2月	3月	4月	5月	合计
5%	1144.4	790.9	2985.2	829.3	14.6	120.6	0.0	0.0	0.0	0.0	103.0	560.3	6548.2
25%	384.1	2084.2	1678.7	115.1	64.4	0.0	0.0	0.0	0.0	72.2	349.1	197.0	4944.9
50%	720.7	1516.1	1006.2	0.0	78.0	0.0	30.7	0.0	0.0	0.0	0.0	477.2	3829.0
75%	1052.2	496.3	485.0	870.9	0.0	0.0	0.0	0.0	0.0	0.0	0.0	0.0	2904.4
95%	213.6	319.0	700.5	0.0	131.7	210.5	0.0	0.0	0.0	0.0	114.2	71.7	1761.2

从表 20-6 和表 20-9 中可见，预警期内第二年为丰水年(5%和 25%)或平水年(50%)时，水库蓄水量基本可以满足当年用水需求，不需要进行预警，因此，仅对第二年为 75%和 95%的干旱年进行预警管理。

20.3.2　推求水库蓄水量变化过程

将龙角山水库多年汛期降水量代入式(5-26)，可求得龙角山水库历年汛期来水量，见表 20-10。

表 20-10　龙角山水库历年汛期来水量　　　　　（单位：万 m³）

年份	6月	7月	8月	9月	合计	水库可能最大蓄水量
1953	870.6	1498.8	2800.1	0.0	5169.5	3931.9
1954	148.2	978.6	811.2	521.7	2459.7	3209.7
1955	463.9	2952.1	571.9	1285.0	5272.9	3931.9
1956	1089.8	517.1	505.5	903.0	3015.4	3765.4
1957	430.7	2721.4	549.5	0.0	3701.6	3931.9

年份	6 月	7 月	8 月	9 月	合计	水库可能最大蓄水量
1958	34.0	0.0	811.2	1099.0	1944.2	2694.2
1959	1262.7	2783.9	2587.1	752.5	7386.1	3931.9
1960	1530.5	1734.2	1048.1	296.4	4609.2	3931.9
1961	0.0	1729.6	506.3	1825.3	4061.2	3931.9
1962	505.5	1990.5	2128.6	973.2	5597.9	3931.9
1963	0.0	3200.7	837.4	0.0	4038.1	3931.9
1964	643.7	2527.6	2609.5	1411.6	7192.4	3931.9
1965	90.3	2296.1	2137.9	0.0	4524.3	3931.9
1966	810.4	1612.3	622.1	322.6	3367.4	3931.9
1967	331.9	1082.1	400.6	151.3	1965.8	2715.8
1968	0.0	648.3	1638.5	0.0	2286.8	3036.8
1969	93.4	730.1	1459.5	490.9	2773.8	3523.8
1970	348.1	3203.0	217.6	438.4	4207.1	3931.9
1971	483.1	1200.9	1011.1	1109.8	3805.0	3931.9
1972	0.0	977.9	2759.2	116.5	3853.6	3931.9
1973	537.9	1121.4	2749.9	676.1	5085.4	3931.9
1974	136.6	1194.7	2341.6	134.3	3807.3	3931.9
1975	116.5	1159.2	3783.4	336.5	5395.7	3931.9
1976	1457.9	325.7	1999.7	912.3	4695.6	3931.9
1977	0.0	1142.3	1752.8	0.0	2895.0	3645.0
1978	1292.0	997.9	2552.3	634.4	5476.7	3931.9
1979	1455.6	421.4	2243.6	121.2	4241.8	3931.9
1980	812.7	516.3	148.2	104.2	1581.4	2331.4
1981	107.3	2152.6	184.5	0.0	2444.3	3194.3
1982	220.7	328.0	716.2	0.0	1265.0	2015.0
1983	25.5	1177.8	261.6	747.1	2212.0	2962.0
1984	516.3	1206.3	411.4	570.4	2704.4	3454.4
1985	0.0	1432.5	2789.3	2017.5	6239.2	3931.9
1986	228.5	1530.5	716.2	0.0	2475.2	3225.2
1987	235.4	226.1	1921.8	831.2	3214.5	3931.9
1988	273.2	1647.8	837.4	37.0	2795.5	3545.5
1989	78.7	707.0	701.6	213.8	1701.0	2451.0
1990	869.0	2220.5	1163.9	713.1	4966.5	3931.9
1991	568.8	652.9	247.7	127.3	1596.9	2346.9
1992	0.0	541.8	1380.8	241.6	2164.1	2914.1
1993	1211.0	1543.6	213.0	386.7	3354.2	3931.9
1994	1355.3	785.7	1095.2	0.0	3236.2	3931.9
1995	230.8	816.6	2511.4	0.0	3558.8	3931.9
1996	730.9	1535.1	1019.5	0.0	3285.6	3931.9
1997	0.0	0.0	3426.0	0.0	3426.0	3931.9
1998	397.5	1349.9	1393.1	0.0	3140.5	3890.5
1999	100.3	472.3	0.0	335.7	908.4	1658.4
2000	172.1	416.8	1455.6	84.1	2128.6	2878.6

续表

年份	6月	7月	8月	9月	合计	水库可能最大蓄水量
2001	1025.7	2473.6	1413.2	0.0	4912.5	3931.9
2002	15.4	1045.8	767.9	0.0	1829.2	2579.2
2003	1150.0	795.0	2998.4	833.5	5776.9	3931.9
2004	378.2	1045.8	1636.2	57.9	3118.1	3868.1
2005	289.4	744.8	2319.3	926.2	4279.6	3931.9
2006	513.2	1092.1	767.9	0.0	2373.3	3123.3
2007	389.8	1014.9	2581.7	1493.4	5479.8	3931.9
2008	378.2	2060.7	1659.4	111.9	4210.2	3931.9
2009	370.5	1670.9	223.8	0.0	2265.2	3015.2
2010	301.0	1053.5	1589.9	594.3	3538.7	3931.9
2011	783.4	1072.8	1451.0	953.2	4260.3	3931.9
2012	362.7	1620.8	1651.7	0.0	3635.2	3931.9
均值	470.4	1295.0	1418.2	431.5	3615.1	3559.9

以龙角山水库多年汛末平均蓄水量为例进行动态预警管理。根据式(5-27)~式(5-32)，采用方案一供水可求得不同频率下水库供水量和蓄水量动态变化过程，见表20-11。

表20-11　龙角山水库蓄水量及供水量动态变化过程

时间	方案一(95%转95%)			方案二(95%转75%)			方案三(75%转95%)		
	蓄水量(万m³)	水位(m)	供水量(万m³)	蓄水量(万m³)	水位(m)	供水量(万m³)	蓄水量(万m³)	水位(m)	供水量(万m³)
10月	3559.9	37.43	331.0	3559.9	37.43	331.0	3559.9	37.43	331.0
11月	3228.9	36.93	225.9	3228.9	36.93	225.9	3228.9	36.93	225.9
12月	3003.0	36.52	221.3	3003.0	36.52	221.3	3003.0	36.52	221.3
第二年1月	2781.7	36.12	229.9	2781.7	36.12	229.9	2781.7	36.12	229.9
第二年2月	2551.7	35.66	226.1	2551.7	35.66	226.1	2551.7	35.66	226.1
第二年3月	2325.6	35.26	284.1	2325.6	35.26	284.1	2325.6	35.26	284.1
第二年4月	2041.5	34.39	185.8	2041.5	34.39	185.8	2041.5	34.39	185.8
第二年5月	1866.9	33.95	193.6	1866.9	33.95	193.6	2108.0	34.56	223.0
第二年6月	1744.1	33.74	175.5	1744.1	33.74	175.5	2010.5	34.31	175.5
第二年7月	1782.2	33.85	185.3	2581.5	35.72	225.9	2048.5	34.41	185.3
第二年8月	1915.9	34.08	197.5	2852.0	36.25	238.0	2182.2	34.74	197.5
第二年9月	2418.9	35.38	204.1	3099.0	36.69	243.3	2685.2	35.94	204.1
第二年10月	2214.8	34.82	216.8	3726.5	37.68	351.2	2481.1	35.51	216.8
第二年11月	2129.6	34.61	206.3	3375.3	37.16	245.5	2395.9	35.33	225.9
第二年12月	2133.8	34.62	212.5	3129.7	36.75	241.6	2380.5	35.30	221.3
第三年1月	1921.3	34.09	209.7	2888.1	36.31	250.2	2159.2	34.69	229.9
第三年2月	1711.6	33.65	207.8	2637.9	35.84	244.4	1929.3	34.11	226.1
第三年3月	1503.8	33.01	210.0	2393.5	35.33	344.5	1703.1	33.62	324.2
第三年4月	1293.8	32.34	185.8	2049.0	34.41	318.9	1378.9	32.61	299.3
第三年5月	1222.2	32.11	223.0	1730.1	33.70	223.0	1193.9	32.02	202.8
第三年6月	1071.0	31.59	214.8	1507.1	33.02	214.8	1062.9	31.57	214.8

20.3.3　动态预警管理

对表 20-11 中的方案一、方案二和方案三建立隶属度模型和模糊评价模型，计算各方案综合隶属度，并进行模糊评价预警。

1. 相对隶属度模型

汛末水库蓄水量采用多年汛末平均蓄水量 3559.9 万 m³，讨论三种方案，（即 95% 转 95%、95% 转 75% 和 75% 转 95%），分别代入式(5-1)～式(5-2)，即可得到相对隶属度，计算结果见表 20-12～表 20-14。

表 20-12　方案一动态过程预警结果

时间	蓄水量(万 m³)	隶属度					
		无	蓝色	黄色	橙色	红色	紧急状态
10 月	3559.9	0	0	0.579	0.421	0	0
11 月	3228.9	0	0	0.441	0.559	0	0
12 月	3003.0	0	0	0.407	0.593	0	0
第二年 1 月	2781.7	0	0	0.368	0.632	0	0
第二年 2 月	2551.7	0	0	0.323	0.677	0	0
第二年 3 月	2325.6	0	0	0.277	0.723	0	0
第二年 4 月	2041.5	0	0	0	1.000	0	0
第二年 5 月	1866.9	0	0	0.279	0.721	0	0
第二年 6 月	1744.1	0.025	0.975	0	0	0	0
第二年 7 月	1782.2	0	0	0	0	0	0
第二年 8 月	1915.9	0	0	0	0	0	0
第二年 9 月	2418.9	0	0	0	0	0	0
第二年 10 月	2214.8	0	0	0	0.161	0.839	0
第二年 11 月	2129.6	0	0	0	0.431	0.569	0
第二年 12 月	2133.8	0	0	0.035	0.965	0	0
第三年 1 月	1921.3	0	0	0	1.000	0	0
第三年 2 月	1711.6	0	0	0	1.000	0	0
第三年 3 月	1503.8	0	0	0	1.000	0	0
第三年 4 月	1293.8	0	0	0	1.000	0	0
第三年 5 月	1222.2	0.046	0.954	0	0	0	0
第三年 6 月	1071.0	0.142	0.858	0	0	0	0

表 20-13　方案二动态过程预警结果

时间	蓄水量(万 m³)	隶属度					
		无	蓝色	黄色	橙色	红色	紧急状态
10 月	3559.9	0	0	0.579	0.421	0	0
11 月	3228.9	0	0	0.441	0.559	0	0

时间	蓄水量(万 m³)	隶属度					
		无	蓝色	黄色	橙色	红色	紧急状态
12 月	3003.0	0	0	0.407	0.593	0	0
第二年 1 月	2781.7	0	0	0.368	0.632	0	0
第二年 2 月	2551.7	0	0	0.323	0.677	0	0
第二年 3 月	2325.6	0	0	0.277	0.723	0	0
第二年 4 月	2041.5	0	0	0.000	1.000	0	0
第二年 5 月	1866.9	0	0	0.279	0.721	0	0
第二年 6 月	1744.1	0.025	0.975	0	0	0	0
第二年 7 月	2581.5	0	0	0	0	0	0
第二年 8 月	2852.0	0	0	0	0	0	0
第二年 9 月	3099.0	0	0	0	0	0	0
第二年 10 月	3726.5	0.725	0.275	0	0	0	0
第二年 11 月	3375.3	0.725	0.275	0	0	0	0
第二年 12 月	3129.7	0.725	0.275	0	0	0	0
第三年 1 月	2888.1	0.725	0.275	0	0	0	0
第三年 2 月	2637.9	0.725	0.275	0	0	0	0
第三年 3 月	2393.5	0.725	0.275	0	0	0	0
第三年 4 月	2049.0	0.725	0.275	0	0	0	0
第三年 5 月	1730.1	0.725	0.275	0	0	0	0
第三年 6 月	1507.1	0.725	0.275	0	0	0	0

表 20-14　方案三动态过程预警结果

时间	蓄水量(万 m³)	隶属度					
		无	蓝色	黄色	橙色	红色	紧急状态
10 月	3559.9	0	0	0.579	0.421	0	0
11 月	3228.9	0	0	0.441	0.559	0	0
12 月	3003.0	0	0	0.407	0.593	0	0
第二年 1 月	2781.7	0	0	0.368	0.632	0	0
第二年 2 月	2551.7	0	0	0.323	0.677	0	0
第二年 3 月	2325.6	0	0	0.277	0.723	0	0
第二年 4 月	2041.5	0	0	0	1.000	0	0
第二年 5 月	2108.0	0.147	0.853	0	0	0	0
第二年 6 月	2010.5	0.233	0.767	0	0	0	0
第二年 7 月	2048.5	0	0	0	0	0	0
第二年 8 月	2182.2	0	0	0	0	0	0
第二年 9 月	2685.2	0	0	0	0	0	0
第二年 10 月	2481.1	0	0	0	0.837	0.163	0
第二年 11 月	2395.9	0	0	0.194	0.806	0	0

续表

时间	蓄水量(万 m³)	隶属度					
		无	蓝色	黄色	橙色	红色	紧急状态
第二年 12 月	2380.5	0	0	0.791	0.209	0	0
第三年 1 月	2159.2	0	0	0.777	0.223	0	0
第三年 2 月	1929.3	0	0	0.761	0.239	0	0
第三年 3 月	1703.1	0	0	0.745	0.255	0	0
第三年 4 月	1378.9	0	0	0.555	0.445	0	0
第三年 5 月	1193.9	0.008	0.992	0	0	0	0
第三年 6 月	1062.9	0.131	0.869	0	0	0	0

2. 模糊评价模型

根据表 20-6 和式(6-3)，可得到两年预警期内各月指标标准值区间矩阵为

$$I = (I_1, I_2, \cdots, I_9, I_{13}, \cdots, I_{21})^{\mathrm{T}}$$

$$
=
\begin{pmatrix}
[750,2899.1]_1 & [2899.1,3293.2]_2 & [3293.2,3753.4]_3 & [3753.4,3931.9]_4 & [3931.9,3931.9]_5 \\
[750,2726.5]_1 & [2726.5,3076.4]_2 & [3076.4,3422.4]_3 & [3422.4,3580.7]_4 & [3580.7,3814.0]_5 \\
[750,2563.8]_1 & [2563.8,2870.1]_2 & [2870.1,3196.5]_3 & [3196.5,3335.1]_4 & [3335.1,3696.1]_5 \\
[750,2406.9]_1 & [2406.9,2669.0]_2 & [2669.0,2975.2]_3 & [2975.2,3093.5]_4 & [3093.5,3578.2]_5 \\
[750,2241.5]_1 & [2241.5,2459.4]_2 & [2459.4,2745.3]_3 & [2745.3,2843.3]_4 & [2843.3,3460.3]_5 \\
[750,2075.9]_1 & [2075.9,2251.6]_2 & [2251.6,2519.1]_3 & [2519.1,2598.9]_4 & [2598.9,3342.4]_5 \\
[750,1910.1]_1 & [1910.1,2041.5]_2 & [2041.5,2194.9]_3 & [2194.9,2254.4]_4 & [2254.4,3224.4]_5 \\
[750,1768.0]_1 & [1768.0,1855.8]_2 & [1855.8,1895.6]_3 & [1895.6,1935.5]_4 & [1935.5,3106.5]_5 \\
[750,1629.7]_1 & [1629.7,1673.3]_2 & [1673.3,1692.9]_3 & [1692.9,1712.5]_4 & [1712.5,2988.6]_5 \\
\\
[750,2151.3]_1 & [2151.3,2545.5]_2 & [2545.5,3005.7]_3 & [3005.7,3184.2]_4 & [3184.2,3931.9]_5 \\
[750,1978.8]_1 & [1978.8,2328.7]_2 & [2328.7,2674.7]_3 & [2674.7,2832.9]_4 & [2832.9,3580.7]_5 \\
[750,1816.0]_1 & [1816.0,2122.4]_2 & [2122.4,2448.8]_3 & [2448.8,2587.4]_4 & [2587.4,3335.1]_5 \\
[750,1659.2]_1 & [1659.2,1921.3]_2 & [1921.3,2227.4]_3 & [2227.4,2345.8]_4 & [2345.8,3093.5]_5 \\
[750,1493.8]_1 & [1493.8,1711.6]_2 & [1711.6,1997.5]_3 & [1997.5,2095.6]_4 & [2095.6,2843.3]_5 \\
[750,1328.2]_1 & [1328.2,1503.8]_2 & [1503.8,1771.4]_3 & [1771.4,1851.1]_4 & [1851.1,2598.9]_5 \\
[750,1162.4]_1 & [1162.4,1293.8]_2 & [1293.8,1447.2]_3 & [1447.2,1506.7]_4 & [1506.7,2254.4]_5 \\
[750,1020.2]_1 & [1020.2,1108.0]_2 & [1108.0,1147.9]_3 & [1147.9,1187.8]_4 & [1187.8,1935.5]_5 \\
[750,882.0]_1 & [882.0,925.5]_2 & [925.5,945.1]_3 & [945.1,964.8]_4 & [964.8,1712.5]_5
\end{pmatrix}
$$

根据式(6-4)，非汛期各月点值矩阵 M 为

$$M = \begin{bmatrix} M_1, M_2, \cdots, M_9 \end{bmatrix}^{\mathrm{T}}$$

$$= \begin{bmatrix} 750 & 2899.1 & 3293.2 & 3753.4 & 3931.9 \\ 750 & 2726.5 & 3076.4 & 3422.4 & 3814.0 \\ 750 & 2563.8 & 2870.1 & 3196.5 & 3696.1 \\ 750 & 2406.9 & 2669.0 & 2975.2 & 3578.2 \\ 750 & 2241.5 & 2459.4 & 2745.3 & 3460.3 \\ 750 & 2075.9 & 2251.6 & 2519.1 & 3342.4 \\ 750 & 1910.1 & 2041.5 & 2194.9 & 3224.4 \\ 750 & 1768.0 & 1855.8 & 1895.6 & 3106.5 \\ 750 & 1629.7 & 1673.3 & 1692.9 & 2988.6 \\ \\ 750 & 2151.3 & 2545.5 & 3005.7 & 3931.9 \\ 750 & 1978.8 & 2328.7 & 2674.7 & 3580.7 \\ 750 & 1816.0 & 2122.4 & 2448.8 & 3335.1 \\ 750 & 1659.2 & 1921.3 & 2227.4 & 3093.5 \\ 750 & 1493.8 & 1711.6 & 1997.5 & 2843.3 \\ 750 & 1328.2 & 1503.8 & 1771.4 & 2598.9 \\ 750 & 1162.4 & 1293.8 & 1447.2 & 2254.4 \\ 750 & 1020.2 & 1108.0 & 1147.9 & 1935.5 \\ 750 & 882.0 & 925.5 & 945.1 & 1712.5 \end{bmatrix}$$

依次将三种方案每个月初水库蓄水量代入式(6-5)～式(6-7)，即可得到各个月初龙角山水库蓄水量对各个级别的隶属度矩阵，见表20-15。

表 20-15　级别隶属度矩阵

时间	方案一隶属度					方案二隶属度					方案三隶属度				
	1	2	3	4	5	1	2	3	4	5	1	2	3	4	5
10 月	0	0.210	0.710	0.290	0	0	0.210	0.710	0.290	0	0	0.210	0.710	0.290	0
11 月	0	0.280	0.780	0.220	0	0	0.280	0.780	0.220	0	0	0.280	0.780	0.220	0
12 月	0	0.296	0.796	0.204	0	0	0.296	0.796	0.204	0	0	0.296	0.796	0.204	0
第二年 1 月	0	0.316	0.816	0.184	0	0	0.316	0.816	0.184	0	0	0.316	0.816	0.184	0
第二年 2 月	0	0.338	0.838	0.162	0	0	0.338	0.838	0.162	0	0	0.338	0.838	0.162	0
第二年 3 月	0	0.362	0.862	0.138	0	0	0.362	0.862	0.138	0	0	0.362	0.862	0.138	0
第二年 4 月	0	0.500	0.500		0	0	0.500	0.500	0	0	0	0.500	0.500	0	0
第二年 5 月	0	0.360	0.860	0.140	0	0	0.360	0.860	0.140	0	0	0	0	0.426	0.574
第二年 6 月	0	0	0	0.488	0.512	0	0	0	0.488	0.512	0	0	0	0.383	0.617
第二年 10 月	0.420	0.920	0.080	0	0	0	0	0.137	0.863	0.082	0.582	0.418	0	0	0
第二年 11 月	0.284	0.784	0.216	0	0	0	0	0.137	0.863	0	0.403	0.903	0.097	0	0

续表

时间	方案一隶属度					方案二隶属度					方案三隶属度				
	1	2	3	4	5	1	2	3	4	5	1	2	3	4	5
第二年 12 月	0	0.482	0.982	0.018	0	0	0	0	0.137	0.863	0	0.105	0.605	0.395	0
第三年 1 月	0	0.500	0.500	0	0	0	0	0	0.137	0.863	0	0.111	0.611	0.389	0
第三年 2 月	0	0.500	0.500	0	0	0	0	0	0.137	0.863	0	0.119	0.619	0.381	0
第三年 3 月	0	0.500	0.500	0	0	0	0	0	0.137	0.863	0	0.128	0.628	0.372	0
第三年 4 月	0	0.500	0.500	0	0	0	0	0	0.137	0.863	0	0.222	0.722	0.278	0
第三年 5 月	0	0	0	0.477	0.523	0	0	0	0.137	0.863	0	0	0	0.496	0.504
第三年 6 月	0	0	0	0.429	0.571	0	0	0	0.137	0.863	0	0	0	0.434	0.566

将计算结果(隶属度)代入式(6-8)和式(6-9),可计算出历年汛末龙角山水库蓄水量对各个级别的综合隶属度,并按照式(6-10)进行归一化,计算结果见表 20-16~表 20-18。

表 20-16　方案一各月级别综合隶属度计算结果

时间	级别	综合隶属度				
		$\alpha=1,\ p=1$	$\alpha=1,\ p=2$	$\alpha=2,\ p=1$	$\alpha=2,\ p=2$	归一化
10 月	1	0	0	0	0	0
	2	0.174	0.042	0.174	0.042	0.120
	3	0.587	0.669	0.587	0.669	0.697
	4	0.239	0.090	0.239	0.090	0.183
	5	0	0	0	0	0
11 月	1	0	0	0	0	0
	2	0.219	0.073	0.219	0.073	0.160
	3	0.609	0.709	0.609	0.709	0.723
	4	0.172	0.041	0.172	0.041	0.117
	5	0	0	0	0	0
12 月	1	0	0	0	0	0
	2	0.229	0.081	0.229	0.081	0.169
	3	0.614	0.717	0.614	0.717	0.727
	4	0.157	0.034	0.157	0.034	0.104
	5	0	0	0	0	0
第二年 1 月	1	0	0	0	0	0
	2	0.240	0.091	0.240	0.091	0.180
	3	0.620	0.727	0.620	0.727	0.731
	4	0.140	0.026	0.140	0.026	0.090
	5	0	0	0	0	0
第二年 2 月	1	0	0	0	0	0
	2	0.253	0.103	0.253	0.103	0.191
	3	0.626	0.738	0.626	0.738	0.734
	4	0.121	0.018	0.121	0.018	0.075
	5	0	0	0	0	0

时间	级别	综合隶属度				
		$\alpha=1,\ p=1$	$\alpha=1,\ p=2$	$\alpha=2,\ p=1$	$\alpha=2,\ p=2$	归一化
第二年 3 月	1	0	0	0	0	0
	2	0.266	0.116	0.266	0.116	0.203
	3	0.633	0.748	0.633	0.748	0.736
	4	0.102	0.013	0.102	0.013	0.061
	5	0	0	0	0	0
第二年 4 月	1	0	0	0	0	0
	2	0.500	0.500	0.500	0.500	0.500
	3	0.500	0.500	0.500	0.500	0.500
	4	0	0	0	0	0
	5	0	0	0	0	0
第二年 5 月	1	0	0	0	0	0
	2	0.265	0.115	0.265	0.115	0.203
	3	0.632	0.748	0.632	0.748	0.736
	4	0.103	0.013	0.103	0.013	0.062
	5	0	0	0	0	0
第二年 6 月	1	0	0	0	0	0
	2	0	0	0	0	0
	3	0	0	0	0	0
	4	0.488	0.475	0.488	0.475	0.481
	5	0.512	0.525	0.512	0.525	0.519
第二年 10 月	1	0.296	0.150	0.296	0.150	0.231
	2	0.648	0.772	0.648	0.772	0.737
	3	0.057	0.004	0.057	0.004	0.031
	4	0	0	0	0	0
	5	0	0	0	0	0
第二年 11 月	1	0.221	0.075	0.221	0.075	0.162
	2	0.611	0.711	0.611	0.711	0.724
	3	0.168	0.039	0.168	0.039	0.113
	4	0	0	0	0	0
	5	0	0	0	0	0
第二年 12 月	1	0	0	0	0	0
	2	0.325	0.189	0.325	0.189	0.259
	3	0.663	0.794	0.663	0.794	0.735
	4	0.012	0.000	0.012	0.000	0.006
	5	0	0	0	0	0
第三年 1 月	1	0	0	0	0	0
	2	0.500	0.500	0.500	0.500	0.500
	3	0.500	0.500	0.500	0.500	0.500
	4	0	0	0	0	0
	5	0	0	0	0	0

续表

时间	级别	综合隶属度				
		$\alpha=1,\ p=1$	$\alpha=1,\ p=2$	$\alpha=2,\ p=1$	$\alpha=2,\ p=2$	归一化
第三年 2 月	1	0	0	0	0	0
	2	0.500	0.500	0.500	0.500	0.500
	3	0.500	0.500	0.500	0.500	0.500
	4	0	0	0	0	0
	5	0	0	0	0	0
第三年 3 月	1	0	0	0	0	0
	2	0.500	0.500	0.500	0.500	0.500
	3	0.500	0.500	0.500	0.500	0.500
	4	0	0	0	0	0
	5	0	0	0	0	0
第三年 4 月	1	0	0	0	0	0
	2	0.500	0.500	0.500	0.500	0.500
	3	0.500	0.500	0.500	0.500	0.500
	4	0	0	0	0	0
	5	0	0	0	0	0
第三年 5 月	1	0	0	0	0	0
	2	0	0	0	0	0
	3	0	0	0	0	0
	4	0.477	0.454	0.477	0.454	0.465
	5	0.523	0.546	0.523	0.546	0.535
第三年 6 月	1	0	0	0	0	0
	2	0	0	0	0	0
	3	0	0	0	0	0
	4	0.429	0.361	0.429	0.361	0.395
	5	0.571	0.639	0.571	0.639	0.605

表 20-17　方案二各月级别综合隶属度计算结果

时间	级别	综合隶属度				
		$\alpha=1,\ p=1$	$\alpha=1,\ p=2$	$\alpha=2,\ p=1$	$\alpha=2,\ p=2$	归一化
10 月	1	0	0	0	0	0
	2	0.174	0.042	0.174	0.042	0.120
	3	0.587	0.669	0.587	0.669	0.697
	4	0.239	0.090	0.239	0.090	0.183
	5	0	0	0	0	0
11 月	1	0	0	0	0	0
	2	0.219	0.073	0.219	0.073	0.160
	3	0.609	0.709	0.609	0.709	0.723
	4	0.172	0.041	0.172	0.041	0.117
	5	0	0	0	0	0

时间	级别	综合隶属度				
		$\alpha=1,\ p=1$	$\alpha=1,\ p=2$	$\alpha=2,\ p=1$	$\alpha=2,\ p=2$	归一化
12 月	1	0	0	0	0	0
	2	0.229	0.081	0.229	0.081	0.169
	3	0.614	0.717	0.614	0.717	0.727
	4	0.157	0.034	0.157	0.034	0.104
	5	0	0	0	0	0
第二年 1 月	1	0	0	0	0	0
	2	0.240	0.091	0.240	0.091	0.180
	3	0.620	0.727	0.620	0.727	0.731
	4	0.140	0.026	0.140	0.026	0.090
	5	0	0	0	0	0
第二年 2 月	1	0	0	0	0	0
	2	0.253	0.103	0.253	0.103	0.191
	3	0.626	0.738	0.626	0.738	0.734
	4	0.121	0.018	0.121	0.018	0.075
	5	0	0	0	0	0
第二年 3 月	1	0	0	0	0	0
	2	0.266	0.116	0.266	0.116	0.203
	3	0.633	0.748	0.633	0.748	0.736
	4	0.102	0.013	0.102	0.013	0.061
	5	0	0	0	0	0
第二年 4 月	1	0	0	0	0	0
	2	0.500	0.500	0.500	0.500	0.500
	3	0.500	0.500	0.500	0.500	0.500
	4	0	0	0	0	0
	5	0	0	0	0	0
第二年 5 月	1	0	0	0	0	0
	2	0.265	0.115	0.265	0.115	0.203
	3	0.632	0.748	0.632	0.748	0.736
	4	0.103	0.013	0.103	0.013	0.062
	5	0	0	0	0	0
第二年 6 月	1	0	0	0	0	0
	2	0	0	0	0	0
	3	0	0	0	0	0
	4	0.488	0.475	0.488	0.475	0.481
	5	0.512	0.525	0.512	0.525	0.519
第二年 10 月	1	0	0	0	0	0
	2	0	0	0	0	0
	3	0	0	0	0	0
	4	0.137	0.025	0.137	0.025	0.081
	5	0.863	0.975	0.863	0.975	0.919

时间	级别	综合隶属度				
		$\alpha=1,\ p=1$	$\alpha=1,\ p=2$	$\alpha=2,\ p=1$	$\alpha=2,\ p=2$	归一化
第二年 11 月	1	0	0	0	0	0
	2	0	0	0	0	0
	3	0	0	0	0	0
	4	0.137	0.025	0.137	0.025	0.081
	5	0.863	0.975	0.863	0.975	0.919
第二年 12 月	1	0	0	0	0	0
	2	0	0	0	0	0
	3	0	0	0	0	0
	4	0.137	0.025	0.137	0.025	0.081
	5	0.863	0.975	0.863	0.975	0.919
第三年 1 月	1	0	0	0	0	0
	2	0	0	0	0	0
	3	0	0	0	0	0
	4	0.137	0.025	0.137	0.025	0.081
	5	0.863	0.975	0.863	0.975	0.919
第三年 2 月	1	0	0	0	0	0
	2	0	0	0	0	0
	3	0	0	0	0	0
	4	0.137	0.025	0.137	0.025	0.081
	5	0.863	0.975	0.863	0.975	0.919
第三年 3 月	1	0	0	0	0	0
	2	0	0	0	0	0
	3	0	0	0	0	0
	4	0.137	0.025	0.137	0.025	0.081
	5	0.863	0.975	0.863	0.975	0.919
第三年 4 月	1	0	0	0	0	0
	2	0	0	0	0	0
	3	0	0	0	0	0
	4	0.137	0.025	0.137	0.025	0.081
	5	0.863	0.975	0.863	0.975	0.919
第三年 5 月	1	0	0	0	0	0
	2	0	0	0	0	0
	3	0	0	0	0	0
	4	0.137	0.025	0.137	0.025	0.081
	5	0.863	0.975	0.863	0.975	0.919
第三年 6 月	1	0	0	0	0	0
	2	0	0	0	0	0
	3	0	0	0	0	0
	4	0.137	0.025	0.137	0.025	0.081
	5	0.863	0.975	0.863	0.975	0.919

表 20-18　方案三各月级别综合隶属度计算结果

时间	级别	综合隶属度				
		$\alpha=1,\ p=1$	$\alpha=1,\ p=2$	$\alpha=2,\ p=1$	$\alpha=2,\ p=2$	归一化
10 月	1	0	0	0	0	0
	2	0.174	0.042	0.174	0.042	0.120
	3	0.587	0.669	0.587	0.669	0.697
	4	0.239	0.090	0.239	0.090	0.183
	5	0	0	0	0	0
11 月	1	0	0	0	0	0
	2	0.219	0.073	0.219	0.073	0.160
	3	0.609	0.709	0.609	0.709	0.723
	4	0.172	0.041	0.172	0.041	0.117
	5	0	0	0	0	0
12 月	1	0	0	0	0	0
	2	0.229	0.081	0.229	0.081	0.169
	3	0.614	0.717	0.614	0.717	0.727
	4	0.157	0.034	0.157	0.034	0.104
	5	0	0	0	0	0
第二年 1 月	1	0	0	0	0	0
	2	0.240	0.091	0.240	0.091	0.180
	3	0.620	0.727	0.620	0.727	0.731
	4	0.140	0.026	0.140	0.026	0.090
	5	0	0	0	0	0
第二年 2 月	1	0	0	0	0	0
	2	0.253	0.103	0.253	0.103	0.191
	3	0.626	0.738	0.626	0.738	0.734
	4	0.121	0.018	0.121	0.018	0.075
	5	0	0	0	0	0
第二年 3 月	1	0	0	0	0	0
	2	0.266	0.116	0.266	0.116	0.203
	3	0.633	0.748	0.633	0.748	0.736
	4	0.102	0.013	0.102	0.013	0.061
	5	0	0	0	0	0
第二年 4 月	1	0	0	0	0	0
	2	0.500	0.500	0.500	0.500	0.500
	3	0.500	0.500	0.500	0.500	0.500
	4	0	0	0	0	0
	5	0	0	0	0	0
第二年 5 月	1	0	0	0	0	0
	2	0	0	0	0	0
	3	0	0	0	0	0
	4	0.426	0.356	0.426	0.356	0.391
	5	0.574	0.644	0.574	0.644	0.609

续表

时间	级别	综合隶属度				
		$\alpha=1,\ p=1$	$\alpha=1,\ p=2$	$\alpha=2,\ p=1$	$\alpha=2,\ p=2$	归一化
第二年 6 月	1	0	0	0	0	0
	2	0	0	0	0	0
	3	0	0	0	0	0
	4	0.383	0.279	0.383	0.279	0.331
	5	0.617	0.721	0.617	0.721	0.669
第二年 10 月	1	0.076	0.007	0.076	0.007	0.044
	2	0.538	0.575	0.538	0.575	0.596
	3	0.387	0.284	0.387	0.284	0.360
	4	0	0	0	0	0
	5	0	0	0	0	0
第二年 11 月	1	0	0	0	0	0
	2	0.287	0.140	0.287	0.140	0.223
	3	0.644	0.765	0.644	0.765	0.737
	4	0.069	0.006	0.069	0.006	0.039
	5	0	0	0	0	0
第二年 12 月	1	0	0	0	0	0
	2	0.095	0.011	0.095	0.011	0.057
	3	0.547	0.594	0.547	0.594	0.620
	4	0.358	0.237	0.358	0.237	0.323
	5	0	0	0	0	0
第三年 1 月	1	0	0	0	0	0
	2	0.100	0.012	0.100	0.012	0.061
	3	0.550	0.599	0.550	0.599	0.626
	4	0.350	0.224	0.350	0.224	0.313
	5	0	0	0	0	0
第三年 2 月	1	0	0	0	0	0
	2	0.107	0.014	0.107	0.014	0.066
	3	0.553	0.605	0.553	0.605	0.633
	4	0.340	0.210	0.340	0.210	0.301
	5	0	0	0	0	0
第三年 3 月	1	0	0	0	0	0
	2	0.113	0.016	0.113	0.016	0.071
	3	0.557	0.612	0.557	0.612	0.641
	4	0.330	0.196	0.330	0.196	0.288
	5	0	0	0	0	0
第三年 4 月	1	0	0	0	0	0
	2	0.182	0.047	0.182	0.047	0.127
	3	0.591	0.676	0.591	0.676	0.703
	4	0.227	0.079	0.227	0.079	0.170
	5	0	0	0	0	0

续表

时间	级别	综合隶属度				
		$\alpha = 1, \ p = 1$	$\alpha = 1, \ p = 2$	$\alpha = 2, \ p = 1$	$\alpha = 2, \ p = 2$	归一化
第三年 5 月	1	0	0	0	0	0
	2	0	0	0	0	0
	3	0	0	0	0	0
	4	0.496	0.492	0.496	0.492	0.494
	5	0.504	0.508	0.504	0.508	0.506
第三年 6 月	1	0	0	0	0	0
	2	0	0	0	0	0
	3	0	0	0	0	0
	4	0.434	0.371	0.434	0.371	0.403
	5	0.566	0.629	0.566	0.629	0.597

将归一化的综合隶属度代入式(6-11)，求出各样本的级别特征值，对照表 6-1，即可确定预警级别，结果见表 20-19～表 20-21。

表 20-19　方案一模糊评价预警结果

时间	月初蓄水量(万 m^3)	级别特征值	预警结果
10 月	3559.9	3.063	黄色
11 月	3228.9	2.958	黄色
12 月	3003.0	2.935	黄色
第二年 1 月	2781.7	2.910	黄色
第二年 2 月	2551.7	2.884	黄色
第二年 3 月	2325.6	2.858	黄色
第二年 4 月	2041.5	2.500	橙黄色
第二年 5 月	1866.9	2.859	黄色
第二年 6 月	1744.1	4.519	无
第二年 10 月	2214.8	1.800	橙色
第二年 11 月	2129.6	1.951	橙色
第二年 12 月	2133.8	2.747	橙黄色
第三年 1 月	1921.3	2.500	橙黄色
第三年 2 月	1711.6	2.500	橙黄色
第三年 3 月	1503.8	2.500	橙黄色
第三年 4 月	1293.8	2.500	橙黄色
第三年 5 月	1222.2	4.535	无
第三年 6 月	1071.0	4.605	无

表 20-20　方案二模糊评价预警结果

时间	月初蓄水量(万 m³)	级别特征值	预警结果
10 月	3559.9	3.063	黄色
11 月	3228.9	2.958	黄色
12 月	3003.0	2.935	黄色
第二年 1 月	2781.7	2.910	黄色
第二年 2 月	2551.7	2.884	黄色
第二年 3 月	2325.6	2.858	黄色
第二年 4 月	2041.5	2.500	橙黄色
第二年 5 月	1866.9	2.859	黄色
第二年 6 月	1744.1	4.519	无
第二年 10 月	3726.5	4.919	无
第二年 11 月	3375.3	4.919	无
第二年 12 月	3129.7	4.919	无
第三年 1 月	2888.1	4.919	无
第三年 2 月	2637.9	4.919	无
第三年 3 月	2393.5	4.919	无
第三年 4 月	2049.0	4.919	无
第三年 5 月	1730.1	4.919	无
第三年 6 月	1507.1	4.919	无

表 20-21　方案三模糊评价预警结果

时间	月初蓄水量(万 m³)	级别特征值	预警结果
10 月	3559.9	3.063	黄色
11 月	3228.9	2.958	黄色
12 月	3003.0	2.935	黄色
第二年 1 月	2781.7	2.910	黄色
第一年 2 月	2551.7	2.884	黄色
第二年 3 月	2325.6	2.858	黄色
第二年 4 月	2041.5	2.500	橙黄色
第二年 5 月	2108.0	4.609	蓝色
第二年 6 月	2010.5	4.669	蓝色
第二年 10 月	2481.1	2.316	橙黄色
第二年 11 月	2395.9	2.816	黄色
第二年 12 月	2380.5	3.266	黄蓝色
第三年 1 月	2159.2	3.251	黄蓝色
第三年 2 月	1929.3	3.235	黄色
第三年 3 月	1703.1	3.218	黄色
第三年 4 月	1378.9	3.043	黄色
第三年 5 月	1193.9	4.506	无
第三年 6 月	1062.9	4.597	无

20.4　小　　结

　　本章以龙角山水库为例，对 1953～2012 年实测降水序列进行了分析，以实测序列为基础，利用 Matlab 程序随机生成了长序列资料，进行了转移概率的统计，与最不利的年份比较，选出典型年组合进行预警管理。结果表明，当预警期为两年时，如果选择合适的供水方案，第二年即使为 75% 的干旱年，也能够满足其用水需求。与以一年为预警期的预警管理相比，以两年作为预警期，通过科学系统的管理和分配，能够更加合理地利用水资源，有效地缓解当地水资源短缺的现状，使有限的水资源发挥更大的社会效益和经济效益。

第21章　胶南市地下水水源地水位预测模型

胶南市地下水的主要补给来源是降水。地下水径流方向与地形基本一致，除局部山区外，总的流向是由西向东、由北向南。地下水排泄主要为开采、蒸发以及河流排泄。总体来说，地下水水源地的补给量主要受降水影响，排泄量主要受开采取水量影响。本书根据研究需要和资料收集情况，着重对地下水水源地区域内的降水资料、地下水位监测资料和地下水取水量资料进行选择与处理，分析三者的关系。

21.1　风河地下水水源地水位预测模型

21.1.1　资料的选择与处理

1. 降水资料分析

选择的降水资料包括两个方面，其一是用于分析实测序列中年降水频率的胶南站降水量长序列资料，其二是用于分析地下水水源地补给量、开采量与地下水位相关关系的2009～2011年三年月降水量序列资料。

风河地下水水源地区域内有 3 个可用雨量站，分别是胶南站(全年监测)、梁家庄站(汛期监测)和东南崖站(汛期监测)。胶南站有 1959～2011 年逐日降水量序列、梁家庄站有 1978～2011 年汛期逐日降水量序列、东南崖站有 1986～2011 年汛期逐日降水量序列。

由于胶南雨量站为全年监测站，资料系列较长，经三性审查，代表性较好，选取胶南雨量站 1961～2011 年共 51 年降水量长系列资料，见表 21-1，选用皮尔逊Ⅲ型曲线，运用水文频率分析软件对系列进行年降水量频率分析，年均值 $E_X = 766.55$ mm，变差系数 $C_V = 0.3$，$C_S / C_V = 3.5$。胶南站年降水量频率曲线拟合结果如图 21-1 所示。

表 21-1　胶南雨量站月、年降水量序列　　　　　　(单位：mm)

年份	1 月	2 月	3 月	4 月	5 月	6 月	7 月	8 月	9 月	10 月	11 月	12 月	全年
1961	5.2	20.5	14	22.2	96.5	54.8	116.5	82	240	18	81.6	21.5	772.8
1962	1.5	11	3.5	20.4	37.2	207.9	435.3	209.4	145	72.6	78.7	13.6	1236.1
1963	0.4	0	26.2	38.3	118.8	17.7	267.6	192.7	16.9	4.4	22.9	14	719.9
1964	45	13.1	7.6	94.8	96	136.6	328.4	316.3	98.6	120.9	17.7	0	1275
1965	4.5	15.6	7.3	48.3	2	62.3	250.7	341	27.5	35.8	11.2	2.2	808.4
1966	0.4	13.4	49.3	26.6	49.6	16.3	171.7	96.6	18.9	70.1	21.8	7	541.7
1967	8.9	35.3	16.6	23.2	36.9	147.4	161.4	91.5	127.8	65.6	35.8	0	750.4
1968	0	0.1	25.3	3.8	41.9	54.1	147.7	153.9	34.3	49.9	12.2	8.9	532.1
...	...	...	...	...	...	...	...	...	...	...	...	...	...

年份	1 月	2 月	3 月	4 月	5 月	6 月	7 月	8 月	9 月	10 月	11 月	12 月	全年
2003	12	29.4	29.2	58.5	69	181.5	167.5	111	100	84.4	32.1	23.9	898.5
2004	4.1	29.5	3.8	54.6	75	50.5	126.6	233.5	31	13.3	104.8	8.3	735
2005	0	30.6	8.9	14.7	57	73.5	75.5	286	329	22.6	5.3	10	913.1
2006	4.5	9.3	11.3	39.5	70	49.5	149	210	11.5	18.5	21.3	30.1	624.5
2007	4.3	36	73	58	46.5	135	202.5	607	285	12.4	0	33.5	1493.2
2008	9.8	5.4	14	81.7	102	41	314.5	230.5	46	149.5	18.4	2.9	1015.7
2009	1.1	14.3	29.1	33.9	52.5	36	175.5	84.5	33	14.8	23.1	20.8	518.6
2010	1.2	43.8	20.9	34	155.5	61.5	127.5	213.5	133.5	1	0	1	793.4
2011	0.2	31	0.3	7.5	50.5	46.5	169.5	221	78.5	13	42.3	27.3	687.6

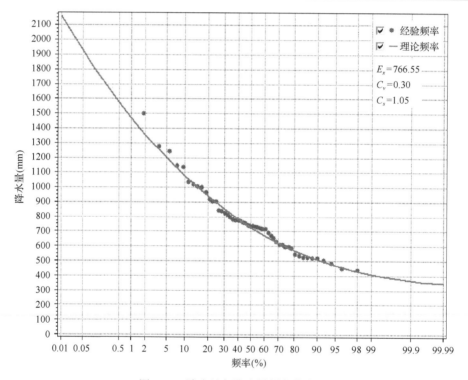

图 21-1　胶南站年降水量频率曲线图

由适线结果可得到不同频率的年降水量，见表 21-2。

表 21-2　胶南站不同频率对应的降水量　　　　　　（单位：mm）

频率	多年均值	5%	25%	50%	75%	95%
年降水量	766.55	1200.16	892.41	727.03	597.91	467.92

由于地下水位监测资料目前只有 2009～2011 年三年的资料，因此，在下面分析地下水水源地补给量、开采量与地下水位相关关系时，也只选择了 2009～2011 年三年的年、月降水量序列资料。同时，由上述适线结果可查出这 3 年的年降水量对应的频率。2009～

2011 年的月降水量序列及年降水量对应频率见表 21-3。由表 21-3 可知，选取的年降水量序列主要偏平水和枯水。

表 21-3　胶南站 2009~2011 年的月降水量序列及年降水量对应频率

年份	1 月 (mm)	2 月 (mm)	3 月 (mm)	4 月 (mm)	5 月 (mm)	6 月 (mm)	7 月 (mm)	8 月 (mm)	9 月 (mm)	10 月 (mm)	11 月 (mm)	12 月 (mm)	全年 (mm)	频率 (%)
2009	1.1	14.3	29.1	33.9	52.5	36	175.5	84.5	33	14.8	23.1	20.8	518.6	89
2010	1.2	43.8	20.9	34	155.5	61.5	127.5	213.5	133.5	1	0	1	793.4	39
2011	0.2	31	0.3	7.5	50.5	46.5	169.5	221	78.5	13	42.3	27.3	687.6	57

2. 地下水位资料分析

风河地下水水源地区域内有铁山、孟家庄和肖家庄三个地下水位监测站。铁山站间隔 5 日的地下水位监测资料序列为 2009 年 1 月~2011 年 11 月、孟家庄站间隔 5 日的地下水位监测资料序列为 2009 年 1 月~2011 年 11 月、肖家庄站间隔 5 日的地下水位变化监测资料序列为 2009 年 3 月~2012 年 11 月。

取每月初地下水位(1 日 8 时)的监测序列，得到孟家庄站地下水位变化过程，如图 21-2 所示。由图 21-2 可以看出，孟家庄站的测井地面高程适中，地下水位变化较为平缓，接近平均水位的变化幅度，有较好的代表性，本次选取孟家庄站 2009~2011 年的地下水位资料进行分析，见表 21-4。

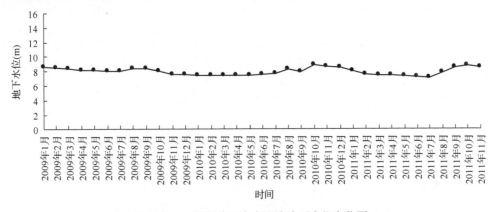

图 21-2　风河地下水水源地地下水位变化图

表 21-4　2009~2011 年孟家庄站月初地下水位　(单位：m)

年份	1 月	2 月	3 月	4 月	5 月	6 月	7 月	8 月	9 月	10 月	11 月	12 月
2009	8.68	8.51	8.38	8.21	8.1	8.09	8.01	8.44	8.35	7.99	7.6	7.51
2010	7.46	7.46	7.44	7.43	7.48	7.6	7.62	8.26	7.96	8.91	8.58	8.46
2011	8	7.59	7.43	7.39	7.3	7.16	7.11	7.76	8.49	8.71	8.56	—

从风河地下水水源地的地下水位变化情况看，1~5 月受降雨偏少和开采量较大等因素影响，地下水位下降较为明显；6~9 月几次较大降雨和径流过程对地下水起到了明显

的补给作用，地下水位显著上升；10～12 月降水量减少，地下水位呈下降趋势。

3．取水量资料分析

地下水取水量采用实测法和调查法两种方法分析获得，按水源监测工程和未监测工程分别统计。水源监测工程取水量直接采用实测资料统计，未监测工程取水量采用分项调查法统计。

地下水取水量按供水水源进行调查统计，分别是集中供水水源地、企业单位自备井和农村分散水源(农林灌溉、生活用水、畜牧用水)。

1）实测地下水开采量

全市地下水具有实测取水量数据的主要包括城区集中供水水源地、乡镇集中供水开采井和企业单位自备井三部分。其中，城区集中供水水源地取水口均安装了流量计，基本实现实时在线监测；镇(街道)集中供水地下水部分达到实时在线监测，未达到在线监测的集中供水工程，通过抄表监测统计用水量；企业单位地下水源自备井取水量计量设备主要是普通水表，少量为远传水表。风河地下水水源地的地下水取水量分为水源地集中取水量和企业自备井取水量。风河地下水水源地区域内集中供水水源地取水位置为张仓、宋家庄和孟家庄，区域内主要的企业自备井约有 39 处，月取水量资料见表 21-5。

表 21-5　风河地下水水源地实测地下水取水量　　　　　　　　(单位：万 m³)

年份	1 月	2 月	3 月	4 月	5 月	6 月	7 月	8 月	9 月	10 月	11 月	12 月
2009	167.69	123.69	123.06	124.52	115.29	116.56	92.93	131.2	137.82	134.99	111.45	108.08
2010	98.78	88.8	114.36	95.89	96.72	123.42	110.7	125.28	122.38	165.74	182.02	191.08
2011	145.36	114.57	107.17	119.1	97.17	86.3	79.29	112.5	142.01	128.61	127.4	112.2

2）未监测地下水开采量

未监测地下水开采量主要包括农业灌溉用水量、林业灌溉用水量、农村居民生活用水量及畜牧养殖用水量。农业灌溉地下水开采量根据作物种植结构、灌溉面积、综合灌溉定额推算农业灌溉地下水开采量。林业灌溉地下水开采量根据苗木灌溉面积、综合灌溉定额推算林业灌溉地下水开采量。未监测农村居民生活地下用水量，根据未监测区农村人口数和综合用水定额进行统计。畜牧养殖用水量根据养殖禽畜种类、数量、综合用水定额推算畜牧养殖地下水用水量。未监测地下水取水量为农业灌溉用水量、林业灌溉用水量、农村居民生活用水量和畜牧养殖用水量四部分取用水量之和。根据参考文献，2011 年风河地下水水源地 1～5 月和 6～12 月未监测地下水农业开采量分别为 142 万 m³和 10 万 m³，其他开采量全年为 78.96 万 m³，各月的农业开采量按不同时段取平均值，其他类型的各月开采量取全年平均值，得到 2011 年未监测地下水各月开采量；因 2009年和 2010 年无统计值，未监测地下水开采量与实测开采量按照 2011 年的同比例确定，三年未监测地下水开采量也称取水量结果见表 21-6。

表 21-6　风河地下水水源地未监测地下水取水量　　（单位：万 m³）

年份	1月	2月	3月	4月	5月	6月	7月	8月	9月	10月	11月	12月
2009	40.38	37.79	40.19	36.59	41.53	10.82	9.39	9.34	7.77	8.41	7.01	7.71
2010	23.78	27.13	37.35	28.18	34.84	11.45	11.18	8.92	6.9	10.32	11.44	13.64
2011	35	35	35	35	35	8.01	8.01	8.01	8.01	8.01	8.01	8.01

风河地下水水源地地下水总取水量为实测地下水取水量和未检测地下水取水量两部分之和，结果见表 21-7。

表 21-7　风河地下水水源地总取水量　　（单位：万 m³）

年份	1月	2月	3月	4月	5月	6月	7月	8月	9月	10月	11月	12月
2009	208.07	161.48	163.25	161.11	156.82	127.37	102.32	140.54	145.59	143.39	118.46	115.79
2010	122.56	115.93	151.71	124.07	131.56	134.88	121.88	134.2	129.28	176.07	193.46	204.72
2011	180.36	149.57	142.17	154.1	132.17	94.31	87.3	120.51	150.02	136.62	135.41	120.21

由于风河地下水水源地未监测水量数据主要由调查统计法获得，其误差较大，且月农业取水量部分数据不够翔实，严谨起见，只采用实测取水量进行研究。用于分析风河地下水水源地降水量、取水量和地下水位三者间关系的地下水取水量、胶南站降水量、孟家庄地下水位(变幅)等有关资料见表 21-8。

表 21-8　风河地下水水源地降水量、取水量与地下水位(变幅)

时间	当月取水量(万 m³)	两个月累计取水量(万 m³)	三个月累计取水量(万 m³)	当月降水量(mm)	前一个月降水量(mm)	前两个月降水量(mm)	当月和后一个月降水量(mm)	当月和后两个月降水量(mm)	月初地下水位(m)	一个月地下水位变幅(m)	两个月地下水位变幅(m)	三个月地下水位变幅(m)
2008年11月	—	—	—	18.4	—	—	21.3	22.4	—	—	—	—
2008年12月	—	—	—	2.9	18.4	—	4	18.3	—	—	—	—
2009年1月	167.69	291.39	414.45	1.1	2.9	21.3	15.4	44.5	8.68	−0.17	−0.3	—
2009年2月	123.69	246.75	371.27	14.3	1.1	4	43.4	77.3	8.51	−0.13	−0.3	—
2009年3月	123.06	247.58	362.87	29.1	14.3	15.4	63	115.5	8.38	−0.17	−0.28	−0.47
2009年4月	124.52	239.81	356.37	33.9	29.1	43.4	86.4	122.4	8.21	−0.11	−0.12	−0.41
2009年5月	115.29	231.85	324.78	52.5	33.9	63	88.5	264	8.10	−0.01	−0.09	−0.29
2009年6月	116.56	209.49	340.69	36	52.5	86.4	211.5	296	8.09	−0.08	0.35	−0.2
2009年7月	92.93	224.13	361.95	175.5	36	88.5	260	293	8.01	0.43	0.34	0.34
2009年8月	131.20	269.02	404.00	84.5	175.5	211.5	117.5	132.3	8.44	−0.09	−0.45	0.26

时间	当月取水量（万m³）	两个月累计取水量（万m³）	三个月累计取水量（万m³）	当月降水量（mm）	前一个月降水量（mm）	前两个月降水量（mm）	当月和后一个月降水量（mm）	当月和后两个月降水量（mm）	月初地下水位（m）	一个月地下水位变幅（m）	两个月地下水位变幅（m）	三个月地下水位变幅（m）
2009年9月	137.82	272.81	384.26	33	84.5	260	47.8	70.9	8.35	−0.36	−0.75	−0.02
2009年10月	134.99	246.44	354.52	14.8	33	117.5	37.9	58.7	7.99	−0.39	−0.48	−0.84
2009年11月	111.45	219.53	318.31	23.1	14.8	47.8	43.9	45.1	7.60	−0.09	−0.14	−0.84
2009年12月	108.08	206.85	295.66	20.8	23.1	37.9	22	65.8	7.51	−0.05	−0.05	−0.53
2010年1月	98.78	187.58	301.94	1.2	20.8	43.9	45	65.9	7.46	0	−0.02	−0.14
2010年2月	88.80	203.16	299.05	43.8	1.2	22	64.7	98.7	7.46	−0.02	−0.03	−0.07
2010年3月	114.36	210.25	306.97	20.9	43.8	45	54.9	210.4	7.44	−0.01	0.04	−0.03
2010年4月	95.89	192.61	316.03	34	20.9	64.7	189.5	251	7.43	0.05	0.17	0.02
2010年5月	96.72	220.14	330.84	155.5	34	54.9	217	344.5	7.48	0.12	0.14	0.16
2010年6月	123.42	234.12	359.4	61.5	155.5	189.5	189	402.5	7.6	0.02	0.66	0.19
2010年7月	110.7	235.98	358.35	127.5	61.5	217	341	474.5	7.62	0.64	0.34	0.78
2010年8月	125.28	247.65	413.4	213.5	127.5	189	347	348	8.26	−0.3	0.65	0.36
2010年9月	122.38	288.12	470.14	133.5	213.5	341	134.5	134.5	7.96	0.95	0.62	1.29
2010年10月	165.74	347.76	538.84	1	133.5	347	1	2	8.91	−0.33	−0.45	0.32
2010年11月	182.02	373.1	518.45	0	1	134.5	1	1.2	8.58	−0.12	−0.58	0.5
2010年12月	191.08	336.44	451.01	1	0	1	1.2	32.2	8.46	−0.46	−0.87	−0.91
2011年1月	145.36	259.93	367.1	0.2	1	1	31.2	31.5	8	−0.41	−0.57	−0.99
2011年2月	114.57	221.74	340.84	31	0.2	1.2	31.3	38.8	7.59	−0.16	−0.2	−1.03
2011年3月	107.17	226.27	323.43	0.3	31	31.2	7.8	58.3	7.43	−0.04	−0.13	−0.61
2011年4月	119.1	216.27	302.57	7.5	0.3	31.3	58	104.5	7.39	−0.09	−0.23	−0.29
2011年5月	97.17	183.47	262.75	50.5	7.5	7.8	97	266.5	7.3	−0.14	−0.19	−0.27

续表

时间	当月取水量(万 m³)	两个月累计取水量(万 m³)	三个月累计取水量(万 m³)	当月降水量(mm)	前一个月降水量(mm)	前两个月降水量(mm)	当月和后一个月降水量(mm)	当月和后两个月降水量(mm)	月初地下水位(m)	一个月地下水位变幅(m)	两个月地下水位变幅(m)	三个月地下水位变幅(m)
2011 年 6 月	86.3	165.59	278.08	46.5	50.5	58	216	437	7.16	−0.05	0.6	−0.28
2011 年 7 月	79.29	191.78	333.79	169.5	46.5	97	390.5	469	7.11	0.65	1.38	0.46
2011 年 8 月	112.5	254.51	383.11	221	169.5	216	299.5	312.5	7.76	0.73	0.95	1.33
2011 年 9 月	142.01	270.62	398.02	78.5	221	390.5	91.5	133.8	8.49	0.22	0.07	1.6
2011 年 10 月	128.61	256.01	—	13	91.5	299.5	55.3	—	8.71	−0.15	—	0.8
2011 年 11 月	127.4	—	—	42.3	55.3	91.5	—	—	8.56	—	—	—

注：1.表中降水量为胶南雨量站资料，取水量为实测资料，地下水位为孟家庄站资料；

2.表中月初地下水位为监测井当月 1 日 8 时的实测值，地下水位变幅为当月初地下水位减去前几个月的月初地下水位。

21.1.2　风河地下水水源地多元线性回归拟合

分析风河地下水水源地补给量、开采量与地下水位的相关关系。

1) 拟合方程考虑常数项

对于风河地下水水源地，选取的不同自变量和因变量组合式中变量的含义见表 21-9。表 21-9 中所有变量的取值见表 21-8，由拟合结果可见回归模型的显著性较好。对地下水位变幅进行拟合时，本次选用一个月、两个月和三个月三个时段长的水位变幅。由表 21-9 可见，当时段长为一个月时，模型 3 拟合效果较好；当时段长为两个月时，模型 5 拟合效果较好；当时段长为三个月时，模型 7 拟合效果较好。

表 21-9　风河地下水水源地多元回归拟合模型参数选取(有常数项)

模型	因变量 ΔH	自变量 W	自变量 P	自变量 P_a	ΔH 的残差平方和	F 显著性检验概率	拟合优度检验 R^2	回归拟合方程	备注
1	地下水位一个月变幅	当月取水量	当月降水量	无	1.786	2.0×10^{-6}	0.502	$\Delta H = 1.7475 \times 10^{-1} - 2.869 \times 10^{-3} W + 3.0053 \times 10^{-3} P$	一个月拟合
2	地下水位一个月变幅	当月取水量	当月降水量	前一个月降水量	1.649	2.9×10^{-5}	0.540	$\Delta H = 2.704 \times 10^{-1} - 3.867 \times 10^{-3} W + 2.247 \times 10^{-3} P + 1.219 \times 10^{-3} P_a$	一个月拟合
3	地下水位一个月变幅	当月取水量	当月降水量	前两个月降水量	1.606	2.0×10^{-5}	0.552	$\Delta H = 3.027 \times 10^{-1} - 4.309 \times 10^{-3} W + 2.336 \times 10^{-3} P + 7.661 \times 10^{-3} P_a$	一个月拟合

续表

模型	因变量 ΔH	自变量 W	自变量 P	自变量 P_a	ΔH 的残差平方和	F 显著性检验概率	拟合优度检验 R^2	回归拟合方程	备注
4	地下水位两个月变幅	两个月取水量	两个月降水量	无	2.033	1.5×10^{-9}	0.742	$\Delta H = 8.947\times10^{-2}-2.002 \\ \times10^{-3}W+3.44\times10^{-3}P$	两个月拟合
5	地下水位两个月变幅	两个月取水量	两个月降水量	前一个月降水量	1.694	8.2×10^{-10}	0.785	$\Delta H = 3.138\times10^{-1}-3.119 \\ \times10^{-3}W+2.917 \\ \times10^{-3}P+1.8325\times10^{-3}P_a$	两个月拟合
6	地下水位两个月变幅	两个月取水量	两个月降水量	前两个月降水量	1.881	3.7×10^{-10}	0.761	$\Delta H = 3.185\times10^{-1}-3.142 \\ \times10^{-3}W+3.081 \\ \times10^{-3}P+7.954\times10^{-4}P_a$	两个月拟合
7	地下水位三个月变幅	三个月取水量	三个月降水量	无	2.672	4.2×10^{-11}	0.808	$\Delta H = 1.035\times10^{-1}-2.085 \\ \times10^{-3}W+3.696\times10^{-3}P$	三个月拟合
8	地下水位三个月变幅	三个月取水量	三个月降水量	前一个月降水量	2.649	3.3×10^{-10}	0.809	$\Delta H = 2.041\times10^{-1}-2.39 \\ \times10^{-3}W+3.584 \\ \times10^{-3}P+5.722\times10^{-3}P_a$	三个月拟合
9	地下水位三个月变幅	三个月取水量	三个月降水量	前两个月降水量	2.619	2.8×10^{-10}	0.811	$\Delta H = 3.216\times10^{-1}-2.771 \\ \times10^{-3}W+3.531 \\ \times10^{-3}P+6.051\times10^{-4}P_a$	三个月拟合

对时段长一个月、两个月和三个月，选用拟合相对较优的回归模型，给出地下水位变幅拟合关系方程及变量等，见表 21-10。

表 21-10　风河地下水水源地选用的回归方程及变量(有常数项)

回归方程	$\Delta H = 3.027\times10^{-1}-4.309 \\ \times10^{-3}W+2.336\times10^{-3}P \\ +7.661\times10^{-3}P_a$	$\Delta H = 3.138\times10^{-1}-3.119 \\ \times10^{-3}W+2.917\times10^{-3}P \\ +1.8325\times10^{-3}P_a$	$\Delta H = 3.216\times10^{-1}-2.771 \\ \times10^{-3}W+3.531\times10^{-3}P \\ +6.051\times10^{-4}P_a$
因变量 ΔH	地下水位一个月变幅	地下水位两个月变幅	地下水位三个月变幅
自变量 W	当月取水量	两个月取水量	三个月取水量
自变量 P	当月降水量	两个月降水量	三个月降水量
自变量 P_a	前两个月降水量	前一个月降水量	前两个月降水量
ΔH 残差平方和	1.606	1.694	2.619

2)拟合方程不考虑常数项

同理，得到无常数项的地下水位拟合关系方程，见表 21-11，对回归拟合进行比较分析，选用拟合相对较优的回归模型，给出无常数项的地下水位变幅拟合关系方程及变量等，见表 21-12。

表 21-11 风河地下水水源地多元回归拟合模型参数选取(无常数项)

模型	因变量 ΔH	自变量 W	自变量 P	自变量 P_a	ΔH 的残差平方和	F 显著性检验概率	拟合优度检验 R^2	回归拟合方程	备注
1	地下水位一个月变幅	当月取水量	当月降水量	无	1.818	2.1×10^{-6}	0.493	$\Delta H = -1.6042\times10^{-3}W$ $+3.279\times10^{-3}P$	一个月拟合
2	地下水位一个月变幅	当月取水量	当月降水量	前一个月降水量	1.721	4.3×10^{-5}	0.520	$\Delta H = -1.8534\times10^{-3}W + 2.7833$ $\times10^{-3}P + 9.9233\times10^{-3}P_a$	一个月拟合
3	地下水位一个月变幅	当月取水量	当月降水量	前两个月降水量	1.694	3.4×10^{-5}	0.528	$\Delta H = -2.012\times10^{-3}W + 2.907$ $\times10^{-3}P + 6.0779\times10^{-3}P_a$	一个月拟合
4	地下水位两个月变幅	两个月取水量	两个月降水量	无	2.040	1.1×10^{-9}	0.741	$\Delta H = -1.6936\times10^{-3}W$ $+3.5118\times10^{-3}P$	两个月拟合
5	地下水位两个月变幅	两个月取水量	两个月降水量	前一个月降水量	1.769	1.0×10^{-9}	0.776	$\Delta H = -1.9296\times10^{-3}W + 3.2203$ $\times10^{-3}P + 1.5427\times10^{-3}P_a$	两个月拟合
6	地下水位两个月变幅	两个月取水量	两个月降水量	前两个月降水量	1.948	4.2×10^{-9}	0.753	$\Delta H = -1.8887\times10^{-3}W + 3.3908$ $\times10^{-3}P + 5.421\times10^{-4}P_a$	两个月拟合
7	地下水位三个月变幅	三个月取水量	三个月降水量	无	2.679	2.9×10^{-11}	0.807	$\Delta H = -1.8325\times10^{-3}W$ $+3.7523\times10^{-3}P$	三个月拟合
8	地下水位三个月变幅	三个月取水量	三个月降水量	前一个月降水量	2.672	2.5×10^{-10}	0.808	$\Delta H = -1.8615\times10^{-3}W + 3.7237$ $\times10^{-3}P + 2.8408\times10^{-4}P_a$	三个月拟合
9	地下水位三个月变幅	三个月取水量	三个月降水量	前两个月降水量	2.664	2.4×10^{-10}	0.808	$\Delta H = -1.8963\times10^{-3}W + 3.7327$ $\times10^{-3}P + 2.5282\times10^{-4}P_a$	三个月拟合

表 21-12 风河地下水水源地选用的回归方程及变量(无常数项)

回归方程	$\Delta H = -2.012\times10^{-3}W + 2.907$ $\times10^{-3}P + 6.0779\times10^{-3}P_a$	$\Delta H = -1.9296\times10^{-3}W + 3.2203$ $\times10^{-3}P + 1.5427\times10^{-3}P_a$	$\Delta H = -1.8963\times10^{-3}W + 3.7327$ $\times10^{-3}P + 2.5282\times10^{-4}P_a$
因变量 ΔH	地下水位一个月变幅	地下水位两个月变幅	地下水位三个月变幅
自变量 W	当月取水量	两个月取水量	三个月取水量
自变量 P	当月降水量	两个月降水量	三个月降水量
自变量 P_a	前两个月降水量	前一个月降水量	前两个月降水量
ΔH 残差平方和	1.694	1.769	2.664

21.1.3 风河地下水水源地考虑有效降水的回归拟合

1)拟合方程考虑常数项

下面先确定一个月有效降水量的上、下限阈值。选择表 21-9 中模型 1 的变量,自变量 W 为当月取水量、P 为当月降水量,因变量 ΔH 为地下水位变幅(月末与月初水位的差值，下同），下面对自变量 P 的上、下限阈值进行确定。先假定下限为 10mm，上限为50mm，下限值一定，以 5mm 为间隔单位增大上限值，残差平方和最小的一组即该下限对应的最优上限阈值。然后以 5mm 为间隔单位增大下限阈值，同理可得该下限对应的最优上限阈值，比较后得到不同的上、下限阈值优化组合。然后以 1mm 为间隔单位调整上下限进一步进行优化，得到不同的上、下限阈值优化组合，见表 21-13，由表 21-13 可知，残差平方和随下限阈值的增大先减后增，最优上、下限阈值分别为 123mm 和 47mm，此时 ΔH 残差平方和为 1.3724。

表 21-13　风河地下水水源地一个月有效降水对应的降水上、下限阈值优化组合(有常数项)

下限阈值(mm)	上限阈值(mm)	ΔH 残差平方和
无	无	1.7859
10	130	1.4740
15	130	1.4576
20	130	1.4428
25	130	1.4219
30	125	1.4020
35	125	1.3900
40	125	1.3790
45	125	1.3730
46	125	1.3725
47	123	1.3724
48	122	1.3728
49	121	1.3734
50	120	1.3742
55	115	1.3851
60	110	1.3995

　　当计算时段长为一个月时，选择表 21-10 中一个月地下水位变幅拟合方程的变量，回归模型中自变量 W 为当月取水量、P 为当月降水量，P_a 为前两个月降水量，因变量 ΔH 为当月地下水位变幅，对自变量 P 和 P_a 的上、下限阈值进行控制，取有效降水量。$P_{1\max}$ 和 $P_{1\min}$ 分别为一个月有效降水量上、下限阈值；$P_{a21\min}$ 和 $P_{a22\min}$ 分别为前两个月中第一个月和第二个月的有效降水的下限阈值，$P_{a2\max}$ 为前两个月有效降水的上限阈值。

　　由式(9-7)和式(9-8)分别确定一个月有效降水量和前两个月有效降水，不同上、下限阈值组合情况下的残差平方和 ΔH 见表 21-14。从表 21-14 可以看出，当 $P_{1\min}=P_{a21\min}=P_{a22\min}=47\,\mathrm{mm}$，$P_{1\max}=123\,\mathrm{mm}$，且不设前两个月降水总量的上限阈值，即不考虑 $P_{2\max}$ 时，ΔH 残差平方和较小，模型较优。由此得到计算时段长为一个月时地下水位变幅回归模型的变量，见表 21-15。

表 21-14　风河地下水水源地一个月地下水位变幅回归模型的有效降水量阈值组合（有常数项）

下限阈值（mm）			上限阈值（mm）		ΔH 残差平方和
一个月有效降水	前两个月有效降水		一个月有效降水	前两个月有效降水	
$P_{1\min}$	$P_{a21\min}$	$P_{a22\min}$	$P_{1\max}$	$P_{a2\max}$	
无	无	无	无	无	1.606
47	47	47	无	无	1.548
47	47	47	123	无	1.261
47	47	47	123	344	1.265
47	47	47	123	294	1.294
47	47	47	123	274	1.306

表 21-15　风河地下水水源地一个月地下水位变幅回归模型的变量（有常数项）

时间	一个月取水量 W（万 m³）	一个月有效降水量 P'（mm）	前两个月有效降水量 P_a'（mm）	一个月地下水位变幅 ΔH（m）
2009 年 1 月	167.69	0	0	−0.17
2009 年 2 月	123.69	0	0	−0.13
2009 年 3 月	123.06	0	0	−0.17
2009 年 4 月	124.52	0	0	−0.11
2009 年 5 月	115.29	5.5	0	−0.01
2009 年 6 月	116.56	0	5.5	−0.08
2009 年 7 月	92.93	76	5.5	0.43
2009 年 8 月	131.20	37.5	128.5	−0.09
2009 年 9 月	137.82	0	166	−0.36
2009 年 10 月	134.99	0	37.5	−0.39
2009 年 11 月	111.45	0	0	−0.09
2009 年 12 月	108.08	0	0	−0.05
2010 年 1 月	98.78	0	0	0
2010 年 2 月	88.80	0	0	−0.02
2010 年 3 月	114.36	0	0	−0.01
2010 年 4 月	95.89	0	0	0.05
2010 年 5 月	96.72	76	0	0.12
2010 年 6 月	123.42	14.5	108.5	0.02
2010 年 7 月	110.70	76	123	0.64
2010 年 8 月	125.28	76	95	−0.3
2010 年 9 月	122.38	76	247	0.95
2010 年 10 月	165.74	0	253	−0.33

时间	一个月取水量 W(万 m³)	一个月有效降水量 P' (mm)	前两个月有效降水量 P_a' (mm)	一个月地下水位变幅 ΔH (m)
2010 年 11 月	182.02	0	86.5	−0.12
2010 年 12 月	191.08	0	0	−0.46
2011 年 1 月	145.36	0	0	−0.41
2011 年 2 月	114.57	0	0	−0.16
2011 年 3 月	107.17	0	0	−0.04
2011 年 4 月	119.10	0	0	−0.09
2011 年 5 月	97.17	3.5	0	−0.14
2011 年 6 月	86.30	0	3.5	−0.05
2011 年 7 月	79.29	76	3.5	0.65
2011 年 8 月	112.50	76	122.5	0.73
2011 年 9 月	142.01	31.5	296.5	0.22
2011 年 10 月	128.61	0	205.5	−0.15

当计算时段为两个月时，选择表 21-10 中两个月地下水位变幅拟合方程的变量，回归模型中自变量 W 为两个月取水量、P 为两个月降水量，P_a 为前一个月降水量，因变量 ΔH 为两个月地下水位变幅。对自变量 P 和 P_a 的上、下限阈值进行控制，取有效降水量。P_{a21min} 和 P_{a22min} 分别是两个月中第一个月和第二个月有效降水的下限阈值，P_{2max} 为两个月有效降水的上限阈值；P_{a21max} 和 P_{a21min} 分别是前一个月有效降水的上、下限阈值。

由式(9-7)和式(9-8)分别确定前一个月有效降水量和两个月有效降水量，不同上、下限阈值组合情况下的残差平方和 ΔH 见表 21-16。从表 21-16 可以看出，当 $P_{1min} = P_{a21min} = P_{a22min} = 47$ mm，且不设降水量的上限阈值，即不考虑 P_{a1max} 和 P_{2max} 时，ΔH 残差平方和较小，模型较优。由此可得到当计算时段长为两个月时地下水位变幅回归模型的变量，见表 21-17。

表 21-16 风河地下水水源地两个月地下水位变幅回归模型的有效降水量阈值组合(有常数项)

下限阈值(mm)			上限阈值(mm)		ΔH 残差平方和
两个月有效降水		前一个月有效降水	两个月有效降水	前一个月有效降水	
P_{21min}	P_{22min}	P_{a1min}	P_{2max}	P_{a1max}	
无	无	无	无	无	1.694
47	47	47	无	无	1.396
47	47	47	无	123	1.565
47	47	47	344	123	1.704
47	47	47	294	123	1.685
47	47	47	246	123	1.842

表 21-17　风河地下水水源地两个月地下水位变幅回归模型的变量(有常数项)

时间	一个月取水量 W(万 m³)	一个月有效降水量 P' (mm)	前两个月有效降水量 P'_a (mm)	两个月地下水位变幅 ΔH (m)
2009 年 1 月	291.39	0	0	−0.3
2009 年 2 月	246.75	0	0	−0.3
2009 年 3 月	247.58	0	0	−0.28
2009 年 4 月	239.81	5.5	0	−0.12
2009 年 5 月	231.85	5.5	0	−0.09
2009 年 6 月	209.49	128.5	5.5	0.35
2009 年 7 月	224.13	166	0	0.34
2009 年 8 月	269.02	37.5	128.5	−0.45
2009 年 9 月	272.81	0	37.5	−0.75
2009 年 10 月	246.44	0	0	−0.48
2009 年 11 月	219.53	0	0	−0.14
2009 年 12 月	206.85	0	0	−0.05
2010 年 1 月	187.58	0	0	−0.02
2010 年 2 月	203.16	0	0	−0.03
2010 年 3 月	210.25	0	0	0.04
2010 年 4 月	192.61	108.5	0	0.17
2010 年 5 月	220.14	123	0	0.14
2010 年 6 月	234.12	95	108.5	0.66
2010 年 7 月	235.98	247	14.5	0.34
2010 年 8 月	247.65	253	80.5	0.65
2010 年 9 月	288.12	86.5	166.5	0.62
2010 年 10 月	347.76	0	86.5	−0.45
2010 年 11 月	373.10	0	0	−0.58
2010 年 12 月	336.44	0	0	−0.87
2011 年 1 月	259.93	0	0	−0.57
2011 年 2 月	221.74	0	0	−0.2
2011 年 3 月	226.27	0	0	−0.13
2011 年 4 月	216.27	3.5	0	−0.23
2011 年 5 月	183.47	3.5	0	−0.19
2011 年 6 月	165.59	122.5	3.5	0.6
2011 年 7 月	191.78	296.5	0	1.38
2011 年 8 月	254.51	205.5	122.5	0.95
2011 年 9 月	270.62	31.5	174	0.07

　　当计算时段长为三个月时，选择表 21-10 中三个月地下水位变幅拟合方程的变量，回归模型中自变量 W 为三个月取水量、P 为三个月降水量，P_a 为前两个月降水量，因变量 ΔH 为三个月地下水位变幅。对自变量 P 和 P_a 的上、下限阈值进行控制，取有效降水量。$P_{31\min}$、$P_{32\min}$ 和 $P_{33\min}$ 分别是三个月中第一个月、第二个月和第三个月有效降水的

下限阈值，$P_{3\max}$ 为三个月有效降水的上限阈值；$P_{a21\min}$ 和 $P_{a22\min}$ 分别是前两个月中第一个月和第二个月有效降水的下限阈值，$P_{a2\max}$ 为前两个月有效降水的上限阈值。

由式(9-8)和式(9-9)分别确定前两个月有效降水和三个月有效降水。不同上、下限阈值组合情况下的残差平方和 ΔH 见表 21-18。从表 21-18 可以看出，当 $P_{31\min} = P_{32\min} = P_{a33\min} = P_{a21\min} = P_{a22\min} = 47\,\text{mm}$，且不设降水量的上限阈值，即不考虑 $P_{a2\max}$ 和 $P_{3\max}$ 时，ΔH 残差平方和较小，模型较优。由此得到当计算时段长为三个月时地下水位变幅回归模型的变量见表 21-19。

表 21-18　风河地下水水源地三个月地下水位变幅回归模型的有效降水量阈值组合(有常数项)

下限阈值(mm)					上限阈值(mm)		ΔH 残差平方和
三个月有效降水			前两个月有效降水		三个月有效降水	前两个月有效降水	
$P_{31\min}$	$P_{32\min}$	$P_{33\min}$	$P_{21\min}$	$P_{22\min}$	$P_{3\max}$	$P_{a2\max}$	
无	无	无	无	无	无	无	2.619
47	47	47	47	47	无	无	2.150
47	47	47	47	47	369	无	2.789
47	47	47	47	47	无	246	2.223
47	47	47	47	47	369	246	2.894

表 21-19　风河地下水水源地三个月地下水位变幅回归模型的变量(有常数项)

时间	一个月取水量 W(万 m³)	一个月有效降水量 P' (mm)	前两个月有效降水量 P'_a (mm)	三个月地下水位变幅 ΔH (m)
2009 年 1 月	414.45	0	0	−0.47
2009 年 2 月	371.27	0	0	−0.41
2009 年 3 月	362.87	5.5	0	−0.29
2009 年 4 月	356.37	5.5	0	−0.2
2009 年 5 月	324.78	134	0	0.34
2009 年 6 月	340.69	166	5.5	0.26
2009 年 7 月	361.95	166	5.5	−0.02
2009 年 8 月	404.00	37.5	128.5	−0.84
2009 年 9 月	384.26	0	166	−0.84
2009 年 10 月	354.52	0	37.5	−0.53
2009 年 11 月	318.31	0	0	−0.14
2009 年 12 月	295.66	0	0	−0.07
2010 年 1 月	301.94	0	0	−0.03
2010 年 2 月	299.05	0	0	0.02
2010 年 3 月	306.97	108.5	0	0.16
2010 年 4 月	316.03	123	0	0.19
2010 年 5 月	330.84	203.5	0	0.78
2010 年 6 月	359.40	261.5	108.5	0.36
2010 年 7 月	358.35	333.5	123	1.29
2010 年 8 月	413.40	253	95	0.32

续表

时间	一个月取水量 W(万 m³)	一个月有效降水量 P' (mm)	前两个月有效降水量 P'_a (mm)	三个月地下水位变幅 ΔH (m)
2010 年 9 月	470.14	86.5	247	0.5
2010 年 10 月	538.84	0	253	−0.91
2010 年 11 月	518.45	0	86.5	−0.99
2010 年 12 月	451.01	0	0	−1.03
2011 年 1 月	367.10	0	0	−0.61
2011 年 2 月	340.84	0	0	−0.29
2011 年 3 月	323.43	3.5	0	−0.27
2011 年 4 月	302.57	3.5	0	−0.28
2011 年 5 月	262.75	126	0	0.46
2011 年 6 月	278.08	296.5	3.5	1.33
2011 年 7 月	333.79	328	3.5	1.6
2011 年 8 月	383.11	205.5	122.5	0.8

2）拟合方程不考虑常数项

对于有效降水影响的不考虑常数项的回归拟合，方法参照前面考虑常数项部分的分析。

下面先确定一个月有效降水量的上、下限阈值。选择表 21-11 中模型 1 的变量，自变量 W 为当月取水量、P 为当月降水量，因变量 ΔH 为地下水位变幅(月末与月初水位的差值，下同)，自变量 x_2 的上、下限阈值进行确定。不同的上、下限阈值优化组合，见表 21-20，由表 21-20 可知，ΔH 残差平方和随下限阈值的增大先减后增，最优上、下限阈值分别为 32mm 和 127mm，此时 ΔH 残差平方和为 1.4470。

表 21-20　风河地下水水源地一个月有效降水上、下限阈值优化组合(无常数项)

下限阈值(mm)	上限阈值(mm)	ΔH 残差平方和
无	无	1.8181
10	130	1.4846
15	130	1.4728
20	130	1.4684
25	130	1.4581
30	125	1.4500
31	127	1.4472
32	127	1.4470
33	127	1.4474
34	127	1.4502
35	125	1.4521
40	125	1.4531
45	125	1.4609
50	125	1.4704
55	125	1.4836
60	120	1.4984

当计算时段长为一个月时,选择表 21-12 中一个月地下水位变幅拟合方程的变量,回归模型中自变量 W 为当月取水量、P 为当月降水量,P_a 为前 2 个月降水量,因变量 ΔH 为当月地下水位变幅。由式(9-7)和式(9-8)分别确定一个月有效降水量和前两个月有效降水量,不同上、下限阈值组合情况下的残差平方和 ΔH 见表 21-21。根据表 21-21,确定出最优上、下限阈值,得到相应回归模型。从表 21-21 可以看出,当 $P_{1\min} = P_{a21\min} = P_{a23\min} = 32$ mm,$P_{1\max} = 127$ mm,且不设前两个月降水总量的上限阈值,即不考虑 $P_{2上限}$ 时,ΔH 残差平方和较小,模型较优。由此得到计算时段长为一个月时地下水位变幅回归模型的变量,见表 21-22。

表 21-21　风河地下水水源地一个月地下水位变幅回归模型的有效降水量阈值组合(无常数项)

下限阈值(mm)			上限阈值(mm)		ΔH 残差平方和
一个月有效降水	前两个月有效降水		一个月有效降水	前两个月有效降水	
$P_{1\min}$	$P_{a21\min}$	$P_{a22\min}$	$P_{1\max}$	$P_{a2\max}$	
无	无	无	无	无	1.7692
32	32	32	无	无	1.7795
32	32	32	127	无	1.4110
32	32	32	127	305	1.4196
32	32	32	127	255	1.4331
32	32	32	127	254	1.4350

表 21-22　风河地下水水源地一个月地下水位变幅回归模型的变量(无常数项)

时间	一个月取水量 W(万 m³)	一个月有效降水量 P'(mm)	前两个月有效降水量 P_a'(mm)	一个月地下水位变幅 ΔH(m)
2009 年 1 月	167.69	0	0	−0.17
2009 年 2 月	123.69	0	0	−0.13
2009 年 3 月	123.06	0	0	−0.17
2009 年 4 月	124.52	1.9	0	−0.11
2009 年 5 月	115.29	20.5	1.9	−0.01
2009 年 6 月	116.56	4	22.4	−0.08
2009 年 7 月	92.93	95	24.5	0.43
2009 年 8 月	131.20	52.5	147.5	−0.09
2009 年 9 月	137.82	1	196	−0.36
2009 年 10 月	134.99	0	53.5	−0.39
2009 年 11 月	111.45	0	1	−0.09
2009 年 12 月	108.08	0	0	−0.05
2010 年 1 月	98.78	0	0	0
2010 年 2 月	88.80	11.8	0	−0.02
2010 年 3 月	114.36	0	11.8	−0.01
2010 年 4 月	95.89	2	11.8	0.05

时间	一个月取水量 W(万 m³)	一个月有效降水量 P' (mm)	前两个月有效降水量 P'_a (mm)	一个月地下水位变幅 ΔH (m)
2010 年 5 月	96.72	95	2	0.12
2010 年 6 月	123.42	29.5	125.5	0.02
2010 年 7 月	110.70	95	153	0.64
2010 年 8 月	125.28	95	125	−0.3
2010 年 9 月	122.38	95	277	0.95
2010 年 10 月	165.74	0	283	−0.33
2010 年 11 月	182.02	0	101.5	−0.12
2010 年 12 月	191.08	0	0	−0.46
2011 年 1 月	145.36	0	0	−0.41
2011 年 2 月	114.57	0	0	−0.16
2011 年 3 月	107.17	0	0	−0.04
2011 年 4 月	119.10	0	0	−0.09
2011 年 5 月	97.17	18.5	0	−0.14
2011 年 6 月	86.30	14.5	18.5	−0.05
2011 年 7 月	79.29	95	33	0.65
2011 年 8 月	112.50	95	152	0.73
2011 年 9 月	142.01	46.5	326.5	0.22
2011 年 10 月	128.61	0	235.5	−0.15

当计算时段为两个月时，选择表 21-12 中两个月地下水位变幅拟合方程的变量，回归模型中自变量 W 为两个月取水量、P 为两个月降水量，P_a 为前一个月降水量，因变量 ΔH 为两个月地下水位变幅。由式 (9-7) 和式 (9-8) 分别确定前一个月有效降水量和两个月有效降水量，不同上、下限阈值组合情况下的残差平方和 ΔH 见表 21-23。从表 21-23 可以看出，当不设降水量的上、下限阈值，即不考虑有效降水时，ΔH 残差平方和较小，模型较优。由此可得到当计算时段长为两个月时地下水位变幅回归模型的变量见表 21-24。

表 21-23　风河地下水水源地两个月地下水位变幅回归模型的有效降水量阈值组合(无常数项)

下限阈值(mm)			上限阈值(mm)		ΔH 残差平方和
两个月有效降水		前一个月有效降水	两个月有效降水	前一个月有效降水	
$P_{21\min}$	$P_{22\min}$	$P_{a1\min}$	$P_{2\max}$	$P_{a1\max}$	
无	无	无	无	无	1.7692
32	32	32	无	无	1.7892
32	32	32	无	127	1.8957
32	32	32	314	127	1.9920
32	32	32	284	127	1.9961
32	32	32	254	127	2.0731

表 21-24   风河地下水水源地两个月地下水位变幅回归模型的变量（无常数项）

时间	两个月取水量 W(万 m^3)	两个月降水量 P(mm)	前一个月降水量 P_a(mm)	两个月地下水位变幅 ΔH(m)
2009 年 1 月	291.39	15.4	2.9	-0.3
2009 年 2 月	246.75	43.4	1.1	-0.3
2009 年 3 月	247.58	63	14.3	-0.28
2009 年 4 月	239.81	86.4	29.1	-0.12
2009 年 5 月	231.85	88.5	33.9	-0.09
2009 年 6 月	209.49	211.5	52.5	0.35
2009 年 7 月	224.13	260	36	0.34
2009 年 8 月	269.02	117.5	175.5	-0.45
2009 年 9 月	272.81	47.8	84.5	-0.75
2009 年 10 月	246.44	37.9	33	-0.48
2009 年 11 月	219.53	43.9	14.8	-0.14
2009 年 12 月	206.85	22	23.1	-0.05
2010 年 1 月	187.58	45	20.8	-0.02
2010 年 2 月	203.16	64.7	1.2	-0.03
2010 年 3 月	210.25	54.9	43.8	0.04
2010 年 4 月	192.61	189.5	20.9	0.17
2010 年 5 月	220.14	217	34	0.14
2010 年 6 月	234.12	189	155.5	0.66
2010 年 7 月	235.98	341	61.5	0.34
2010 年 8 月	247.65	347	127.5	0.65
2010 年 9 月	288.12	134.5	213.5	0.62
2010 年 10 月	347.76	1	133.5	-0.45
2010 年 11 月	373.10	1	1	-0.58
2010 年 12 月	336.44	1.2	0	-0.87
2011 年 1 月	259.93	31.2	1	-0.57
2011 年 2 月	221.74	31.3	0.2	-0.2
2011 年 3 月	226.27	7.8	31	-0.13
2011 年 4 月	216.27	58	0.3	-0.23
2011 年 5 月	183.47	97	7.5	-0.19
2011 年 6 月	165.59	216	50.5	0.6
2011 年 7 月	191.78	390.5	46.5	1.38
2011 年 8 月	254.51	299.5	169.5	0.95
2011 年 9 月	270.62	91.5	221	0.07

当计算时段长为三个月时，选择表 21-12 中三个月地下水位变幅拟合方程的变量，回归模型中自变量 W 为三个月取水量、P 为三个月降水量，P_a 为前两个月降水量，因变量 ΔH 为三个月地下水位变幅。由式 (9-7) 和式 (9-8) 分别确定前两个月有效降水和三个月有效降水，不同上、下限阈值组合情况下的残差平方和 ΔH 见表 21-25。从表 21-25 可以

看出，考虑有效降水量时，得到的拟合方程中的 P'_a 的系数 β_3 为负，不符合要求。故不考虑有效降水时，ΔH 残差平方和较小，模型较优。由此得到当计算时段长为三个月时地下水位变幅回归模型的变量，见表 21-26。

表 21-25　风河地下水水源地三个月地下水位变幅回归模型的有效降水量阈值组合(无常数项)

下限阈值(mm)					上限阈值(mm)		ΔH 残差平方和	备注
三个月有效降水			前两个月有效降水		三个月有效降水	前两个月有效降水		
$P_{31\min}$	$P_{32\min}$	$P_{33\min}$	$P_{a21\min}$	$P_{22\min}$	$P_{3\max}$	$P_{a2\max}$		
无	无	无	无	无	无	无	2.6642	无
32	32	32	32	32	无	无	2.5137	
32	32	32	32	32	无	294	2.4741	
32	32	32	32	32	无	274	2.4499	
32	32	32	32	32	无	254	2.4227	P'_a 的系数 $\beta_3 < 0$
32	32	32	32	32	396	无	3.0541	
32	32	32	32	32	381	无	3.1602	
32	32	32	32	32	381	254	3.0907	

表 21-26　风河地下水水源地三个月地下水位变幅回归模型的变量(无常数项)

时间	三个月取水量 W(万 m^3)	三个月降水量 P(mm)	前两个月降水量 P_a(mm)	三个月地下水位变幅 ΔH(m)
2009 年 1 月	414.45	44.5	21.3	
2009 年 2 月	371.27	77.3	4	
2009 年 3 月	362.87	115.5	15.4	−0.29
2009 年 4 月	356.37	122.4	43.4	−0.2
2009 年 5 月	324.78	264	63	0.34
2009 年 6 月	340.69	296	86.4	0.26
2009 年 7 月	361.95	293	88.5	−0.02
2009 年 8 月	404.00	132.3	211.5	−0.84
2009 年 9 月	384.26	70.9	260	−0.84
2009 年 10 月	354.52	58.7	117.5	−0.53
2009 年 11 月	318.31	45.1	47.8	−0.14
2009 年 12 月	295.66	65.8	37.9	−0.07
2010 年 1 月	301.94	65.9	43.9	−0.03
2010 年 2 月	299.05	98.7	22	0.02
2010 年 3 月	306.97	210.4	45	0.16
2010 年 4 月	316.03	251	64.7	0.19
2010 年 5 月	330.84	344.5	54.9	0.78
2010 年 6 月	359.40	402.5	189.5	0.36
2010 年 7 月	358.35	474.5	217	1.29

续表

时间	三个月取水量 $W(万\,m^3)$	三个月降水量 $P(mm)$	前两个月降水量 $P_a\,(mm)$	三个月地下水位变幅 $\Delta H\,(m)$
2010 年 8 月	413.40	348	189	0.32
2010 年 9 月	470.14	134.5	341	0.5
2010 年 10 月	538.84	2	347	−0.91
2010 年 11 月	518.45	1.2	134.5	−0.99
2010 年 12 月	451.01	32.2	1	−1.03
2011 年 1 月	367.10	31.5	1	−0.61
2011 年 2 月	340.84	38.8	1.2	−0.29
2011 年 3 月	323.43	58.3	31.2	−0.27
2011 年 4 月	302.57	104.5	31.3	−0.28
2011 年 5 月	262.75	266.5	7.8	0.46
2011 年 6 月	278.08	437	58	1.33
2011 年 7 月	333.79	469	97	1.6
2011 年 8 月	383.11	312.5	216	0.8

21.1.4 基于水位变幅的风河地下水水源地地下水位预测模型

1. 风河地下水水源地地下水位预测模型

1）拟合方程考虑常数项

根据前面的分析计算结果，可得到有效降水量上、下限最优阈值，以基于最小二乘法的地下水位变幅拟合值的残差平方和最小为目标，选择较优的地下水位变幅回归方程，见表 21-27。与表 21-10 中未考虑有效降水的拟合方程相比，残差平方和明显偏小，拟合效果较好。

表 21-27 风河地下水水源地选用的回归方程及变量(考虑有效降水)

多元回归拟合方程及序号	$\Delta H = \beta_0 + \beta_1 W + \beta_2 P' + \beta_3 P_a'$		
	①	②	③
因变量 ΔH	地下水位一个月变幅	地下水位两个月变幅	地下水位三个月变幅
自变量 W	当月取水量	两个月取水量	三个月取水量
自变量 P'	当月有效降水量	两个月有效降水量	三个月有效降水量
自变量 P_a'	前两个月有效降水量	前一个月有效降水量	前两个月有效降水量
β_0	3.9869×10^{-1}	7.4266×10^{-1}	1.0154
β_1	-4.596×10^{-3}	-4.2791×10^{-3}	-4.0528×10^{-3}
β_2	6.1623×10^{-3}	3.791×10^{-3}	4.6162×10^{-3}
β_3	7.8309×10^{-4}	2.6004×10^{-3}	9.7145×10^{-4}
残差平方和 ΔH	1.2614	1.3963	2.1501

对于地下水位一个月变幅回归方程①，降水变量取一个月有效降水 P' 和前两个月有效降水 P_a'，且 $P_{1\min} = P_{\mathrm{a}21\min} = P_{\mathrm{a}22\min} = 47\,\mathrm{mm}$，$P_{1\max} = 123\,\mathrm{mm}$，且不设前两个月降水总量的上限阈值，即 $P_{2\max} = P_2$。

对于地下水位两个月变幅回归方程②，降水变量取两个月有效降水 P' 和前一个月有效降水 P_a'，且 $P_{\mathrm{a}1\min} = P_{21\min} = P_{22\min} = 47\,\mathrm{mm}$，并不设降水量的上限阈值，即 $P_{\mathrm{a}1\max} = P_{\mathrm{a}1}$ 和 $P_{2\max} = P_2$。

对于地下水位三个月变幅回归方程③，降水变量取一个月有效降水 P' 和前两个月有效降水 P_a'，且 $P_{31\min} = P_{32\min} = P_{\mathrm{a}33\min} = P_{\mathrm{a}21\min} = P_{\mathrm{a}22\min} = 47\,\mathrm{mm}$，并不设降水量的上限阈值，即 $P_{\mathrm{a}2\max} = P_{\mathrm{a}2}$ 和 $P_{3\max} = P_3$。

最终选用的地下水位一个月变幅、两个月变幅和三个月变幅的回归拟合方程见式 (21-1)~式 (21-3)。

$$\Delta H = 3.9869 \times 10^{-1} - 4.596 \times 10^{-3} W + 6.1623 \times 10^{-3} P' + 7.8309 \times 10^{-4} P_\mathrm{a}' \qquad (21\text{-}1)$$

$$\Delta H = 7.4266 \times 10^{-1} - 4.2791 \times 10^{-3} W + 3.791 \times 10^{-3} P' + 2.6004 \times 10^{-3} P_\mathrm{a}' \qquad (21\text{-}2)$$

$$\Delta H = 1.0154 - 4.0528 \times 10^{-3} W + 4.6162 \times 10^{-3} P' + 9.7145 \times 10^{-4} P_\mathrm{a}' \qquad (21\text{-}3)$$

由式 (9-11) 可得一个月变幅、两个月变幅和三个月变幅拟合条件下对应的初始水位，即可得到风河地下水水源地基于水位变幅的地下水位预测模型，见式 (21-4)~式 (21-6)。

$$H_{j+1} = H_j + 3.9869 \times 10^{-1} - 4.596 \times 10^{-3} W + 6.1623 \times 10^{-3} P' + 7.8309 \times 10^{-4} P_\mathrm{a}' \qquad (21\text{-}4)$$

$$H_{j+1} = H_j + 7.4266 \times 10^{-1} - 4.2791 \times 10^{-3} W + 3.791 \times 10^{-3} P' + 2.6004 \times 10^{-3} P_\mathrm{a}' \qquad (21\text{-}5)$$

$$H_{j+1} = H_j + 1.0154 - 4.0528 \times 10^{-3} W + 4.6162 \times 10^{-3} P' + 9.7145 \times 10^{-4} P_\mathrm{a}' \qquad (21\text{-}6)$$

2) 拟合方程不考虑常数项

根据前面的分析计算结果，可得到有效降水量上、下限最优阈值，以残差平方和最小为目标，建立的地下水位变幅回归方程见表 21-28。与未考虑有效降水的情况相比，地下水位 1 个月变幅拟合方程的残差平方和明显偏小，拟合效果较好；地下水位 2 个月变幅和 3 个月变幅拟合方程不考虑有效降水。

对于地下水位一个月变幅回归方程①，降水变量取一个月有效降水 P' 和前两个月有效降水 P_a'，且 $P_{1\min} = P_{\mathrm{a}21\min} = P_{\mathrm{a}22\min} = 32\,\mathrm{mm}$，$P_{1\max} = 127\,\mathrm{mm}$，并不设前两个月降水总量的上限阈值，即 $P_{2\max} = P_2$。

对于地下水位两个月变幅回归方程②，不考虑有效降水，降水变量取两个月降水 P 和前一个月降水 P_a。

对于地下水位三个月变幅回归方程③，不考虑有效降水，降水变量取三个月降水 P 和前两个月降水 P_a。

表 21-28　风河地下水水源地选用的回归方程及变量表（考虑有效降水）

多元回归拟合方程及序号	$\Delta H = \beta_0 + \beta_1 W + \beta_2 P' + \beta_3 P'_a$		
	①	②	③
因变量 ΔH	地下水位一个月变幅	地下水位两个月变幅	地下水位三个月变幅
自变量 W	当月取水量	两个月取水量	三个月取水量
自变量 P'	当月有效降水量	两个月降水量	三个月降水量
自变量 P'_a	前两个月有效降水量	前一个月降水量	前两个月降水量
β_0	0	0	0
β_1	-1.5731×10^{-3}	-1.9296×10^{-3}	-1.8963×10^{-3}
β_2	5.9802×10^{-3}	3.2203×10^{-3}	3.27327×10^{-3}
β_3	3.7511×10^{-4}	1.5427×10^{-3}	2.5282×10^{-4}
残差平方和 ΔH	1.4110	1.7692	2.6642

　　最终选用的地下水位一个月变幅、两个月变幅和三个月变幅的回归拟合方程见式（21-7）～式（21-9）。

$$\Delta H = -1.5731 \times 10^{-3} W + 5.9802 \times 10^{-3} P' + 3.7511 \times 10^{-4} P'_a \qquad (21\text{-}7)$$

$$\Delta H = -1.9296 \times 10^{-3} W + 3.2203 \times 10^{-3} P + 1.5427 \times 10^{-3} P_a \qquad (21\text{-}8)$$

$$\Delta H = -1.8963 \times 10^{-3} W + 3.27327 \times 10^{-3} P + 2.5282 \times 10^{-4} P_a \qquad (21\text{-}9)$$

　　由式（9-12）可得一个月变幅、两个月变幅和三个月变幅拟合条件下对应的初始水位，即可得到风河地下水水源地基于水位变幅的地下水位预测模型，见式（21-10）～式（21-12）。

$$H_{j+1} = H_j - 1.57313 \times 10^{-3} W + 5.9802 \times 10^{-3} P' + 3.7511 \times 10^{-4} P'_a \qquad (21\text{-}10)$$

$$H_{j+1} = H_j - 1.9296 \times 10^{-3} W + 3.2203 \times 10^{-3} P + 1.5427 \times 10^{-3} P_a \qquad (21\text{-}11)$$

$$H_{j+1} = H_j - 1.8963 \times 10^{-3} W + 3.27327 \times 10^{-3} P + 2.5282 \times 10^{-4} P_a \qquad (21\text{-}12)$$

2. 风河地下水水源地地下水位拟合结果分析

1）拟合方程考虑常数项

　　当计算时段长为一个月时，由式（21-4）可得月初地下水位实测值与拟合值，见表 21-29 及图 21-3。当计算时段长为两个月时，由式（21-5）可得月初地下水位实测值与拟合值，见表 21-30 及图 21-4。当计算时段长为三个月时，由式（21-6）可得月初地下水位实测值与拟合值，见表 21-31 及图 21-5。

表 21-29　风河地下水水源地月初地下水位实测值与拟合值对照(计算时段长为一个月)(单位：m)

时间	月初地下水位实测值	月初地下水位拟合值	差值
2009 年 1 月	8.68	—	—
2009 年 2 月	8.51	8.31	0.20
2009 年 3 月	8.38	8.34	0.04
2009 年 4 月	8.21	8.21	0.00
2009 年 5 月	8.10	8.04	0.06
2009 年 6 月	8.09	8.00	0.09
2009 年 7 月	8.01	7.96	0.05
2009 年 8 月	8.44	8.45	−0.01
2009 年 9 月	8.35	8.57	−0.22
2009 年 10 月	7.99	8.25	−0.26
2009 年 11 月	7.60	7.80	−0.20
2009 年 12 月	7.51	7.49	0.02
2010 年 1 月	7.46	7.41	0.05
2010 年 2 月	7.46	7.40	0.06
2010 年 3 月	7.44	7.45	−0.01
2010 年 4 月	7.43	7.31	0.12
2010 年 5 月	7.48	7.39	0.09
2010 年 6 月	7.60	7.90	−0.30
2010 年 7 月	7.62	7.61	0.01
2010 年 8 月	8.26	8.07	0.19
2010 年 9 月	7.96	8.63	−0.67
2010 年 10 月	8.91	8.46	0.45
2010 年 11 月	8.58	8.75	−0.17
2010 年 12 月	8.46	8.21	0.25
2011 年 1 月	8.00	7.98	0.02
2011 年 2 月	7.59	7.73	−0.14
2011 年 3 月	7.43	7.46	−0.03
2011 年 4 月	7.39	7.34	0.05
2011 年 5 月	7.30	7.24	0.06
2011 年 6 月	7.16	7.27	−0.11
2011 年 7 月	7.11	7.16	−0.05
2011 年 8 月	7.76	7.62	0.14
2011 年 9 月	8.49	8.21	0.28
2011 年 10 月	8.71	8.66	0.05
2011 年 11 月	8.56	8.68	−0.12
残差平方和 ΔH			1.261

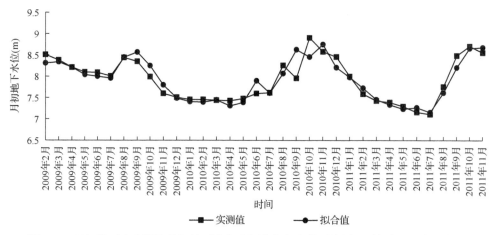

图 21-3 风河地下水水源地月初地下水位实测值与拟合值对比图(计算时段长为一个月)

表 21-30 风河地下水水源地月初地下水位实测值与拟合值对照(计算时段长为两个月)(单位：m)

时间	月初地下水位实测值	月初地下水位拟合值	差值
2009 年 1 月	8.68	—	—
2009 年 2 月	8.51	—	—
2009 年 3 月	8.38	8.18	0.20
2009 年 4 月	8.21	8.20	0.01
2009 年 5 月	8.10	8.06	0.04
2009 年 6 月	8.09	7.95	0.14
2009 年 7 月	8.01	7.87	0.14
2009 年 8 月	8.44	8.44	0.00
2009 年 9 月	8.35	8.42	−0.07
2009 年 10 月	7.99	8.51	−0.52
2009 年 11 月	7.60	8.02	−0.42
2009 年 12 月	7.51	7.68	−0.17
2010 年 1 月	7.46	7.40	0.06
2010 年 2 月	7.46	7.37	0.09
2010 年 3 月	7.44	7.40	0.04
2010 年 4 月	7.43	7.33	0.10
2010 年 5 月	7.48	7.28	0.20
2010 年 6 月	7.60	7.76	−0.16
2010 年 7 月	7.62	7.75	−0.13
2010 年 8 月	8.26	7.98	0.28
2010 年 9 月	7.96	8.33	−0.37
2010 年 10 月	8.91	9.11	−0.20

续表

时间	月初地下水位实测值	月初地下水位拟合值	差值
2010 年 11 月	8.58	8.23	0.35
2010 年 12 月	8.46	8.39	0.07
2011 年 1 月	8.00	7.73	0.27
2011 年 2 月	7.59	7.76	−0.17
2011 年 3 月	7.43	7.63	−0.20
2011 年 4 月	7.39	7.38	0.01
2011 年 5 月	7.30	7.20	0.10
2011 年 6 月	7.16	7.22	−0.06
2011 年 7 月	7.11	7.27	−0.16
2011 年 8 月	7.76	7.67	0.09
2011 年 9 月	8.49	8.16	0.33
2011 年 10 月	8.71	8.51	0.20
2011 年 11 月	8.56	8.65	−0.09
残差平方和 ΔH			1.396

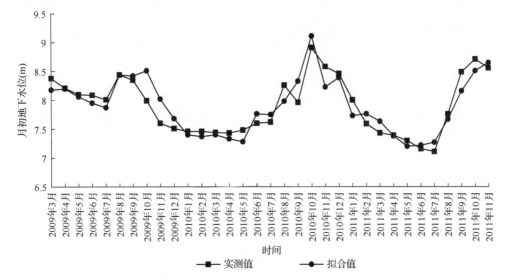

图 21-4　风河地下水水源地月初地下水位实测值与拟合值对比图（计算时段长为两个月）

表 21-31　风河地下水水源地月初地下水位实测值与拟合值对照（计算时段长为三个月）（单位：m）

时间	月初地下水位实测值	月初地下水位拟合值	差值
2009 年 1 月	8.68	—	—
2009 年 2 月	8.51	—	—
2009 年 3 月	8.38	—	—

续表

时间	月初地下水位实测值	月初地下水位拟合值	差值
2009 年 4 月	8.21	8.02	0.19
2009 年 5 月	8.10	8.02	0.08
2009 年 6 月	8.09	7.95	0.14
2009 年 7 月	8.01	7.81	0.20
2009 年 8 月	8.44	8.42	0.02
2009 年 9 月	8.35	8.50	−0.15
2009 年 10 月	7.99	8.33	−0.34
2009 年 11 月	7.60	8.12	−0.52
2009 年 12 月	7.51	7.97	−0.46
2010 年 1 月	7.46	7.61	−0.15
2010 年 2 月	7.46	7.33	0.13
2010 年 3 月	7.44	7.33	0.11
2010 年 4 月	7.43	7.25	0.18
2010 年 5 月	7.48	7.26	0.22
2010 年 6 月	7.60	7.71	−0.11
2010 年 7 月	7.62	7.73	−0.11
2010 年 8 月	8.26	8.09	0.17
2010 年 9 月	7.96	8.47	−0.51
2010 年 10 月	8.91	8.84	0.07
2010 年 11 月	8.58	8.86	−0.28
2010 年 12 月	8.46	7.71	0.75
2011 年 1 月	8.00	7.99	0.01
2011 年 2 月	7.59	7.58	0.01
2011 年 3 月	7.43	7.65	−0.22
2011 年 4 月	7.39	7.53	−0.14
2011 年 5 月	7.30	7.22	0.08
2011 年 6 月	7.16	7.15	0.01
2011 年 7 月	7.11	7.20	−0.09
2011 年 8 月	7.76	7.83	−0.07
2011 年 9 月	8.49	8.42	0.07
2011 年 10 月	8.71	8.29	0.42
2011 年 11 月	8.56	8.29	0.27
残差平方和 ΔH			2.150

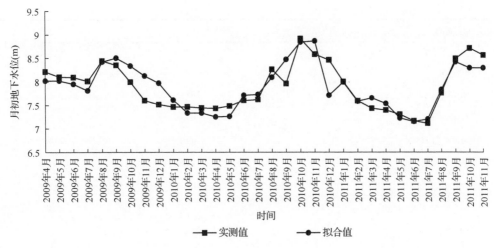

图 21-5　风河地下水水源地月初地下水位实测值与拟合值对比图(计算时段长为三个月)

2)拟合方程不考虑常数项

当计算时段长为一个月时,由式(21-10)可得月初地下水位实测值与拟合值,见表21-32及图21-6。当计算时段长为两个月时,由式(21-11)可得月初地下水位实测值与拟合值,见表21-33及图21-7。当计算时段长为三个月时,由式(21-12)可得月初地下水位实测值与拟合值,见表21-34及图21-8。

表 21-32　风河地下水水源地月初地下水位实测值与拟合值对照(计算时段长为一个月)(单位:m)

时间	月初地下水位实测值	月初地下水位拟合值	差值
2009 年 1 月	8.68	—	—
2009 年 2 月	8.51	8.42	0.09
2009 年 3 月	8.38	8.32	0.06
2009 年 4 月	8.21	8.19	0.02
2009 年 5 月	8.10	8.03	0.07
2009 年 6 月	8.09	8.04	0.05
2009 年 7 月	8.01	7.94	0.07
2009 年 8 月	8.44	8.44	0.00
2009 年 9 月	8.35	8.60	−0.25
2009 年 10 月	7.99	8.21	−0.22
2009 年 11 月	7.60	7.80	−0.20
2009 年 12 月	7.51	7.43	0.08
2010 年 1 月	7.46	7.34	0.12
2010 年 2 月	7.46	7.30	0.16
2010 年 3 月	7.44	7.39	0.05

续表

时间	月初地下水位实测值	月初地下水位拟合值	差值
2010 年 4 月	7.43	7.26	0.17
2010 年 5 月	7.48	7.30	0.18
2010 年 6 月	7.60	7.90	−0.30
2010 年 7 月	7.62	7.63	−0.01
2010 年 8 月	8.26	8.07	0.19
2010 年 9 月	7.96	8.68	−0.72
2010 年 10 月	8.91	8.44	0.47
2010 年 11 月	8.58	8.76	−0.18
2010 年 12 月	8.46	8.33	0.13
2011 年 1 月	8.00	8.16	−0.16
2011 年 2 月	7.59	7.77	−0.18
2011 年 3 月	7.43	7.41	0.02
2011 年 4 月	7.39	7.26	0.13
2011 年 5 月	7.30	7.20	0.10
2011 年 6 月	7.16	7.26	−0.10
2011 年 7 月	7.11	7.12	−0.01
2011 年 8 月	7.76	7.57	0.19
2011 年 9 月	8.49	8.21	0.28
2011 年 10 月	8.71	8.67	0.04
2011 年 11 月	8.56	8.60	−0.04
残差平方和 ΔH			1.4110

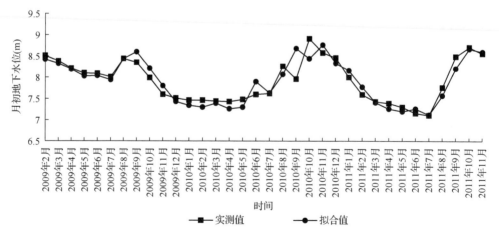

图 21-6 风河地下水水源地月初地下水位实测值与拟合值对比图(计算时段长为一个月)

表 21-33　风河地下水水源地月初地下水位实测值与拟合值对照(计算时段长为两个月)(单位：m)

时间	月初地下水位实测值	月初地下水位拟合值	差值
2009 年 1 月	8.68	—	—
2009 年 2 月	8.51	—	—
2009 年 3 月	8.38	8.17	0.21
2009 年 4 月	8.21	8.18	0.03
2009 年 5 月	8.10	8.13	−0.03
2009 年 6 月	8.09	8.07	0.02
2009 年 7 月	8.01	7.99	0.02
2009 年 8 月	8.44	8.45	−0.01
2009 年 9 月	8.35	8.47	−0.12
2009 年 10 月	7.99	8.57	−0.58
2009 年 11 月	7.60	8.11	−0.51
2009 年 12 月	7.51	7.69	−0.18
2010 年 1 月	7.46	7.34	0.12
2010 年 2 月	7.46	7.22	0.24
2010 年 3 月	7.44	7.28	0.16
2010 年 4 月	7.43	7.28	0.15
2010 年 5 月	7.48	7.28	0.20
2010 年 6 月	7.60	7.70	−0.10
2010 年 7 月	7.62	7.81	−0.19
2010 年 8 月	8.26	8.00	0.26
2010 年 9 月	7.96	8.36	−0.40
2010 年 10 月	8.91	9.10	−0.19
2010 年 11 月	8.58	8.17	0.41
2010 年 12 月	8.46	8.45	0.01
2011 年 1 月	8.00	7.86	0.14
2011 年 2 月	7.59	7.81	−0.22
2011 年 3 月	7.43	7.60	−0.17
2011 年 4 月	7.39	7.26	0.13
2011 年 5 月	7.30	7.07	0.23
2011 年 6 月	7.16	7.16	0.00
2011 年 7 月	7.11	7.27	−0.16
2011 年 8 月	7.76	7.61	0.15
2011 年 9 月	8.49	8.07	0.42
2011 年 10 月	8.71	8.49	0.22
2011 年 11 月	8.56	8.60	−0.04
残差平方和 ΔH			1.7692

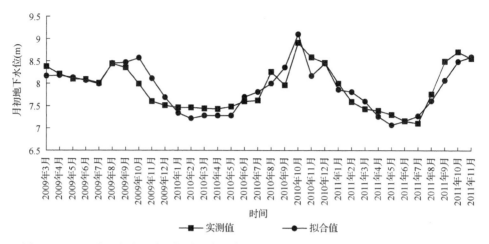

图 21-7　风河地下水水源地月初地下水位实测值与拟合值对比图(计算时段长为两个月)

表 21-34　风河地下水水源地月初地下水位实测值与拟合值对照(计算时段长为三个月)(单位：m)

时间	月初地下水位实测值	月初地下水位拟合值	差值
2009 年 1 月	8.68	—	—
2009 年 2 月	8.51	—	—
2009 年 3 月	8.38	—	—
2009 年 4 月	8.21	8.07	0.14
2009 年 5 月	8.10	8.10	0.00
2009 年 6 月	8.09	8.13	−0.04
2009 年 7 月	8.01	8.00	0.01
2009 年 8 月	8.44	8.49	−0.05
2009 年 9 月	8.35	8.57	−0.22
2009 年 10 月	7.99	8.44	−0.45
2009 年 11 月	7.60	8.22	−0.62
2009 年 12 月	7.51	7.95	−0.44
2010 年 1 月	7.46	7.57	−0.11
2010 年 2 月	7.46	7.18	0.28
2010 年 3 月	7.44	7.20	0.24
2010 年 4 月	7.43	7.14	0.29
2010 年 5 月	7.48	7.27	0.21
2010 年 6 月	7.60	7.65	−0.05
2010 年 7 月	7.62	7.78	−0.16
2010 年 8 月	8.26	8.15	0.11
2010 年 9 月	7.96	8.47	−0.51
2010 年 10 月	8.91	8.77	0.14
2010 年 11 月	8.58	8.82	−0.24
2010 年 12 月	8.46	7.66	0.80
2011 年 1 月	8.00	7.98	0.02
2011 年 2 月	7.59	7.64	−0.05

续表

时间	月初地下水位实测值	月初地下水位拟合值	差值
2011 年 3 月	7.43	7.73	−0.30
2011 年 4 月	7.39	7.42	−0.03
2011 年 5 月	7.30	7.09	0.21
2011 年 6 月	7.16	7.04	0.12
2011 年 7 月	7.11	7.21	−0.10
2011 年 8 月	7.76	7.80	−0.04
2011 年 9 月	8.49	8.28	0.21
2011 年 10 月	8.71	8.25	0.46
2011 年 11 月	8.56	8.25	0.31
残差平方和 ΔH			2.6642

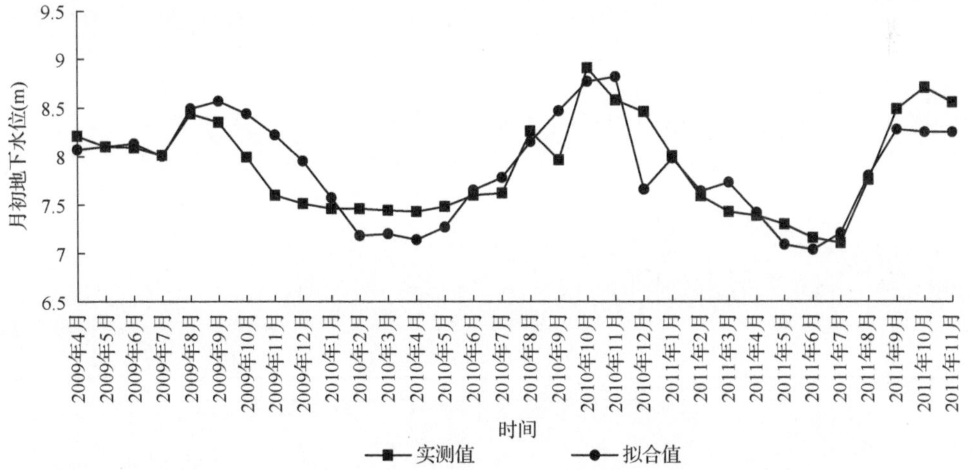

图 21-8　风河地下水水源地月初地下水位实测值与拟合值对比图(计算时段长为三个月)

21.2　王台地下水水源地水位预测模型

21.2.1　资料的选择与处理

1. 降水资料分析

选择降水资料包括两个方面,其一是用于分析实测序列中年降水频率的王台站降水量长序列资料,其二是用于分析地下水水源地补给量、开采量与地下水位相关关系的 2009~2012 年四年月降水量序列资料。

王台地下水水源地区域内只有王台站 1 个可用雨量站。王台站有 1963~2012 年年逐日降水量序列。经资料三性审查,代表性较好,选取王台雨量站这 50 年降水量长系列资料,见表 21-35,选用皮尔逊Ⅲ型曲线,运用水文频率分析软件对系列进行年降水量频率分析,年均值 $E_X = 731.61$ mm,变差系数 $C_V = 0.29$,$C_S / C_V = 2.5$。王台站年降水量频率曲线拟合结果如图 21-9 所示。

表 21-35　王台雨量站月、年降水量序列　　　　　（单位：mm）

年份	1月	2月	3月	4月	5月	6月	7月	8月	9月	10月	11月	12月	全年
1963	0	0	30.8	62.2	85.6	15	285.4	136.4	13	4	28.1	11	671.5
1964	36.2	22.5	12.7	81.9	68.6	125.3	417.8	204.5	136.2	86.7	17.4	4.3	1214.1
1965	4	10.9	10.5	40	5.8	57.1	176.8	368.9	7.2	18.9	14.7	2.3	717.1
1966	0.1	16.3	40.4	15.3	27.1	39.6	188.9	116.6	20.9	50.9	6.2	10	532.3
1967	16.9	49.2	15.6	20.3	18.6	140.1	119.6	111.5	73.5	65.8	25.3	0	656.4
1968	1.9	1.4	23	18.9	31.2	53.5	119.2	59.5	24.9	39	14.8	11.3	398.6
1969	18.6	9.8	7.3	29.7	50.4	52.3	100.8	91.6	168.9	33.1	0.9	1	564.4
1970	2.6	22.4	0.7	30.6	72.9	88.3	391	101.3	315.7	99.7	21.4	5	1151.6
1971	14.9	14.7	32	36.7	22.7	247.8	199.6	460.5	92.1	19	0	8.5	1148.5
1972	39.3	3.2	28.8	28.7	79.9	20.3	123.2	274.7	47.4	39.1	20.8	4.9	710.3
1973	6.3	20.1	6.2	80.1	39.9	41.3	173	202.1	50.1	69.1	0	1.5	689.7
1974	8.7	8.6	28.9	92.2	71	64.2	144.8	274.3	37.1	21.1	14	38	802.9
1975	0	20.7	6	73.5	6.6	70.3	353.8	304.4	85.8	69.4	107.2	13	1110.7
1976	0	23.7	5.7	25.7	34	193.1	177.2	139.6	75.1	38.3	3.6	0	716
1977	0.2	0	10.9	92.2	59.1	31.9	117.2	31.9	22.9	33.4	24.8	27	451.5
1978	0	14.6	15	0	19.5	70.7	119.6	257.9	75.3	24.6	5.7	8.3	611.2
...	...	...	...	...	...	...	...	...	...	...	...	...	...
2007	4	15	50.5	35	60.5	121.5	157	357.5	229	15.2	0	18.5	1063.7
2008	12.3	6.3	14.9	51.3	67.1	42.2	252.3	376.7	47.4	51.2	14.5	5.4	941.6
2009	2.5	9.1	31	28	62.6	81.8	196	64.3	17.4	35.6	26.5	17	571.8
2010	3.9	37.5	16.1	26.9	102.5	43.5	123	357	138	3.9	0	0.7	853
2011	0.7	33.8	0	8	58.5	53.5	294	193.5	74	15.5	39.3	24.5	795.3
2012	1.7	2.5	24.8	40.7	2.8	24.5	151.7	173.9	128.2	8.1	50	34.2	643.1

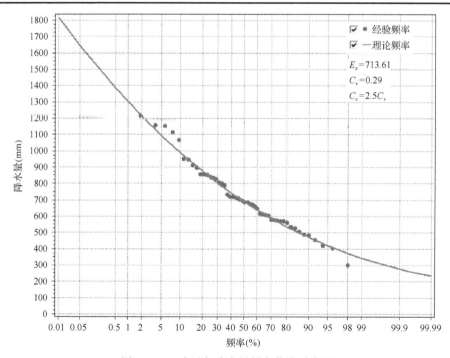

图 21-9　王台站年降水量频率曲线适线图

由适线结果可得到不同频率的年降水量，见表 21-36。

表 21-36 王台站不同频率对应的降水量 （单位：mm）

频率	多年均值	5%	25%	50%	75%	95%
年降水量	713.61	1091.05	836.37	688.81	563.9	420.82

由于地下水位监测资料目前只有 2009～2012 年四年的资料，因此，在下面分析地下水水源地补给量、开采量与地下水位相关关系时，也只选择了 2009～2012 年四年的年、月降水量序列资料。同时，由上述适线结果可查出这 4 年的年降水量对应的频率。2009～2012 年的月降水量序列及年降水量对应频率见表 21-37。由表 21-37 可见，选取的降水量资料代表性较好，包含丰、平、枯水三种年份。

表 21-37 王台站 2009～2012 年的月降水量序列及年降水量对应频率

年份	1 月 (mm)	2 月 (mm)	3 月 (mm)	4 月 (mm)	5 月 (mm)	6 月 (mm)	7 月 (mm)	8 月 (mm)	9 月 (mm)	10 月 (mm)	11 月 (mm)	12 月 (mm)	全年 (mm)	频率 (%)
2009	2.5	9.1	31	28	62.6	81.8	196	64.3	17.4	35.6	26.5	17	571.8	74
2010	3.9	37.5	16.1	26.9	102.5	43.5	123	357	138	3.9	0	0.7	853	23
2011	0.7	33.8	0	8	58.5	53.5	294	193.5	74	15.5	39.3	24.5	795.3	31
2012	1.7	2.5	24.8	40.7	2.8	24.5	151.7	173.9	128.2	8.1	50	34.2	643.1	59

2. 地下水位资料分析

王台地下水水源地区域内有逄猛王村、逄猛孙村、石梁唐村和马连村四个地下水位监测站。分析各监测井的具体位置和原始水位数据的可靠性及代表性，选取较理想的监测井资料。逄猛孙村站的测井地面高程适中，地下水位数据连续性较好，有较好的代表性，本次选取逄猛孙村站 2009 年 1 月～2012 年 12 月初（1 日 8 时）的地下水位资料进行分析，见表 21-38。逄猛孙村站地下水位逐月变化过程如图 21-10 所示。

表 21-38 2009～2012 年逄猛孙村站月初地下水位 （单位：m）

年份	1 月	2 月	3 月	4 月	5 月	6 月	7 月	8 月	9 月	10 月	11 月	12 月
2009	7.04	7.02	7.02	6.97	7.1	7	6.51	8.61	7.23	6.97	7.12	6.66
2010	6.96	6.97	7.03	7	6.35	6.67	5.75	7.36	9.17	8.58	7.61	7.3
2011	5.51	5.34	5.34	5.03	5.13	5.35	5.67	6.49	7.68	7.11	5.82	6.2
2012	6.19	6.16	6.05	5.91	5.93	5.24	5.41	6.53	7.23	6.53	5.37	5.55

从王台地下水水源地地下水位变化情况看，1～5 月受降雨偏少和开采量较大等因素影响，地下水位下降较为明显；6～9 月几次较大降雨和径流过程对地下水起到了明显的补给作用，地下水位显著上升；10～12 月降水量减少，地下水位呈下降趋势。

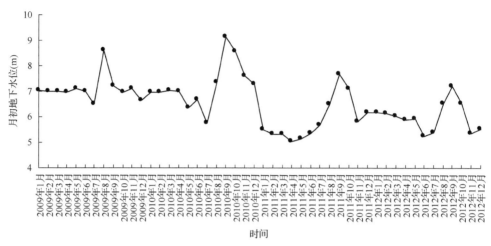

图 21-10　逢猛孙村站地下水位变化图

3. 取水量资料分析

地下水取水量采用实测法和调查法两种方法分析获得,按水源监测工程和未监测工程分别统计。水源监测工程取水量直接采用实测资料统计,未监测工程取水量采用分项调查法统计。

地下水取水量按供水水源进行调查统计,分别是集中供水水源地、企业单位自备井和农村分散水源(农林灌溉、生活用水、畜牧用水)。

1) 实测地下水开采量

王台地下水水源地实测地下水取水量部分包括乡镇集中供水工程地取水量、黄岛发电厂外调水量和企业自备井取水量,取水量数据分别见表21-39~表21-41。乡镇集中供水工程地取水位置为驻地自来水公司,黄岛发电厂外调水取水位置为石梁杨,区域内主要的企业自备井约有6处,山东青岛烟草有限公司、青岛东佳纺机集团有限公司、青岛宝林针织有限公司、青岛新技术旅游用品有限公司、胶南市第三中学和青岛市际源海藻有限责任公司。王台地下水水源地总实测月取水量资料见表21-42。

表 21-39　王台地下水水源地乡镇集中供水工程地取水量　　（单位：万 m³）

年份	1 月	2 月	3 月	4 月	5 月	6 月	7 月	8 月	9 月	10 月	11 月	12 月
2009	4.8	4.8	4.8	4.8	4.8	4.8	4.8	4.8	4.8	4.8	4.8	4.8
2010	5.1	5.1	5.1	5.1	5.1	5.1	5.1	5.1	5.1	5.1	5.1	5.1
2011	10.51	9.72	10.62	10.43	10.52	6.64	6.86	6.87	6.63	8.7	8.7	8.7
2012	8.8	8.5	8.8	7.7	7.7	7.7	8.43	8.34	8.23	8.43	8.43	8.43

表 21-40　王台地下水水源地黄岛发电厂外调水取水量　　（单位：万 m³）

年份	1 月	2 月	3 月	4 月	5 月	6 月	7 月	8 月	9 月	10 月	11 月	12 月
2009	13.92	13.92	13.92	13.92	13.92	13.92	13.92	13.92	13.92	13.92	13.92	13.92
2010	10.67	10.67	10.67	10.67	10.67	10.67	10.67	10.67	10.67	10.67	10.67	10.67
2011	12.09	10.92	12.09	11.7	12.09	11.7	12.09	12.09	11.7	12.09	11.7	12.09
2012	0	0	0	0	0	0	0	0	0	15.1	15.1	15.03

表 21-41　王台地下水水源地企业自备井取水量　　　　　　　（单位：万 m³）

年份	1 月	2 月	3 月	4 月	5 月	6 月	7 月	8 月	9 月	10 月	11 月	12 月
2009	1.21	1.1	1.21	1.17	1.21	1.16	1.2	1.2	1.16	1.2	1.16	1.2
2010	1.02	0.92	1.02	0.99	1.02	0.98	1.01	1.01	0.98	1.01	0.98	1.01
2011	1.33	1.21	1.33	1.29	1.33	1.28	1.32	1.32	1.28	1.32	1.28	1.32
2012	1.33	1.3	1.24	1.02	1.2	1	1.35	1.29	1.21	1.32	1.28	1.32

表 21-42　王台地下水水源地实测地下水取水量　　　　　　（单位：万 m³）

年份	1 月	2 月	3 月	4 月	5 月	6 月	7 月	8 月	9 月	10 月	11 月	12 月
2009	19.93	19.82	19.93	19.89	19.93	19.88	19.92	19.92	19.88	19.92	19.88	19.92
2010	16.79	16.69	16.79	16.76	16.79	16.75	16.78	16.78	16.75	16.78	16.75	16.78
2011	23.93	21.85	24.04	23.42	23.94	19.62	20.27	20.28	19.61	22.11	21.68	22.11
2012	10.13	9.8	10.04	8.72	8.9	8.7	9.78	9.63	9.44	24.85	24.81	24.78

2）未监测地下水开采量

未监测地下水开采量主要包括农业灌溉用水量、林业灌溉用水量、农村居民生活用水量及畜牧养殖用水量。农业灌溉地下水开采量根据作物种植结构、灌溉面积、综合灌溉定额推算农业灌溉地下水开采量。林业灌溉地下水开采量根据苗木灌溉面积、综合灌溉定额推算林业灌溉地下水开采量。未监测农村居民生活地下水用水量，根据未监测区农村人口数和综合用水定额进行统计。畜牧养殖用水量根据养殖禽畜种类、数量、综合用水定额推算畜牧养殖地下水用水量。未监测地下水取水量为农业灌溉用水量、林业灌溉用水量、农村居民生活用水量和畜牧养殖用水量四部分取用水量之和。2009～2012 年王台地下水水源地未监测地下水开采量统计结果见表 21-43。

表 21-43　王台地下水水源地未监测地下水取水量　　　　（单位：万 m³）

年份	1 月	2 月	3 月	4 月	5 月	6 月	7 月	8 月	9 月	10 月	11 月	12 月
2009	5.54	5.44	5.54	23.22	9.97	6.21	6.25	6.25	6.21	9.54	17.93	17.96
2010	10.45	10.34	10.45	47.79	19.79	9.49	9.53	9.53	9.49	6.31	11.49	11.52
2011	10.88	10.77	10.88	49.95	20.66	9.73	9.76	9.76	9.73	6.47	11.80	11.83
2012	5.20	5.13	5.20	21.52	9.29	5.89	5.93	5.93	5.89	8.86	16.56	16.60

王台地下水水源地地下水总取水量为实测地下水取水量和未监测地下水取水量两部分之和，结果见表 21-44。

表 21-44　王台地下水水源地总取水量　　　　　　　　　　（单位：万 m³）

年份	1 月	2 月	3 月	4 月	5 月	6 月	7 月	8 月	9 月	10 月	11 月	12 月
2009	25.47	25.26	25.47	43.11	29.90	26.09	26.17	26.17	26.09	29.46	37.81	37.88
2010	27.24	27.03	27.24	64.55	36.58	26.24	26.31	26.31	26.24	23.09	28.24	28.30
2011	34.81	32.62	34.92	73.37	44.60	29.35	30.03	30.04	29.34	28.58	33.48	33.94
2012	15.33	14.93	15.24	30.24	18.19	14.59	15.71	15.56	15.33	33.71	41.37	41.38

　　由于王台地下水水源地未监测水量数据主要由调查统计法获得，其误差较大，且月农业取水量部分数据不够翔实，严谨起见，只采用实测取水量进行研究。用于分析王台地下水水源地降水量、取水量和地下水位三者间关系的地下水取水量、王台站降水量、逢猛孙村地下水位(变幅)等有关资料见表 21-45。

表 21-45　王台地下水水源地降水、取水与地下水位(变幅)序列

时间	当月取水量(万 m³)	两个月累计取水量(万 m³)	三个月累计取水量(万 m³)	当月降水量(mm)	前一个月降水量(mm)	前两个月降水量(mm)	当月和后一个月降水量(mm)	当月和后两个月降水量(mm)	月初地下水位(m)	一个月地下水位变幅(m)	两个月地下水位变幅(m)	三个月地下水位变幅(m)
2008 年 11 月	—	—	—	14.5	—	—	19.9	22.4	—	—	—	—
2008 年 12 月	—	—	—	5.4	14.5	—	7.9	17	—	—	—	—
2009 年 1 月	19.93	39.75	59.68	2.5	5.4	19.9	11.6	42.6	7.04	−0.02	−0.02	−0.07
2009 年 2 月	19.82	39.75	59.64	9.1	2.5	7.9	40.1	68.1	7.02	0	−0.05	0.08
2009 年 3 月	19.93	39.82	59.75	31	9.1	11.6	59	121.6	7.02	−0.05	0.08	−0.02
2009 年 4 月	19.89	39.82	59.70	28	31	40.1	90.6	172.4	6.97	0.13	0.03	−0.46
2009 年 5 月	19.93	39.81	59.73	62.6	28	59	144.4	340.4	7.1	−0.1	−0.59	1.51
2009 年 6 月	19.88	39.80	59.72	81.8	62.6	90.6	277.8	342.1	7	−0.49	1.61	0.23
2009 年 7 月	19.92	39.84	59.72	196	81.8	144.4	260.3	277.7	6.51	2.1	0.72	0.46
2009 年 8 月	19.92	39.80	59.72	64.3	196	277.8	81.7	117.3	8.61	−1.38	−1.64	−1.49
2009 年 9 月	19.88	39.80	59.68	17.4	64.3	260.3	53	79.5	7.23	−0.26	−0.11	−0.57
2009 年 10 月	19.92	39.80	59.72	35.6	17.4	81.7	62.1	79.1	6.97	0.15	−0.31	−0.01
2009 年 11 月	19.88	39.80	56.59	26.5	35.6	53	43.5	47.4	7.12	−0.46	−0.16	−0.15
2009 年 12 月	19.92	36.71	53.40	17	26.5	62.1	20.9	58.4	6.66	0.3	0.31	0.37
2010 年 1 月	16.79	33.48	50.27	3.9	17	43.5	41.4	57.5	6.96	0.01	0.07	0.04
2010 年 2 月	16.69	33.48	50.24	37.5	3.9	20.9	53.6	80.5	6.97	0.06	0.03	−0.62
2010 年 3 月	16.79	33.55	50.34	16.1	37.5	41.4	43	145.5	7.03	−0.03	−0.68	−0.36
2010 年 4 月	16.76	33.55	50.30	26.9	16.1	53.6	129.4	172.9	7	−0.65	−0.33	−1.25

续表

时间	当月取水量 (万 m³)	两个月累计取水量 (万 m³)	三个月累计取水量 (万 m³)	当月降水量 (mm)	前一个月降水量 (mm)	前两个月降水量 (mm)	当月和后一个月降水量 (mm)	当月和后两个月降水量 (mm)	月初地下水位 (m)	一个月地下水位变幅 (m)	两个月地下水位变幅 (m)	三个月地下水位变幅 (m)
2010 年 5 月	16.79	33.54	50.32	102.5	26.9	43	146	269	6.35	0.32	-0.6	1.01
2010 年 6 月	16.75	33.53	50.31	43.5	102.5	129.4	166.5	523.5	6.67	-0.92	0.69	2.5
2010 年 7 月	16.78	33.56	50.31	123	43.5	146	480	618	5.75	1.61	3.42	2.83
2010 年 8 月	16.78	33.53	50.31	357	123	166.5	495	498.9	7.36	1.81	1.22	0.25
2010 年 9 月	16.75	33.53	50.28	138	357	480	141.9	141.9	9.17	-0.59	-1.56	-1.87
2010 年 10 月	16.78	33.53	50.31	3.9	138	495	3.9	4.6	8.58	-0.97	-1.28	-3.07
2010 年 11 月	16.75	33.53	57.46	0	3.9	141.9	0.7	1.4	7.61	-0.31	-2.1	-2.27
2010 年 12 月	16.78	40.71	62.56	0.7	0	3.9	1.4	35.2	7.3	-1.79	-1.96	-1.96
2011 年 1 月	23.93	45.78	69.82	0.7	0.7	0.7	34.5	34.5	5.51	-0.17	-0.17	-0.48
2011 年 2 月	21.85	45.89	69.31	33.8	0.7	1.4	33.8	41.8	5.34	0	-0.31	-0.21
2011 年 3 月	24.04	47.46	71.4	0	33.8	34.5	8	66.5	5.34	-0.31	-0.21	0.01
2011 年 4 月	23.42	47.36	66.98	8	0	33.8	66.5	120	5.03	0.1	0.32	0.64
2011 年 5 月	23.94	43.56	63.83	58.5	8	8	112	406	5.13	0.22	0.54	1.36
2011 年 6 月	19.62	39.89	60.17	53.5	58.5	66.5	347.5	541	5.35	0.32	1.14	2.33
2011 年 7 月	20.27	40.55	60.16	294	53.5	112	487.5	561.5	5.67	0.82	2.01	1.44
2011 年 8 月	20.28	39.89	62	193.5	294	347.5	267.5	283	6.49	1.19	0.62	-0.67
2011 年 9 月	19.61	41.72	63.4	74	193.5	487.5	89.5	128.8	7.68	-0.57	-1.86	-1.48
2011 年 10 月	22.11	43.79	65.9	15.5	74	267.5	54.8	79.3	7.11	-1.29	-0.91	-0.92
2011 年 11 月	21.68	43.79	53.92	39.3	15.5	89.5	63.8	65.5	5.82	0.38	0.37	0.34
2011 年 12 月	22.11	32.24	42.04	24.5	39.3	54.8	26.2	28.7	6.2	-0.01	-0.04	-0.15
2012 年 1 月	10.13	19.93	29.97	1.7	24.5	63.8	4.2	29	6.19	-0.03	-0.14	-0.28

时间	当月取水量（万 m³）	两个月累计取水量（万 m³）	三个月累计取水量（万 m³）	当月降水量（mm）	前一个月降水量（mm）	前两个月降水量（mm）	当月和后一个月降水量（mm）	当月和后两个月降水量（mm）	月初地下水位（m）	一个月地下水位变幅（m）	两个月地下水位变幅（m）	三个月地下水位变幅（m）
2012 年 2 月	9.8	19.84	28.56	2.5	1.7	26.2	27.3	68	6.16	-0.11	-0.25	-0.23
2012 年 3 月	10.04	18.76	27.66	24.8	2.5	4.2	65.5	68.3	6.05	-0.14	-0.12	-0.81
2012 年 4 月	8.72	17.62	26.32	40.7	24.8	27.3	43.5	68	5.91	0.02	-0.67	-0.5
2012 年 5 月	8.9	17.6	27.38	2.8	40.7	65.5	27.3	179	5.93	-0.69	-0.52	0.6
2012 年 6 月	8.7	18.48	28.11	24.5	2.8	43.5	176.1	350	5.24	0.17	1.29	1.99
2012 年 7 月	9.78	19.41	28.85	151.7	24.5	27.3	325.5	453.7	5.41	1.12	1.82	1.12
2012 年 8 月	9.63	19.07	43.92	173.9	151.7	176.2	302.1	310.2	6.53	0.7	0	-1.16
2012 年 9 月	9.44	34.29	59.1	128.2	173.9	325.6	136.3	186.2	7.23	-0.7	-1.86	-1.68
2012 年 10 月	24.85	49.66	74.44	8.1	128.2	302.1	58	92.3	6.53	-1.16	-0.98	—
2012 年 11 月	24.81	49.59		50	8.1	136.3	84.2	—	5.37	0.18	—	—
2012 年 12 月	24.78	—	—	34.2	50	19.9	—	—	5.55	—	—	—

注：1.表中降水量为王台雨量站资料，取水量为实测资料，地下水位为逄猛孙村站资料；

2.表中月初地下水位为监测井当月1日8时的实测值，地下水位变幅为当月初地下水位减去前几个月的月初地下水位。

21.2.2　王台地下水水源地多元线性回归拟合

分析王台地下水水源地补给量、开采量与地下水位的相关关系。

拟合方程不考虑常数项，对于王台地下水水源地，选取的不同自变量和因变量组合式中变量的含义见表 21-46。表 21-46 中所有变量的取值见表 21-45，由拟合结果可见回归模型的显著性不是很好，ΔH 残差平方和较大。对地下水位变幅进行拟合时，本次选用一个月、两个月和三个月三个时段长的水位变幅。由表 21-46 可见，当时段长为一个月时，模型 2 拟合效果较好；当时段长为两个月时，模型 6 拟合效果较好；当时段长为三个月时，模型 9 拟合效果较好。但是，当拟合模型含有前期降水变量 P_a 时，$\beta_3 < 0$，表明前期时段降水量会导致地下水位下降，在物理成因上解释不通，模型不适用。因此，王台地下水水源地的回归拟合模型不考虑前期降水的影响，对于时段长为一个月、两个月和三个月的地下水位变幅拟合方程分别选择模型 1、模型 4 和模型 7，给出地下水位变幅拟合关系方程及变量等，见表 21-47。

表 21-46　王台地下水水源地多元回归拟合模型参数选取(无常数项)

模型	因变量 ΔH	自变量 W	自变量 P	自变量 P_a	ΔH 的残差平方和	F 显著性检验概率	拟合优度检验 R^2	回归拟合方程	备注
1	地下水位一个月变幅	当月取水量	当月降水量	无	14.7462	1.32×10^{-5}	0.39	$\Delta H=-1.7975\times10^{-2}W$ $+5.6682\times10^{-3}P$	一个月拟合
2	地下水位一个月变幅	当月取水量	当月降水量	前一个月降水量	9.7841	9.53×10^{-9}	0.60	$\Delta H=-1.0449\times10^{-2}W+7.9556$ $\times10^{-3}P-4.7103\times10^{-3}P_a$	一个月拟合
3	地下水位一个月变幅	当月取水量	当月降水量	前两个月降水量	9.8359	1.07×10^{-8}	0.60	$\Delta H=-6.0199\times10^{-3}W+6.9987$ $\times10^{-3}P-2.5362\times10^{-3}P_a$	一个月拟合
4	地下水位两个月变幅	两个月取水量	两个月降水量	无	28.3377	6.85×10^{-7}	0.48	$\Delta H=-1.9629\times10^{-2}W$ $+5.415\times10^{-3}P$	两个月拟合
5	地下水位两个月变幅	两个月取水量	两个月降水量	前一个月降水量	17.5326	1.58×10^{-10}	0.68	$\Delta H=-1.2486\times10^{-2}W+6.5117$ $\times10^{-3}P-6.4873\times10^{-3}P_a$	两个月拟合
6	地下水位两个月变幅	两个月取水量	两个月降水量	前两个月降水量	17.8126	2.2×10^{-10}	0.67	$\Delta H=-9.4158\times10^{-3}W+5.9397$ $\times10^{-3}P-3.641\times10^{-3}P_a$	两个月拟合
7	地下水位三个月变幅	三个月取水量	三个月降水量	无	35.7320	7.26×10^{-7}	0.48	$\Delta H=-1.7867\times10^{-2}W$ $+4.8233\times10^{-3}P$	三个月拟合
8	地下水位三个月变幅	三个月取水量	三个月降水量	前一个月降水量	21.2328	9.3×10^{-11}	0.69	$\Delta H=-1.1654\times10^{-2}W+5.4009$ $\times10^{-3}P-7.4312\times10^{-3}P_a$	三个月拟合
9	地下水位三个月变幅	三个月取水量	三个月降水量	前两个月降水量	19.8901	2.44×10^{-11}	0.71	$\Delta H=-8.5403\times10^{-3}W+4.9346$ $\times10^{-3}P-4.5418\times10^{-3}P_a$	三个月拟合

表 21-47　王台地下水水源地选用的回归方程及变量(无常数项)

回归方程	$\Delta H=-1.7975\times10^{-2}W$ $+5.6682\times10^{-3}P$	$\Delta H=-1.9629\times10^{-2}W$ $+5.415\times10^{-3}P$	$\Delta H=-1.7867\times10^{-2}W$ $+4.8233\times10^{-3}P$
因变量 ΔH	地下水位一个月变幅	地下水位两个月变幅	地下水位三个月变幅
自变量 W	当月取水量	两个月取水量	三个月取水量
自变量 P	当月降水量	两个月降水量	三个月降水量
ΔH 残差平方和	14.7462	28.3377	35.7320

21.2.3　王台地下水水源地考虑有效降水的回归拟合

下面先确定一个月有效降水量的上、下限阈值。选择表 21-46 中的模型 1 的变量，自变量 W 为当月取水量、P 为当月降水量，因变量 ΔH 为地下水位变幅(月末与月初水位的差值，下同)，下面对自变量 P 的上、下限阈值进行确定。先假定下限为 10mm，上限为 50mm，下限值一定，以 5mm 为间隔单位增大上限值，残差平方和最小的一组即该下限对应的最优上限阈值。然后以 5mm 为间隔单位增大下限阈值,同理可得该下限对应的最优上限阈值,比较后得到不同的上、下限阈值优化组合,见表 21-48。由表 21-48 可知,ΔH 残差平方和随下限阈值的增大而减小。有效降水的下限阈值有一定的范围,胶南市土壤包气带厚度不算特别大,很难产生 50mm 以上量级的降水损失,且下限阈值较小时,残差平方和 ΔH 都比较接近,有效降水的影响并不显著。两个月和三个月地下水位变幅拟合方程考虑有效降水之后,拟合精度也没有显著提高,因此对于王台地下水水源地地下水位变幅拟合方程的多元回归分析,不考虑有效降水的影响。

表 21-48　风河地下水水源地一个月有效降水上、下限阈值优化组合(无常数项)

下限阈值(mm)	上限阈值(mm)	ΔH 残差平方和
无	无	14.7462
10	255	14.7141
15	250	14.6519
20	245	14.6231
25	240	14.5923
30	240	14.5544
40	230	14.4147
45	225	14.2718
50	220	14.1766
60	210	13.8318
70	200	13.4731
80	200	13.2724
90	200	13.2083

21.2.4　基于水位变幅的王台地下水水源地地下水位预测模型

1. 王台地下水水源地地下水位预测模型

根据前面的分析计算结果,可得到有效降水量上、下限最优阈值,以残差平方和最小为目标,建立的地下水位变幅回归方程见表 21-49。与未考虑有效降水的情况相比,地下水位一个月变幅拟合方程的残差平方和明显偏小,拟合效果较好;地下水位两个月变幅和三个月变幅拟合方程不考虑有效降水。

表 21-49　王台地下水水源地选用的回归方程及变量

多元回归拟合方程及序号	$\Delta H = \beta_1 W + \beta_2 P_a$		
	①	②	③
因变量 ΔH	地下水位一个月变幅	地下水位两个月变幅	地下水位三个月变幅
自变量 W	当月取水量	三个月取水量	三个月取水量
自变量 P	当月降水量	两个月降水量	三个月降水量
β_1	-1.7975×10^{-2}	-1.9629×10^{-2}	-1.7867×10^{-2}
β_2	5.6682×10^{-3}	5.415×10^{-3}	4.8233×10^{-3}
残差平方和 ΔH	14.7462	28.3377	35.7320

对于地下水位一个月变幅回归方程①，不考虑前期降水和有效降水，降水变量取一个月降水 P。

对于地下水位两个月变幅回归方程②，不考虑前期降水和有效降水，降水变量取两个月总降水 P。

对于地下水位三个月变幅回归方程③，不考虑前期降水和有效降水，降水变量取三个月总降水 P。

最终选用的地下水位一个月变幅、两个月变幅和三个月变幅的回归拟合方程见式(21-13)～式(21-15)。

$$\Delta H = -1.7975\times10^{-2}W + 5.6682\times10^{-3}P \tag{21-13}$$

$$\Delta H = -1.9629\times10^{-2}W + 5.415\times10^{-3}P \tag{21-14}$$

$$\Delta H = -1.7867\times10^{-2}W + 4.8233\times10^{-3}P \tag{21-15}$$

由式(9-12)得可得一个月变幅、两个月变幅和三个月变幅拟合条件下对应的初始水位，即可得到王台地下水水源地基于水位变幅的地下水位预测模型，见式(21-16)～式(21-18)。

$$H_{j+1} = H_j -1.57313\times10^{-3}W + 5.9802\times10^{-3}P + 3.7511\times10^{-4}P_a \tag{21-16}$$

$$H_{j+1} = H_j -1.9296\times10^{-3}W + 3.2203\times10^{-3}P + 1.5427\times10^{-3}P_a \tag{21-17}$$

$$H_{j+1} = H_j -1.8963\times10^{-3}W + 3.27327\times10^{-3}P + 2.5282\times10^{-4}P_a \tag{21-18}$$

2. 王台地下水水源地地下水位拟合结果分析

当计算时段长为一个月时，由式(21-16)可得月初地下水位实测值与拟合值，见表21-50及图21-11。当计算时段长为两个月时，由式(21-17)可得月初地下水位实测值与拟合值，见表21-51及图21-12。当计算时段长为三个月时，由式(21-18)可得月初地下水位实测值与拟合值，见表21-52及图21-13。

表 21-50　王台地下水水源地月初地下水位实测值与拟合值对照(计算时段长为一个月)(单位：m)

时间	月初地下水位实测值	月初地下水位拟合值	差值
2009 年 1 月	7.04	—	—
2009 年 2 月	7.02	6.70	0.32
2009 年 3 月	7.02	6.72	0.30
2009 年 4 月	6.97	6.84	0.13
2009 年 5 月	7.10	6.77	0.33
2009 年 6 月	7.00	7.10	−0.10
2009 年 7 月	6.51	7.11	−0.60
2009 年 8 月	8.61	7.26	1.35
2009 年 9 月	7.23	8.62	−1.39

续表

时间	月初地下水位实测值	月初地下水位拟合值	差值
2009 年 10 月	6.97	6.97	0.00
2009 年 11 月	7.12	6.81	0.31
2009 年 12 月	6.66	6.91	−0.25
2010 年 1 月	6.96	6.40	0.56
2010 年 2 月	6.97	6.68	0.29
2010 年 3 月	7.03	6.88	0.15
2010 年 4 月	7.00	6.82	0.18
2010 年 5 月	6.35	6.85	−0.50
2010 年 6 月	6.67	6.63	0.04
2010 年 7 月	5.75	6.62	−0.87
2010 年 8 月	7.36	6.15	1.21
2010 年 9 月	9.17	9.08	0.09
2010 年 10 月	8.58	9.65	−1.07
2010 年 11 月	7.61	8.30	−0.69
2010 年 12 月	7.30	7.31	−0.01
2011 年 1 月	5.51	7.00	−1.49
2011 年 2 月	5.34	5.08	0.26
2011 年 3 月	5.34	5.14	0.20
2011 年 4 月	5.03	4.91	0.12
2011 年 5 月	5.13	4.65	0.48
2011 年 6 月	5.35	5.03	0.32
2011 年 7 月	5.67	5.30	0.37
2011 年 8 月	6.49	6.97	−0.48
2011 年 9 月	7.68	7.22	0.46
2011 年 10 月	7.11	7.75	−0.64
2011 年 11 月	5.82	6.80	−0.98
2011 年 12 月	6.20	5.65	0.55
2012 年 1 月	6.19	5.94	0.25
2012 年 2 月	6.16	6.02	0.14
2012 年 3 月	6.05	6.00	0.05
2012 年 4 月	5.91	6.01	−0.10
2012 年 5 月	5.93	5.98	−0.05
2012 年 6 月	5.24	5.79	−0.55
2012 年 7 月	5.41	5.22	0.19
2012 年 8 月	6.53	6.09	0.44
2012 年 9 月	7.23	7.34	−0.11
2012 年 10 月	6.53	7.79	−1.26
2012 年 11 月	5.37	6.13	−0.76
2012 年 12 月	5.55	5.21	0.34
残差平方和 ΔH			11.0043

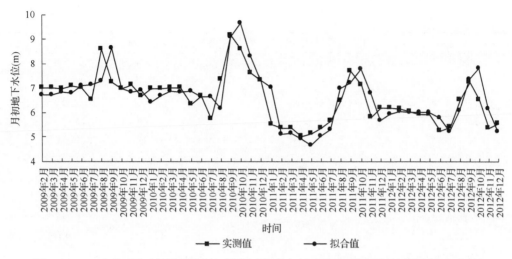

图 21-11　王台地下水水源地月初地下水位实测值与拟合值对比图（计算时段长为一个月）

表 21-51　王台地下水水源地月初地下水位实测值与拟合值对照（计算时段长为两个月）（单位：m）

时间	月初地下水位实测值	月初地下水位拟合值	差值
2009 年 1 月	7.04	—	—
2009 年 2 月	7.02	—	—
2009 年 3 月	7.02	6.32	0.70
2009 年 4 月	6.97	6.46	0.51
2009 年 5 月	7.10	6.56	0.54
2009 年 6 月	7.00	6.68	0.32
2009 年 7 月	6.51	7.10	−0.59
2009 年 8 月	8.61	7.72	0.89
2009 年 9 月	7.23	7.14	0.09
2009 年 10 月	6.97	8.27	−1.30
2009 年 11 月	7.12	6.74	0.38
2009 年 12 月	6.66	6.53	0.13
2010 年 1 月	6.96	6.57	0.39
2010 年 2 月	6.97	6.05	0.92
2010 年 3 月	7.03	6.53	0.50
2010 年 4 月	7.00	6.60	0.40
2010 年 5 月	6.35	6.60	−0.25
2010 年 6 月	6.67	7.04	−0.37
2010 年 7 月	5.75	6.48	−0.73
2010 年 8 月	7.36	6.91	0.45
2010 年 9 月	9.17	7.69	1.48
2010 年 10 月	8.58	9.38	−0.80
2010 年 11 月	7.61	9.28	−1.67
2010 年 12 月	7.30	7.94	−0.64

续表

时间	月初地下水位实测值	月初地下水位拟合值	差值
2011 年 1 月	5.51	6.96	−1.45
2011 年 2 月	5.34	6.51	−1.17
2011 年 3 月	5.34	4.80	0.54
2011 年 4 月	5.03	4.62	0.41
2011 年 5 月	5.13	4.45	0.68
2011 年 6 月	5.35	4.46	0.89
2011 年 7 月	5.67	4.88	0.79
2011 年 8 月	6.49	6.45	0.04
2011 年 9 月	7.68	7.51	0.17
2011 年 10 月	7.11	7.16	−0.05
2011 年 11 月	5.82	7.35	−1.53
2011 年 12 月	6.2	6.55	−0.35
2012 年 1 月	6.19	5.31	0.88
2012 年 2 月	6.16	5.71	0.45
2012 年 3 月	6.05	5.82	0.23
2012 年 4 月	5.91	5.92	−0.01
2012 年 5 月	5.93	6.04	−0.11
2012 年 6 月	5.24	5.80	−0.56
2012 年 7 月	5.41	5.73	−0.32
2012 年 8 月	6.53	5.83	0.70
2012 年 9 月	7.23	6.79	0.44
2012 年 10 月	6.53	7.79	−1.26
2012 年 11 月	5.37	7.29	−1.92
2012 年 12 月	5.55	5.87	−0.32
残差平方和 ΔH			28.3377

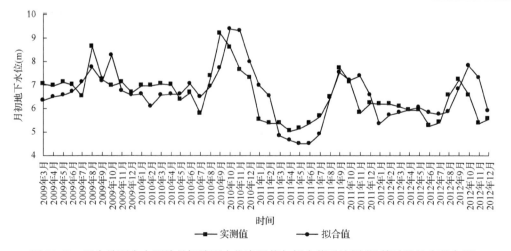

图 21-12　王台地下水水源地月初地下水位实测值与拟合值对比图(计算时段长为两个月)

表 21-52　王台地下水水源地月初地下水位实测值与拟合值对照(计算时段长为三个月)(单位：m)

时间	月初地下水位实测值	月初地下水位拟合值	差值
2009 年 1 月	7.04	—	—
2009 年 2 月	7.02	—	—
2009 年 3 月	7.02	—	—
2009 年 4 月	6.97	6.18	0.79
2009 年 5 月	7.10	6.28	0.82
2009 年 6 月	7.00	6.54	0.46
2009 年 7 月	6.51	6.73	−0.22
2009 年 8 月	8.61	7.67	0.94
2009 年 9 月	7.23	7.58	−0.35
2009 年 10 月	6.97	6.78	0.19
2009 年 11 月	7.12	8.11	−0.99
2009 年 12 月	6.66	6.55	0.11
2010 年 1 月	6.96	6.28	0.68
2010 年 2 月	6.97	6.34	0.63
2010 年 3 月	7.03	5.99	1.04
2010 年 4 月	7.00	6.34	0.66
2010 年 5 月	6.35	6.46	−0.11
2010 年 6 月	6.67	6.83	−0.16
2010 年 7 月	5.75	6.94	−1.19
2010 年 8 月	7.36	6.75	0.61
2010 年 9 月	9.17	8.30	0.87
2010 年 10 月	8.58	7.83	0.75
2010 年 11 月	7.61	8.87	−1.26
2010 年 12 月	7.30	8.96	−1.66
2011 年 1 月	5.51	7.70	−2.19
2011 年 2 月	5.34	6.59	−1.25
2011 年 3 月	5.34	6.35	−1.01
2011 年 4 月	5.03	4.43	0.60
2011 年 5 月	5.13	4.30	0.83
2011 年 6 月	5.35	4.39	0.96
2011 年 7 月	5.67	4.41	1.26
2011 年 8 月	6.49	5.95	0.54
2011 年 9 月	7.68	6.88	0.80
2011 年 10 月	7.11	7.30	−0.19
2011 年 11 月	5.82	6.75	−0.93
2011 年 12 月	6.20	7.17	−0.97

续表

时间	月初地下水位实测值	月初地下水位拟合值	差值
2012 年 1 月	6.19	6.32	−0.13
2012 年 2 月	6.16	5.17	0.99
2012 年 3 月	6.05	5.59	0.46
2012 年 4 月	5.91	5.79	0.12
2012 年 5 月	5.93	5.98	−0.05
2012 年 6 月	5.24	5.89	−0.65
2012 年 7 月	5.41	5.77	−0.36
2012 年 8 月	6.53	6.30	0.23
2012 年 9 月	7.23	6.43	0.80
2012 年 10 月	6.53	7.08	−0.55
2012 年 11 月	5.37	7.24	−1.87
2012 年 12 月	5.55	7.07	−1.52
残差平方和 ΔH			35.7320

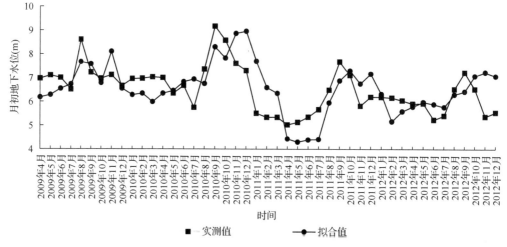

图 21-13　王台地下水水源地月初地下水位实测值与拟合值对比图（计算时段长为三个月）

21.3　小　　结

本章主要对胶南市风河地下水水源地和王台地下水水源地的地下水位变化进行了研究。首先选取、收集和分析了地下水水源地具有代表性的降水、取水量和地下水位资料，对于地下水位变幅进行了拟合分析，通过优化比较确定了拟合方程的参数，得到较优的拟合方程，最后得到了两个水源地计算时段分别为一个月、两个月和三个月的基于水位变幅的地下水位预测模型。

第22章 预警期为三个月的胶南市地下水水源地预警

22.1 风河地下水水源地三个月预警管理

下面考虑年降水频率分别为 5%(丰水年)、50%(平水年)和 95%(枯水年)三种情况,分别确定风河地下水水源地红、橙、黄三条地下水位静态警戒线和动态警戒线。

22.1.1 基准水位的确定

风河地下水水源地的地下水类型与黄泛平原浅层孔隙水类似,由于缺乏足够的地下水位动态观测实验数据和历史最低水位参考值,本次以地下水位达到开发利用目标含水层组厚度的 1/2 划定基准水位,选取 2009~2011 年三年间的最高水位减去风河地下水水源地含水层平均厚度的一半,经综合分析,胶南市风河地下水水源地孟家庄监测井的基准水位确定为 6.8m。

22.1.2 计划取水量的确定

预警期为三个月时,满足未来一个月、两个月和三个月的正常供水(工业和生活用水)水量分别为 $W_{红i}$、$W_{橙i}$ 和 $W_{黄i}$,并将其作为三个月预警期不同保证程度下的计划取水量。由于缺乏足够的需水量资料,本次取 2009~2011 三年中最大一个月、最大连续两个月和最大连续三个月地下水取水量作为未来一个月、连续两个月和连续三个月需水量,即红、橙、黄需水量,由表 21-8 可得,$W_{红i}$=191.0801 万 m^3、$W_{橙i}$=373.0958 万 m^3 和 $W_{黄i}$=538.8404 万 m^3。

22.1.3 不同降水频率的设计代表年选取

本次选用 5%、50% 和 95% 三种频率,参见表 21-1 和表 21-2,选取的典型年分别为 1962 年、1972 年和 2002 年,在此基础上,根据同倍比法得到对应频率下的设计代表年月降水量分配过程,见表 22-1。

表 22-1 胶南站不同频率的设计代表年对应的月降水量序列及年降水量 (单位:mm)

年降水频率	1 月	2 月	3 月	4 月	5 月	6 月	7 月	8 月	9 月	10 月	11 月	12 月	年
5%	1.5	10.7	3.4	19.8	36.1	201.9	422.6	203.3	140.8	70.5	76.4	13.2	1200.2
50%	36.6	2.1	34.1	27.1	98.7	13.2	160.7	217.2	73.1	42.2	21.8	0.1	726.9
95%	10.0	1.4	19.4	47.2	105.1	92.5	110.9	36.5	14.1	11.7	8.4	10.8	468.0

22.1.4 风河地下水水源地三个月静态预警管理

1. 地下水位变幅拟合方程考虑常数项

下面确定预警期为三个月的风河地下水水源地红、橙、黄三条静态地下水位警戒线。

对于风河地下水水源地考虑常数项的一个月地下水位变幅预测方程,变量系数如下:

$$\beta_0 = 3.987 \times 10^{-1}, \quad \beta_1 = -4.596 \times 10^{-3}, \quad \beta_2 = 6.162 \times 10^{-3}, \quad \beta_3 = 7.831 \times 10^{-4}$$

对于风河地下水水源地考虑常数项的两个月地下水位变幅预测方程,变量系数如下:

$$\beta_0 = 7.427 \times 10^{-1}, \quad \beta_1 = -4.279 \times 10^{-3}, \quad \beta_2 = 3.791 \times 10^{-3}, \quad \beta_3 = 2.6 \times 10^{-3}$$

对于风河地下水水源地考虑常数项的三个月地下水位变幅预测方程,变量系数如下:

$$\beta_0 = 1.015, \quad \beta_1 = -4.053 \times 10^{-3}, \quad \beta_2 = 4.616 \times 10^{-3}, \quad \beta_3 = 9.714 \times 10^{-4}$$

由式(11-3)、式(11-5)和式(11-7)可求得风河地下水水源地第 i 个月的红、橙、黄三条静态地下水位警戒线的计算公式,分别为

$$H_{\text{红静}i} = \begin{cases} H_{\text{基}} + \left| 3.987 \times 10^{-1} - 4.596 \times 10^{-3} W_{\text{红}i} \right|, & W_{\text{红}i} > 86.7489 \\ H_{\text{基}}, & W_{\text{红}i} \leqslant 86.7489 \end{cases} \tag{22-1}$$

$$H_{\text{橙静}i} = \begin{cases} H_{\text{基}} + \left| 7.427 \times 10^{-1} - 4.279 \times 10^{-3} W_{\text{橙}i} \right|, & W_{\text{橙}i} > 173.5568 \\ H_{\text{基}}, & W_{\text{橙}i} \leqslant 173.5568 \end{cases} \tag{22-2}$$

$$H_{\text{黄静}i} = \begin{cases} H_{\text{基}} + \left| 1.015 - 4.279 \times 10^{-3} W_{\text{黄}i} \right|, & W_{\text{黄}i} > 250.5385 \\ H_{\text{基}}, & W_{\text{黄}i} \leqslant 250.5385 \end{cases} \tag{22-3}$$

由式(22-1)～式(22-3)可得: $H_{\text{红静}i} = 7.28\,\text{m}$ 、 $H_{\text{橙静}i} = 7.65\,\text{m}$ 、 $H_{\text{黄静}i} = 7.97\,\text{m}$ 。

2. 地下水位变幅拟合方程不考虑常数项

下面确定预警期为三个月的风河地下水水源地红、橙、黄三条静态地下水位警戒线。

对于风河地下水水源地不考虑常数项的一个月地下水位变幅预测方程,变量系数如下:

$$\beta_0 = 0, \quad \beta_1 = -1.5731 \times 10^{-3}, \quad \beta_2 = 5.9802 \times 10^{-3}, \quad \beta_3 = 3.7511 \times 10^{-4}$$

对于风河地下水水源地不考虑常数项的两个月地下水位变幅预测方程,变量系数如下:

$$\beta_0=0, \quad \beta_1=-1.9296\times10^{-3}, \quad \beta_2=3.2203\times10^{-3}, \quad \beta_3=1.5427\times10^{-3}$$

对于风河地下水水源地不考虑常数项的三个月地下水位变幅预测方程，变量系数如下：

$$\beta_0=0, \quad \beta_1=-1.8963\times10^{-3}, \quad \beta_2=3.7327\times10^{-3}, \quad \beta_3=2.5282\times10^{-4}$$

由式(11-3)、式(11-5)和式(11-7)可求得风河地下水水源地第 i 个月的红、橙、黄三条静态地下水位警戒线的计算公式，分别为

$$H_{红静i}=H_{基}+1.5731\times10^{-3}W_{红i} \tag{22-4}$$

$$H_{橙静i}=H_{基}+1.9296\times10^{-3}W_{橙i} \tag{22-5}$$

$$H_{黄静i}=H_{基}+1.8963\times10^{-3}W_{黄i} \tag{22-6}$$

由式(22-4)～式(22-6)可得：$H_{红静i}=7.10\,\text{m}$、$H_{橙静i}=7.52\,\text{m}$、$H_{黄静i}=7.82\,\text{m}$。

22.1.5　风河地下水水源地三个月动态预警管理

1. 地下水位变幅拟合方程考虑常数项

下面确定预警期为三个月的风河地下水水源地红、橙、黄三条动态地下水位警戒线。

由式(11-10)、式(11-12)、式(11-14)可求得风河地下水水源地第 i 个月的红、橙、黄三条动态地下水位警戒线的计算公式，分别为

$$H_{红动i}=\begin{cases} H_{基}+\left|3.987\times10^{-1}-4.596\times10^{-3}W_{红i}+6.162\times10^{-3}P'_{红i}+7.83\times10^{-4}P'_{a红i}\right|, & \Delta H_{红动i}<0 \\ H_{基}, & \Delta H_{红动i}\geqslant0 \end{cases} \tag{22-7}$$

$$H_{橙动i}=\begin{cases} H_{基}+\left|7.427\times10^{-1}-4.279\times10^{-3}W_{橙i}+3.791\times10^{-3}P'_{橙i}+2.6\times10^{-4}P'_{a橙i}\right|, & \Delta H_{橙动i}<0 \\ H_{基}, & \Delta H_{橙动i}\geqslant0 \end{cases} \tag{22-8}$$

$$H_{黄动i}=\begin{cases} H_{基}+\left|1.015-4.053\times10^{-3}W_{黄i}+4.616\times10^{-3}P'_{黄i}+9.714\times10^{-4}P'_{a黄i}\right|, & \Delta H_{黄动i}<0 \\ H_{基}, & \Delta H_{黄动i}\geqslant0 \end{cases} \tag{22-9}$$

由式(22-7)可得不同频率条件下的地下水位动态红色警戒线，见表22-2～表22-4。由式(22-8)可得不同频率条件下的地下水位动态橙色警戒线，见表22-5～表22-7。由式(22-9)可得不同频率条件下的地下水位动态黄色警戒线，见表22-8～表22-10。

表 22-2 年降水频率 *P* 为 5% 的丰水年的地下水位动态红色警戒线
（风河地下水水源地拟合方程考虑常数项）

月份	$H_{基}$ (m)	$W_{红i}$（万 m³）	$P'_{红i}$ (mm)	$P'_{a红i}$ (mm)	$H_{红动i}$ (m)
1	6.80	191.0801	0	34.6	7.25
2	6.80	191.0801	0	0	7.28
3	6.80	191.0801	0	0	7.28
4	6.80	191.0801	0	0	7.28
5	6.80	191.0801	0	0	7.28
6	6.80	191.0801	76.0	0.0	6.81
7	6.80	191.0801	76.0	154.9	6.80
8	6.80	191.0801	76.0	530.5	6.80
9	6.80	191.0801	76.0	532.0	6.80
10	6.80	191.0801	23.5	250.1	6.94
11	6.80	191.0801	29.4	117.3	7.01
12	6.80	191.0801	0.0	52.9	7.24

表 22-3 年降水频率 *P* 为 50% 的平水年的地下水位动态红色警戒线
（风河地下水水源地拟合方程考虑常数项）

月份	$H_{基}$ (m)	$W_{红i}$（万 m³）	$P'_{红i}$ (mm)	$P'_{a红i}$ (mm)	$H_{红动i}$ (m)
1	6.80	191.0801	0.0	0.0	7.28
2	6.80	191.0801	0.0	0.0	7.28
3	6.80	191.0801	0.0	0.0	7.28
4	6.80	191.0801	0.0	0.0	7.28
5	6.80	191.0801	51.7	0.0	6.96
6	6.80	191.0801	0.0	51.7	7.24
7	6.80	191.0801	76.0	51.7	6.80
8	6.80	191.0801	76.0	113.7	6.80
9	6.80	191.0801	26.1	283.9	6.90
10	6.80	191.0801	0.0	196.3	7.13
11	6.80	191.0801	0.0	26.1	7.26
12	6.80	191.0801	0.0	0.0	7.28

表 22-4 年降水频率 *P* 为 95% 的枯水年的地下水位动态红色警戒线
（风河地下水水源地拟合方程考虑常数项）

月份	$H_{基}$ (m)	$W_{红i}$（万 m³）	$P'_{红i}$ (mm)	$P'_{a红i}$ (mm)	$H_{红动i}$ (m)
1	6.80	191.0801	0.0	0.0	7.28
2	6.80	191.0801	0.0	0.0	7.28
3	6.80	191.0801	0.0	0.0	7.28
4	6.80	191.0801	0.2	0.0	7.28
5	6.80	191.0801	58.1	0.2	6.92
6	6.80	191.0801	45.5	58.3	6.95

月份	$H_{基}$ (m)	$W_{红i}$ (万 m³)	$P'_{红i}$ (mm)	$P'_{a红i}$ (mm)	$H_{红动i}$ (m)
7	6.80	191.0801	63.9	103.6	6.80
8	6.80	191.0801	0.0	109.4	7.19
9	6.80	191.0801	0.0	63.9	7.23
10	6.80	191.0801	0.0	0.0	7.28
11	6.80	191.0801	0.0	0.0	7.28
12	6.80	191.0801	0.0	0.0	7.28

表 22-5 年降水频率 P 为 5%的丰水年的地下水位动态橙色警戒线
（风河地下水水源地拟合方程考虑常数项）

月份	$H_{基}$ (m)	$W_{橙i}$ (万 m³)	$P'_{橙i}$ (mm)	$P'_{a橙i}$ (mm)	$H_{橙动i}$ (m)
1	6.80	373.0958	0.0	0.0	7.65
2	6.80	373.0958	0.0	0.0	7.65
3	6.80	373.0958	0.0	0.0	7.65
4	6.80	373.0958	0.0	0.0	7.65
5	6.80	373.0958	154.9	0.0	7.07
6	6.80	373.0958	530.5	0.0	6.80
7	6.80	373.0958	532.0	154.9	6.80
8	6.80	373.0958	250.1	375.6	6.80
9	6.80	373.0958	117.3	156.3	6.80
10	6.80	373.0958	52.9	93.8	7.21
11	6.80	373.0958	29.4	23.5	7.48
12	6.80	373.0958	0.0	29.4	7.58

表 22-6 年降水频率 P 为 50%的平水年的地下水位动态橙色警戒线
（风河地下水水源地拟合方程考虑常数项）

月份	$H_{基}$ (m)	$W_{橙i}$ (万 m³)	$P'_{橙i}$ (mm)	$P'_{a橙i}$ (mm)	$H_{橙动i}$ (m)
1	6.80	373.0958	0.0	0.0	7.65
2	6.80	373.0958	0.0	0.0	7.65
3	6.80	373.0958	0.0	0.0	7.65
4	6.80	373.0958	51.7	0.0	7.46
5	6.80	373.0958	51.7	0.0	7.46
6	6.80	373.0958	113.7	51.7	7.09
7	6.80	373.0958	283.9	0.0	6.80
8	6.80	373.0958	196.3	113.7	6.80
9	6.80	373.0958	26.1	170.2	7.11
10	6.80	373.0958	0.0	26.1	7.59
11	6.80	373.0958	0.0	0.0	7.65
12	6.80	373.0958	0.0	0.0	7.65

表 22-7　年降水频率 P 为 95% 的枯水年的地下水位动态橙色警戒线
（风河地下水水源地拟合方程考虑常数项）

月份	$H_{基}$ (m)	$W_{橙i}$（万 m³）	$P'_{橙i}$ (mm)	$P'_{a橙i}$ (mm)	$H_{橙动i}$ (m)
1	6.80	373.0958	0.0	0.0	7.65
2	6.80	373.0958	0.0	0.0	7.65
3	6.80	373.0958	0.2	0.0	7.65
4	6.80	373.0958	58.3	0.0	7.43
5	6.80	373.0958	103.6	0.2	7.26
6	6.80	373.0958	109.4	58.1	7.09
7	6.80	373.0958	63.9	45.5	7.29
8	6.80	373.0958	0.0	63.9	7.49
9	6.80	373.0958	0.0	0.0	7.65
10	6.80	373.0958	0.0	0.0	7.65
11	6.80	373.0958	0.0	0.0	7.65
12	6.80	373.0958	0.0	0.0	7.65

表 22-8　年降水频率 P 为 5% 的丰水年的地下水位动态黄色警戒线
（风河地下水水源地拟合方程考虑常数项）

月份	$H_{基}$ (m)	$W_{黄i}$（万 m³）	$P'_{黄i}$ (mm)	$P'_{a黄i}$ (mm)	$H_{黄动i}$ (m)
1	6.80	538.8404	0	34.6	7.93
2	6.80	538.8404	0	0	7.97
3	6.80	538.8404	0	0	7.97
4	6.80	538.8404	154.9	0.0	7.25
5	6.80	538.8404	530.5	0.0	6.80
6	6.80	538.8404	686.8	0.0	6.80
7	6.80	538.8404	625.7	154.9	6.80
8	6.80	538.8404	273.6	530.5	6.80
9	6.80	538.8404	146.7	532.0	6.80
10	6.80	538.8404	52.9	250.1	7.48
11	6.80	538.8404	29.4	117.3	7.72
12	6.80	538.8404	0.0	52.9	7.92

表 22-9　年降水频率 P 为 50% 的平水年的地下水位动态黄色警戒线
（风河地下水水源地拟合方程考虑常数项）

月份	$H_{基}$ (m)	$W_{黄i}$（万 m³）	$P'_{黄i}$ (mm)	$P'_{a黄i}$ (mm)	$H_{黄动i}$ (m)
1	6.80	538.8404	0.0	0.0	7.97
2	6.80	538.8404	0.0	0.0	7.97
3	6.80	538.8404	51.7	0.0	7.73
4	6.80	538.8404	51.7	0.0	7.73
5	6.80	538.8404	165.4	0.0	7.20

续表

月份	$H_{基}$ (m)	$W_{黄i}$（万 m³）	$P'_{黄i}$ (mm)	$P'_{a黄i}$ (mm)	$H_{黄动i}$ (m)
6	6.80	538.8404	283.9	51.7	6.80
7	6.80	538.8404	310.0	51.7	6.80
8	6.80	538.8404	196.3	113.7	6.95
9	6.80	538.8404	26.1	283.9	7.57
10	6.80	538.8404	0.0	196.3	7.78
11	6.80	538.8404	0.0	26.1	7.94
12	6.80	538.8404	0.0	0.0	7.97

表 22-10　年降水频率 P 为 95%的枯水年的地下水位动态黄色警戒线
（风河地下水水源地拟合方程考虑常数项）

月份	$H_{基}$ (m)	$W_{黄i}$（万 m³）	$P'_{黄i}$ (mm)	$P'_{a黄i}$ (mm)	$H_{黄动i}$ (m)
1	6.80	538.8404	0.0	0.0	7.97
2	6.80	538.8404	0.2	0.0	7.97
3	6.80	538.8404	58.3	0.0	7.70
4	6.80	538.8404	103.8	0.0	7.49
5	6.80	538.8404	167.5	0.2	7.19
6	6.80	538.8404	109.4	58.3	7.41
7	6.80	538.8404	63.9	103.6	7.57
8	6.80	538.8404	0.0	109.4	7.86
9	6.80	538.8404	0.0	63.9	7.91
10	6.80	538.8404	0.0	0.0	7.97
11	6.80	538.8404	0.0	0.0	7.97
12	6.80	538.8404	0.0	0.0	7.97

2. 地下水位变幅拟合方程不考虑常数项

下面确定预警期为三个月的风河地下水水源地红、橙、黄三条动态地下水位警戒线。

由式(11-10)、式(11-12)、式(11-14)可求得风河地下水水源地第 i 个月的红、橙、黄三条动态地下水位警戒线的计算公式，分别为

$$H_{红动i} = \begin{cases} H_{基} + \left| -1.5731\times10^{-3}W_{红i} + 5.9802\times10^{-3}P'_{红i} + 3.7511\times10^{-3}P'_{a红i} \right|, & \Delta H_{红动i} < 0 \\ H_{基}, & \Delta H_{红动i} \geqslant 0 \end{cases}$$

(22-10)

$$H_{橙动i} = \begin{cases} H_{基} + \left| -1.9296\times10^{-3}W_{橙i} + 3.2203\times10^{-3}P'_{橙i} + 1.5427\times10^{-3}P'_{a橙i} \right|, & \Delta H_{橙动i} < 0 \\ H_{基}, & \Delta H_{橙动i} \geqslant 0 \end{cases}$$

(22-11)

$$H_{黄动i} = \begin{cases} H_{基} + \left| -1.8963 \times 10^{-3} W_{黄i} + 3.7327 \times 10^{-3} P'_{黄i} + 2.5282 \times 10^{-4} P'_{a黄i} \right|, & \Delta H_{黄动i} < 0 \\ H_{基}, & \Delta H_{黄动i} \geqslant 0 \end{cases}$$

$$(22\text{-}12)$$

由式(22-10)可得不同频率条件下的地下水位动态红色警戒线，见表22-11~表22-13。由式(22-11)可得不同频率条件下的地下水位动态橙色警戒线，见表22-14~表22-16。由式(22-12)可得不同频率条件下的地下水位动态黄色警戒线，见表22-17~表22-19。

表 22-11　年降水频率 P 为 5%的丰水年的地下水位动态红色警戒线
（风河地下水水源地拟合方程不考虑常数项）

月份	$H_{基}$ (m)	$W_{红i}$ (万 m³)	$P'_{红i}$ (mm)	$P'_{a红i}$ (mm)	$H_{红动i}$ (m)
1	6.80	191.0801	0	49.6	7.08
2	6.80	191.0801	0	0	7.10
3	6.80	191.0801	0	0	7.10
4	6.80	191.0801	0	0	7.10
5	6.80	191.0801	4.1	0	7.08
6	6.80	191.0801	76.0	4.1	6.80
7	6.80	191.0801	76.0	174.0	6.80
8	6.80	191.0801	76.0	560.5	6.80
9	6.80	191.0801	76.0	562.0	6.80
10	6.80	191.0801	38.5	280.1	6.80
11	6.80	191.0801	44.4	147.3	6.80
12	6.80	191.0801	0.0	82.9	7.07

表 22-12　年降水频率 P 为 50%的平水年的地下水位动态红色警戒线
（风河地下水水源地拟合方程不考虑常数项）

月份	$H_{基}$ (m)	$W_{红i}$ (万 m³)	$P'_{红i}$ (mm)	$P'_{a红i}$ (mm)	$H_{红动i}$ (m)
1	6.80	191.0801	4.6	0.0	7.07
2	6.80	191.0801	0.0	4.6	7.10
3	6.80	191.0801	2.1	4.6	7.09
4	6.80	191.0801	0.0	2.1	7.10
5	6.80	191.0801	66.7	2.1	6.80
6	6.80	191.0801	0.0	66.7	7.08
7	6.80	191.0801	76.0	66.7	6.80
8	6.80	191.0801	76.0	128.7	6.80
9	6.80	191.0801	41.1	313.9	6.80
10	6.80	191.0801	10.2	226.3	6.95
11	6.80	191.0801	0.0	51.3	7.08
12	6.80	191.0801	0.0	10.2	7.10

表 22-13　年降水频率 P 为 95% 的枯水年的地下水位动态红色警戒线
（风河地下水水源地拟合方程不考虑常数项）

月份	$H_{基}$ (m)	$W_{红i}$ (万 m³)	$P'_{红i}$ (mm)	$P'_{a红i}$ (mm)	$H_{红动i}$ (m)
1	6.80	191.0801	0.0	0.0	7.10
2	6.80	191.0801	0.0	0.0	7.10
3	6.80	191.0801	0.0	0.0	7.10
4	6.80	191.0801	15.2	0.0	7.01
5	6.80	191.0801	73.1	15.2	6.80
6	6.80	191.0801	60.5	88.3	6.80
7	6.80	191.0801	78.9	133.6	6.80
8	6.80	191.0801	4.5	139.4	7.02
9	6.80	191.0801	0.0	83.4	7.07
10	6.80	191.0801	0.0	4.5	7.10
11	6.80	191.0801	0.0	0.0	7.10
12	6.80	191.0801	0.0	0.0	7.10

表 22-14　年降水频率 P 为 5% 的丰水年的地下水位动态橙色警戒线
（风河地下水水源地拟合方程不考虑常数项）

月份	$H_{基}$ (m)	$W_{橙i}$ (万 m³)	$P'_{橙i}$ (mm)	$P'_{a橙i}$ (mm)	$H_{橙动i}$ (m)
1	6.80	373.0958	12.1	21.5	7.45
2	6.80	373.0958	14.1	1.5	7.47
3	6.80	373.0958	23.2	10.7	7.43
4	6.80	373.0958	55.9	3.4	7.33
5	6.80	373.0958	238.0	19.8	6.72
6	6.80	373.0958	624.5	36.1	6.80
7	6.80	373.0958	626.0	201.9	6.80
8	6.80	373.0958	344.1	422.6	6.80
9	6.80	373.0958	211.3	203.3	6.80
10	6.80	373.0958	146.9	140.8	6.83
11	6.80	373.0958	89.6	70.5	7.12
12	6.80	373.0958	13.6	76.4	7.36

表 22-15　年降水频率 P 为 50% 的平水年的地下水位动态橙色警戒线
（风河地下水水源地拟合方程不考虑常数项）

月份	$H_{基}$ (m)	$W_{橙i}$ (万 m³)	$P'_{橙i}$ (mm)	$P'_{a橙i}$ (mm)	$H_{橙动i}$ (m)
1	6.80	373.0958	38.7	10.4	7.38
2	6.80	373.0958	36.2	36.6	7.35
3	6.80	373.0958	61.3	2.1	7.32
4	6.80	373.0958	125.8	34.1	7.06
5	6.80	373.0958	111.9	27.1	7.12

月份	$H_{基}$ (m)	$W_{橙i}$ (万 m³)	$P'_{橙i}$ (mm)	$P'_{a橙i}$ (mm)	$H_{橙动i}$ (m)
6	6.80	373.0958	174.0	98.7	6.81
7	6.80	373.0958	377.9	13.2	6.80
8	6.80	373.0958	290.3	160.7	6.80
9	6.80	373.0958	115.3	217.2	6.81
10	6.80	373.0958	64.1	73.1	7.20
11	6.80	373.0958	21.9	42.2	7.38
12	6.80	373.0958	6.6	21.8	7.47

表 22-16　年降水频率 P 为 95%的枯水年的地下水位动态橙色警戒线
（风河地下水水源地拟合方程不考虑常数项）

月份	$H_{基}$ (m)	$W_{橙i}$ (万 m³)	$P'_{橙i}$ (mm)	$P'_{a橙i}$ (mm)	$H_{橙动i}$ (m)
1	6.80	373.0958	11.4	14.4	7.46
2	6.80	373.0958	20.7	10.0	7.44
3	6.80	373.0958	66.6	1.4	7.30
4	6.80	373.0958	152.3	19.4	7.00
5	6.80	373.0958	197.6	47.2	6.81
6	6.80	373.0958	203.4	105.1	6.80
7	6.80	373.0958	147.4	92.5	6.90
8	6.80	373.0958	50.6	110.9	7.19
9	6.80	373.0958	25.8	36.5	7.38
10	6.80	373.0958	20.0	14.1	7.43
11	6.80	373.0958	19.2	11.7	7.44
12	6.80	373.0958	22.8	8.4	7.43

表 22-17　年降水频率 P 为 5%的丰水年的地下水位动态黄色警戒线
（风河地下水水源地拟合方程不考虑常数项）

月份	$H_{基}$ (m)	$W_{黄i}$ (万 m³)	$P'_{黄i}$ (mm)	$P'_{a黄i}$ (mm)	$H_{黄动i}$ (m)
1	6.80	538.8404	15.5	103.1	7.74
2	6.80	538.8404	33.9	23.0	7.69
3	6.80	538.8404	59.3	12.1	7.60
4	6.80	538.8404	257.8	14.1	6.86
5	6.80	538.8404	660.6	23.2	6.80
6	6.80	538.8404	827.8	55.9	6.80
7	6.80	538.8404	766.7	238.0	6.80
8	6.80	538.8404	414.6	624.5	6.80
9	6.80	538.8404	287.7	626.0	6.80
10	6.80	538.8404	160.1	344.1	7.14
11	6.80	538.8404	90.0	211.3	7.43
12	6.80	538.8404	13.6	146.9	7.73

表 22-18　年降水频率 P 为 50% 的平水年的地下水位动态黄色警戒线
（风河地下水水源地拟合方程不考虑常数项）

月份	$H_{基}$ (m)	$W_{黄i}$ (万 m³)	$P'_{黄i}$ (mm)	$P'_{a黄i}$ (mm)	$H_{黄动i}$ (m)
1	6.80	538.8404	72.9	11.4	7.55
2	6.80	538.8404	63.4	47.0	7.57
3	6.80	538.8404	159.9	38.7	7.21
4	6.80	538.8404	139.0	36.2	7.29
5	6.80	538.8404	272.6	61.3	6.80
6	6.80	538.8404	391.1	125.8	6.80
7	6.80	538.8404	451.0	111.9	6.80
8	6.80	538.8404	332.5	174.0	6.80
9	6.80	538.8404	137.1	377.9	7.21
10	6.80	538.8404	64.2	290.3	7.51
11	6.80	538.8404	28.4	115.3	7.69
12	6.80	538.8404	21.9	64.1	7.72

表 22-19　年降水频率 P 为 95% 的枯水年的地下水位动态黄色警戒线
（风河地下水水源地拟合方程不考虑常数项）

月份	$H_{基}$ (m)	$W_{黄i}$ (万 m³)	$P'_{黄i}$ (mm)	$P'_{a黄i}$ (mm)	$H_{黄动i}$ (m)
1	6.80	538.8404	30.8	26.0	7.70
2	6.80	538.8404	67.9	24.4	7.56
3	6.80	538.8404	171.7	11.4	7.18
4	6.80	538.8404	244.8	20.7	6.90
5	6.80	538.8404	308.5	66.6	6.80
6	6.80	538.8404	239.9	152.3	6.89
7	6.80	538.8404	161.6	197.6	7.17
8	6.80	538.8404	62.3	203.4	7.54
9	6.80	538.8404	34.2	147.4	7.66
10	6.80	538.8404	30.9	50.6	7.69
11	6.80	538.8404	31.2	25.8	7.70
12	6.80	538.8404	52.2	20.0	7.62

22.2　王台地下水水源地三个月预警管理

下面考虑年降水频率分别为 5%（丰水年）、50%（平水年）和 95%（枯水年）三种情况，分别确定王台地下水水源地红、橙、黄三条地下水位静态警戒线和动态警戒线。

22.2.1　基准水位的确定

参考风河地下水水源地基准水位的确定方法，选取逄猛孙监测井 2009～2012 年四年间的最高水位减去王台地下水水源地含水层平均厚度的一半，经综合分析，胶南市王台地下水水源地逢猛孙监测井的基准水位确定为 5.0m。

22.2.2 计划取水量的确定

预警期为三个月时，满足未来一个月、两个月和三个月的正常供水（工业和生活用水）水量分别为 $W_{红i}$、$W_{橙i}$ 和 $W_{黄i}$，将其作为三个月预警期不同保证程度下的计划取水量。由于缺乏足够的需水量资料，本次取 2009~2014 年三年中最大一个月、最大连续两个月和最大连续三个月地下水取水量作为未来一个月、连续两个月和连续三个月需水量，即红、橙、黄需水量，由表 21-45 可得，$W_{红i}$=24.85 万 m^3、$W_{橙i}$=49.66 万 m^3 和 $W_{黄i}$=74.44 万 m^3。

22.2.3 不同降水频率的设计代表年选取

本次选用 5%、50% 和 95% 三种频率，参见表 21-35 和表 21-36，选取的典型年分别为 1975 年、1973 年和 1988 年，在此基础上，根据同倍比法得到对应频率下的设计代表年月降水量分配过程，见表 22-20。

表 22-20　王台站不同频率的设计代表年对应的月降水量序列及年降水量　（单位：mm）

年降水频率	1月	2月	3月	4月	5月	6月	7月	8月	9月	10月	11月	12月	年
5%	0.0	20.3	5.9	72.2	6.5	69.1	347.5	299.0	84.3	68.2	105.3	12.8	1091.1
50%	6.3	20.1	6.2	80.0	39.8	41.2	172.8	201.8	50.0	69.0	0.0	1.5	688.7
95%	3.6	0.0	10.4	6.6	38.0	45.8	209.6	84.4	10.5	0.1	0.0	11.9	420.9

22.2.4 王台地下水水源地三个月静态预警管理

对于王台地下水水源地，由于拟合方程精度的影响，本节暂不考虑常数项。下面确定预警期为三个月的王台地下水水源地红、橙、黄三条静态地下水位警戒线。

对于王台地下水水源地不考虑常数项的一个月地下水位变幅预测方程，变量系数如下：

$$\beta_1 = \beta_3 = 0，\quad \beta_1 = -1.7975 \times 10^{-2}, \beta_2 = 5.6682 \times 10^{-3}$$

对于王台地下水水源地不考虑常数项的两个月地下水位变幅预测方程，变量系数如下：

$$\beta_1 = \beta_3 = 0，\quad \beta_1 = -1.9629 \times 10^{-2}, \beta_2 = 5.415 \times 10^{-3}$$

对于王台地下水水源地不考虑常数项的三个月地下水位变幅预测方程，变量系数如下：

$$\beta_1 = \beta_3 = 0，\quad \beta_1 = -1.7867 \times 10^{-2}, \beta_2 = 4.8233 \times 10^{-3}$$

由式(11-3)、式(11-5)和式(11-7)可求得风河地下水水源地第 i 个月的红、橙、黄三条静态地下水位警戒线的计算公式，分别为

$$H_{红静i} = H_{基} + 1.7975 \times 10^{-2} W_{红i} \tag{22-13}$$

$$H_{\text{橙静}i} = H_{\text{基}} + 1.9629 \times 10^{-2} W_{\text{橙}i} \tag{22-14}$$

$$H_{\text{黄静}i} = H_{\text{基}} + 1.7867 \times 10^{-2} W_{\text{黄}i} \tag{22-15}$$

由式(22-13)～式(22-15)可得，$H_{\text{红静}i}$=5.45 m、$H_{\text{橙静}i} = 5.97\,\text{m}$、$H_{\text{黄静}i} = 6.33\,\text{m}$。

22.2.5　王台地下水水源地三个月动态预警管理

下面确定预警期为三个月的王台地下水水源地红、橙、黄三条动态地下水位警戒线。

由式(11-10)、式(11-12)和式(11-14)可求得王台地下水水源地第 i 个月的红、橙、黄三条动态地下水位警戒线的计算公式，分别为

$$H_{\text{红动}i} = \begin{cases} H_{\text{基}} + \left| 1.7975 \times 10^{-2} W_{\text{红}i} - 5.6682 \times 10^{-3} P_{\text{红}i} \right|, & \Delta H_{\text{红动}i} < 0 \\ H_{\text{基}}, & \Delta H_{\text{红动}i} \geqslant 0 \end{cases} \tag{22-16}$$

$$H_{\text{橙动}i} = \begin{cases} H_{\text{基}} + \left| 1.9296 \times 10^{-3} W_{\text{橙}i} - 5.415 \times 10^{-3} P_{\text{橙}i} \right|, & \Delta H_{\text{橙动}i} < 0 \\ H_{\text{基}}, & \Delta H_{\text{橙动}i} \geqslant 0 \end{cases} \tag{22-17}$$

$$H_{\text{黄动}i} = \begin{cases} H_{\text{基}} + \left| 1.7867 \times 10^{-2} W_{\text{黄}i} - 4.8233 \times 10^{-3} P_{\text{黄}i} \right|, & \Delta H_{\text{黄动}i} < 0 \\ H_{\text{基}}, & \Delta H_{\text{黄动}i} \geqslant 0 \end{cases} \tag{22-18}$$

由式(22-16)可得不同频率条件下的地下水位动态红色警戒线，见表 22-21～表 22-23。由式(22-17)可得不同频率条件下的地下水位动态橙色警戒线，见表 22-24～表 22-26。由式(22-18)可得不同频率条件下的地下水位动态黄色警戒线，见表 22-27～表 22-29。

表 22-21　年降水频率 P 为 5%的丰水年的地下水位动态红色警戒线
（王台地下水水源地拟合方程不考虑常数项）

月份	$H_{\text{基}}$ (m)	$W_{\text{红}i}$ (万 m³)	$P_{\text{红}i}$ (mm)	$H_{\text{红动}i}$ (m)
1	5.0	24.85	0.0	5.45
2	5.0	24.85	20.3	5.33
3	5.0	24.85	5.9	5.41
4	5.0	24.85	72.2	5.04
5	5.0	24.85	6.5	5.41
6	5.0	24.85	69.1	5.05
7	5.0	24.85	347.5	5.00
8	5.0	24.85	299.0	5.00
9	5.0	24.85	84.3	5.00
10	5.0	24.85	68.2	5.06
11	5.0	24.85	105.3	5.00
12	5.0	24.85	12.8	5.37

表 22-22　年降水频率 *P* 为 50%的平水年的地下水位动态红色警戒线
（王台地下水水源地拟合方程不考虑常数项）

月份	$H_{基}$ (m)	$W_{红i}$ (万 m³)	$P_{红i}$ (mm)	$H_{红动i}$ (m)
1	5.0	24.85	6.3	5.41
2	5.0	24.85	20.1	5.33
3	5.0	24.85	6.2	5.41
4	5.0	24.85	80.0	5.00
5	5.0	24.85	39.8	5.22
6	5.0	24.85	41.2	5.21
7	5.0	24.85	172.8	5.00
8	5.0	24.85	201.8	5.00
9	5.0	24.85	50.0	5.16
10	5.0	24.85	69.0	5.06
11	5.0	24.85	0.0	5.45
12	5.0	24.85	1.5	5.44

表 22-23　年降水频率 *P* 为 95%的枯水年的地下水位动态红色警戒线
（王台地下水水源地拟合方程不考虑常数项）

月份	$H_{基}$ (m)	$W_{红i}$ (万 m³)	$P_{红i}$ (mm)	$H_{红动i}$ (m)
1	5.0	24.85	3.6	5.43
2	5.0	24.85	0.0	5.45
3	5.0	24.85	10.4	5.39
4	5.0	24.85	6.6	5.41
5	5.0	24.85	38.0	5.23
6	5.0	24.85	45.8	5.19
7	5.0	24.85	209.6	5.00
8	5.0	24.85	84.4	5.00
9	5.0	24.85	10.5	5.39
10	5.0	24.85	0.1	5.45
11	5.0	24.85	0.0	5.45
12	5.0	24.85	11.9	5.38

表 22-24　年降水频率 *P* 为 5%的丰水年的地下水位动态橙色警戒线
（王台地下水水源地拟合方程不考虑常数项）

月份	$H_{基}$ (m)	$W_{橙i}$ (万 m³)	$P_{橙i}$ (mm)	$H_{橙动i}$ (m)
1	5.0	49.66	20.3	5.86
2	5.0	49.66	26.2	5.83
3	5.0	49.66	78.1	5.55
4	5.0	49.66	78.7	5.55
5	5.0	49.66	75.6	5.57
6	5.0	49.66	416.6	5.00

月份	$H_{基}$ (m)	$W_{橙i}$ (万 m³)	$P_{橙i}$ (mm)	$H_{橙动i}$ (m)
7	5.0	49.66	646.5	5.00
8	5.0	49.66	383.3	5.00
9	5.0	49.66	152.5	5.15
10	5.0	49.66	173.5	5.04
11	5.0	49.66	118.1	5.34
12	5.0	49.66	12.8	5.91

表 22-25　年降水频率 P 为 50% 的平水年的地下水位动态橙色警戒线
（王台地下水水源地拟合方程不考虑常数项）

月份	$H_{基}$ (m)	$W_{橙i}$ (万 m³)	$P_{橙i}$ (mm)	$H_{橙动i}$ (m)
1	5.0	49.66	26.4	5.83
2	5.0	49.66	26.3	5.83
3	5.0	49.66	86.2	5.51
4	5.0	49.66	119.8	5.33
5	5.0	49.66	81.0	5.54
6	5.0	49.66	214.0	5.00
7	5.0	49.66	374.6	5.00
8	5.0	49.66	251.8	5.00
9	5.0	49.66	119.0	5.33
10	5.0	49.66	69.0	5.60
11	5.0	49.66	1.5	5.97
12	5.0	49.66	10.2	5.92

表 22-26　年降水频率 P 为 95% 的枯水年的地下水位动态橙色警戒线
（王台地下水水源地拟合方程不考虑常数项）

月份	$H_{基}$ (m)	$W_{橙i}$ (万 m³)	$P_{橙i}$ (mm)	$H_{橙动i}$ (m)
1	5.0	49.66	3.6	5.96
2	5.0	49.66	10.4	5.92
3	5.0	49.66	17.0	5.88
4	5.0	49.66	44.6	5.73
5	5.0	49.66	83.8	5.52
6	5.0	49.66	255.4	5.00
7	5.0	49.66	294.0	5.00
8	5.0	49.66	94.9	5.46
9	5.0	49.66	10.6	5.92
10	5.0	49.66	0.1	5.97
11	5.0	49.66	11.9	5.91
12	5.0	49.66	57.2	5.96

表 22-27　年降水频率 P 为 5% 的丰水年的地下水位动态黄色警戒线
（王台地下水水源地拟合方程不考虑常数项）

月份	$H_{基}$ (m)	$W_{黄i}$ （万 m^3）	$P_{黄i}$ (mm)	$H_{黄动i}$ (m)
1	5.0	74.44	26.2	6.20
2	5.0	74.44	98.4	5.86
3	5.0	74.44	84.6	5.92
4	5.0	74.44	147.8	5.62
5	5.0	74.44	423.1	5.00
6	5.0	74.44	715.6	5.00
7	5.0	74.44	730.8	5.00
8	5.0	74.44	451.5	5.00
9	5.0	74.44	257.8	5.09
10	5.0	74.44	186.3	5.43
11	5.0	74.44	118.1	5.76
12	5.0	74.44	36.5	6.15

表 22-28　年降水频率 P 为 50% 的平水年的地下水位动态黄色警戒线
（王台地下水水源地拟合方程不考虑常数项）

月份	$H_{基}$ (m)	$W_{黄i}$ （万 m^3）	$P_{黄i}$ (mm)	$H_{黄动i}$ (m)
1	5.0	74.44	32.6	6.17
2	5.0	74.44	106.3	5.82
3	5.0	74.44	126	5.72
4	5.0	74.44	161	5.55
5	5.0	74.44	253.8	5.11
6	5.0	74.44	415.8	5.00
7	5.0	74.44	424.6	5.00
8	5.0	74.44	320.8	5.00
9	5.0	74.44	119	5.76
10	5.0	74.44	70.5	5.99
11	5.0	74.44	10.2	6.28
12	5.0	74.44	18.8	6.24

表 22-29　年降水频率 P 为 95% 的枯水年的地下水位动态黄色警戒线
（王台地下水水源地拟合方程不考虑常数项）

月份	$H_{基}$ (m)	$W_{黄i}$ （万 m^3）	$P_{黄i}$ (mm)	$H_{黄动i}$ (m)
1	5.0	74.44	14	6.26
2	5.0	74.44	17	6.25
3	5.0	74.44	55	6.06
4	5.0	74.44	90.4	5.89
5	5.0	74.44	293.4	5.00

续表

月份	$H_{基}$ (m)	$W_{黄i}$ (万 m³)	$P_{黄i}$ (mm)	$H_{黄动i}$ (m)
6	5.0	74.44	339.8	5.00
7	5.0	74.44	304.5	5.00
8	5.0	74.44	95	5.87
9	5.0	74.44	10.6	6.28
10	5.0	74.44	12	6.27
11	5.0	74.44	57.2	6.05
12	5.0	74.44	57.9	6.05

22.3　小　　结

地下水水源地预警管理对最严格水资源管理制度的实施具有重要意义,本章依据《山东省地下水位警戒线划定技术大纲》,针对预警期为三个月,利用第 11 章理论对胶南市风河地下水水源地进行了地下水位预警管理研究,在对地下水的实际预警管理中,建议以动态警戒线为指导,以便灵活调控。对降水频率分别为 95%、50%和 5%的三种设计代表年确定各月地下水位警戒线,研究认为地下水位警戒线随预警期内降水的增大而降低。

本章分地下水变幅拟合方程考虑常数项和不考虑常数项两种情形,对预警期为三个月内的地下水位预警进行分析,结果表明,有常数项拟合方程计算得到的地下水位警戒线比无常数项拟合方程计算得到的地下水位警戒线要高,相应地,预警级别相对要高。

第 23 章　预警期为非汛期的胶南市地下水水源地预警

23.1　风河地下水水源地非汛期预警管理

23.1.1　风河地下水水源地非汛期动态点预警管理

1. 非汛期初始水位计算

1) 拟合方程考虑常数项

计算时段为一个月时，风河地下水水源地地下水位变幅预测方程（考虑常数项）的变量系数如下：

$$\beta_0 = 3.987 \times 10^{-1}, \quad \beta_1 = -4.596 \times 10^{-3}, \quad \beta_2 = 6.162 \times 10^{-3}, \quad \beta_3 = 7.831 \times 10^{-4}$$

将上述拟合方程系数项代入式（12-2）得风河地下水水源地第 i 个月初的地下水位表达式：

$$H_i = H_{i+1} - 3.987 \times 10^{-1} + 4.596 \times 10^{-3} W_i - 6.162 \times 10^{-3} P'_i - 7.83 \times 10^{-4} P'_{ai} \quad (23\text{-}1)$$

将上述拟合方程系数项代入式（12-3）得风河地下水水源地非汛期初（10 月 1 日 8 时）的地下水位表达式：

$$H_1 = H_9 - 8 \times 3.987 \times 10^{-1} + 4.596 \times 10^{-3} W - \sum_{i=1}^{8} (6.162 \times 10^{-3} P'_i - 7.831 \times 10^{-4} P'_{ai}) \quad (23\text{-}2)$$

由式（12-4）得，无降水条件下非汛期初（10 月 1 日 8 时）的地下水位 H_1：

$$H_1 = H_9 - 8 \times 3.987 \times 10^{-1} + 4.596 \times 10^{-3} W \quad (23\text{-}3)$$

2) 拟合方程不考虑常数项

计算时段为一个月时，风河地下水水源地地下水位变幅预测方程（不考虑常数项）的变量系数如下：

$$\beta_0 = 0, \quad \beta_1 = -1.5731 \times 10^{-3}, \quad \beta_2 = 5.9802 \times 10^{-3}, \quad \beta_3 = 3.7511 \times 10^{-4}$$

将拟合方程系数项代入式（12-2）得风河地下水水源地第 i 个月初的地下水位表达式：

$$H_i = H_{i+1} + 1.5731 \times 10^{-3} W_i - 5.9802 \times 10^{-3} P'_i - 3.7511 \times 10^{-4} P'_{ai} \quad (23\text{-}4)$$

将拟合方程系数项代入式（12-3），得风河地下水水源地非汛期初（10 月 1 日 8 时）的地下水位表达式：

$$H_1 = H_9 + 1.5731 \times 10^{-3} W - \sum_{i=1}^{8}(5.9802 \times 10^{-3} P_i' + 3.7511 \times 10^{-4} P_{ai}') \qquad (23\text{-}5)$$

由式(12-4)得，无降水条件下非汛期初(10 月 1 日 8 时)的地下水位 H_1:

$$H_1 = H_9 + 1.5731 \times 10^{-3} W \qquad (23\text{-}6)$$

2. 非汛期降水频率分析及有效降水量计算

1) 非汛期不同频率的降水量计算

地下水水源地非汛期的开采量主要取决于汛期的补给量，同时也受到非汛期有效降雨的影响。考虑非汛期降水频率 P 分别为 95% 的枯水情形、50% 的平水情形和 5% 的丰水情形，下面分析风河地下水水源地非汛期这三种不同频率的降水量及其分配过程。

选取胶南站 1961～2010 年共 50 年非汛期降水的长系列资料，见表 23-1。选用皮尔逊Ⅲ型曲线，运用水文频率分析软件对非汛期降水量系列进行频率分析，由适线结果可得：均值 $E_X = 227.41$ mm，变差系数 $C_v = 0.3$，$C_s/C_v = 2$。非汛期降水量频率曲线拟合结果如图 23-1 所示。

表 23-1　胶南站月、非汛期降水量序列　　　　　　(单位：mm)

年份	10 月	11 月	12 月	1 月	2 月	3 月	4 月	5 月	非汛期
1961	18	81.6	21.5	1.5	11	3.5	20.4	37.2	194.7
1962	72.6	78.7	13.6	0.4	0	26.2	38.3	118.8	348.6
1963	4.4	22.9	14	45	13.1	7.6	94.8	96	297.8
1964	120.9	17.7	0	4.5	15.6	7.3	48.3	2	216.3
1965	35.8	11.2	2.2	0.4	13.4	49.3	26.6	49.6	188.5
1966	70.1	21.8	7	8.9	35.3	16.6	23.2	36.9	219.8
1967	65.6	35.8	0	0	0.1	25.3	3.8	41.9	172.5
1968	49.9	12.2	8.9	18.2	20.9	14.1	41.5	53.2	218.9
1969	0	1.7	0.6	0	28.4	1.3	27.4	53.5	112.9
1970	58.2	16.1	4.4	21.5	17.9	67.6	28.7	10.7	225.1
1971	20.2	1	10.4	36.6	2.1	34.1	27.1	98.6	230.1
1972	42.2	21.8	0.1	6.5	15.3	10.2	106.8	55.2	258.1
1973	76.2	0	0.2	10.7	2.7	28.9	73.9	79.3	271.9
1974	31.6	16	47.8	0.7	18.3	12.1	91	0.4	217.9
1975	85.8	131.7	9.1	0.1	32.1	4.2	9.5	41.5	314
1976	28.8	7.1	1	0	0	9.2	80.3	95.3	221.7
1977	44.3	23.9	25.3	0	8.5	16.3	0	14	132.3
...	...	...	...	...	...	...	...	...	...
2005	22.6	5.3	10	4.5	9.3	11.3	39.5	70	172.5
2006	18.5	21.3	30.1	4.3	36	73	58	46.5	287.7
2007	12.4	0	33.5	9.8	5.4	14	81.7	102	258.8
2008	149.5	18.4	2.9	1.1	14.3	29.1	33.9	52.5	301.7
2009	14.8	23.1	20.8	1.2	43.8	20.9	34	155.5	314.1
2010	1	0	1	0.2	31	0.3	7.5	50.5	91.5

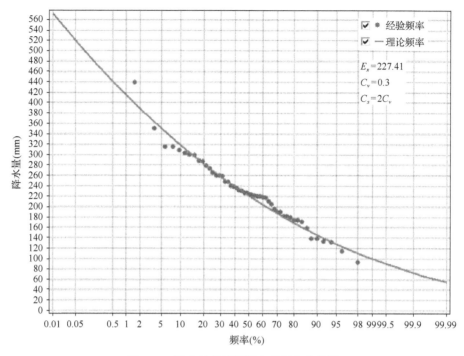

图 23-1 胶南站非汛期降水量频率曲线图

由适线结果可得到不同频率的非汛期降水量，见表 23-2。

表 23-2 胶南站不同频率的非汛期降水量

频率	$P=5\%$	$P=50\%$	$P=95\%$
非汛期降水量(mm)	350.01	220.63	127.97

根据表 23-2 中三种频率的降水量，从实测降水资料中合理地选择非汛期降水总量较为接近的年份，作为典型年，选取降水频率 P 为 5%对应的典型年为 1962 年，降水频率 P 为 50%对应的典型年为 1965 年，降水频率 P 为 95%对应的典型年为 1995 年，在此基础上，根据同倍比法得到对应频率下的非汛期月降水量分配过程，见表 23-3。

表 23-3 不同频率的非汛期月降水量 （单位：mm）

降水频率	10 月	11 月	12 月	1 月	2 月	3 月	4 月	5 月	非汛期
5%	72.9	79.0	13.7	0.4	0	26.3	38.5	119.3	350.0
50%	70.4	21.9	7.0	8.9	35.4	16.7	23.3	37.0	220.6
95%	35.1	0.2	0	8.9	0	43.5	38.3	2.0	128.0

2)非汛期不同频率的有效降水计算

a.拟合方程考虑常数项

根据表 23-3，由式(9-7)和式(9-8)可求得降水频率 P 分别为 5%、50%和 95%三种条件下非汛期第 i 个月有效降水量 P_i' 和前两个月有效降水量 P_{ai}'，见表 23-4。

表 23-4　不同降水频率的非汛期当月和前两个月有效降水量　　（单位：mm）

| 月份 | $P = 5\%$ | | $P = 50\%$ | | $P = 95\%$ | |
	P_i'	P_{ai}'	P_i'	P_{ai}'	P_i'	P_{ai}'
10	25.9	260.4	23.4	49.6	0.0	176.2
11	32.0	123.9	0.0	23.4	0.0	18.1
12	0.0	57.9	0.0	23.4	0.0	0.0
1	0.0	32.0	0.0	0.0	0.0	0.0
2	0.0	0.0	0.0	0.0	0.0	0.0
3	0.0	0.0	0.0	0.0	0.0	0.0
4	0.0	0.0	0.0	0.0	0.0	0.0
5	72.3	0.0	0.0	0.0	0.0	0.0

b.拟合方程不考虑常数项

根据表 23-3，由式 (9-7) 和式 (9-8) 可求得降水频率 P 分别为 5%、50% 和 95% 三种条件下非汛期第 i 个月有效降水量 P_i' 和前两个月有效降水量 P_{ai}'，见表 23-5。

表 23-5　不同降水频率的非汛期当月和前两个月有效降水量　　（单位：mm）

| 月份 | $P = 5\%$ | | $P = 50\%$ | | $P = 95\%$ | |
	P_i'	P_{ai}'	P_i'	P_{ai}'	P_i'	P_{ai}'
10	40.9	290.4	38.4	64.6	3.1	206.2
11	47.0	153.9	0.0	38.4	0.0	36.2
12	0.0	87.9	0.0	38.4	0.0	3.1
1	0.0	47.0	0.0	0.0	0.0	0.0
2	0.0	0.0	3.4	0.0	0.0	0.0
3	0.0	0.0	0.0	3.4	11.5	0.0
4	6.5	0.0	0.0	3.4	6.3	11.5
5	87.3	6.5	5.0	0.0	0.0	17.8

3. 警戒线的确定

1) 拟合方程考虑常数项

以风河地下水水源地 2009～2011 年三年中非汛期月实际开采量的最大值作为未来实际每月的开采量，确定非汛期总取水量 $W_{蓝}$，以非汛期月实际开采量的最小值作为未来实际每月的开采量，确定非汛期总取水量 $W_{红}$，将 $W_{蓝}$ 和 $W_{红}$ 之间划分为三等分，得到黄色和橙色警戒线对应的取水量 $W_{黄}$ 和 $W_{橙}$。

根据不同的非汛期总取水量，由式 (23-3)，可求得无降水条件下的地下水位警戒线，非汛期无降水条件下的不同初始水位警戒线和对应的地下水取水量见表 23-6。

表 23-6 非汛期无降水条件下的不同警戒线和对应的地下水取水量(考虑常数项)

取水量(万 m³)	$W_红 = 710.4290$	$W_橙 = 983.1663$	$W_黄 = 1255.9036$	$W_蓝 = 1528.6409$
初始水位警戒线(m)	$H_红 = 6.88$	$H_橙 = 8.13$	$H_黄 = 9.38$	$H_蓝 = 10.64$

当非汛期有降水补给时,非汛期的实际开采量一方面来源于非汛期初的水源地蓄水量,另一方面来源于非汛期的降水补给量,当非汛期总供水量(即开采量)确定后,由于非汛期不同频率的降水的补给量不同,因此,对应的非汛期初的警戒线也不同。

根据表 23-4 和表 23-6,由式(11-2)~式(11-7)可求得降水频率 P 分别为 5%、50% 和 95% 三种条件下初始地下水位警戒线,见表 23-7。

表 23-7 风河地下水水源地非汛期不同降水频率的初始地下水位警戒线(考虑常数项) (单位: m)

降水频率	$H_红$	$H_橙$	$H_黄$	$H_蓝$
5%	6.80	6.96	8.21	9.46
50%	6.80	7.91	9.16	10.42
95%	6.80	7.98	9.23	10.48

2)拟合方程不考虑常数项

根据不同的非汛期总取水量,由式(11-2)~式(11-7),可求得无降水条件下的地下水位警戒线,非汛期无降水条件下的不同初始水位警戒线和对应的地下水取水量见表 23-8。

表 23-8 非汛期无降水条件下的不同警戒线和对应的地下水取水量(不考虑常数项)

取水量(万 m³)	$W_红 = 710.4290$	$W_橙 = 983.1663$	$W_黄 = 1255.9036$	$W_蓝 = 1528.6409$
初始水位警戒线(m)	$H_红 = 7.92$	$H_橙 = 8.35$	$H_黄 = 8.78$	$H_蓝 = 9.20$

根据表 23-5 和表 23-8,由式(23-5)可求得降水频率 P 分别为 5%、50% 和 95% 三种条件下初始地下水位警戒线,见表 23-9。

表 23-9 风河地下水水源地非汛期不同降水频率的初始地下水位警戒(不考虑常数项) (单位: m)

降水频率	$H_红$	$H_橙$	$H_黄$	$H_蓝$
5%	6.61	7.04	7.47	7.90
50%	7.58	8.01	8.44	8.87
95%	7.69	8.12	8.55	8.98

4. 警戒区的确定

1)拟合方程考虑常数项

由表 23-3、表 23-7 和图 12-1 可得风河地下水水源地非汛期初始地下水位预警区,见表 23-10。

表 23-10　风河地下水水源地非汛期地下水初始水位预警区（考虑常数项）　（单位：m）

警度	有警				安全
	巨警	重警	中警	轻警	无警
预警信号	红色	橙色	黄色	蓝色	绿色
预警区	$H_1 \leqslant H_{红}$	$H_{红} < H_1 \leqslant H_{橙}$	$H_{橙} < H_1 \leqslant H_{黄}$	$H_{黄} < H_1 \leqslant H_{蓝}$	$H_1 > H_{蓝}$
无降水	$H_1 \leqslant 6.88$	$6.88 < H_1 \leqslant 8.13$	$8.13 < H_1 \leqslant 9.38$	$9.38 < H_1 \leqslant 10.64$	$H_1 > 10.64$
$P = 95\%$	$H_1 \leqslant 6.80$	$6.80 < H_1 \leqslant 7.98$	$7.98 < H_1 \leqslant 9.23$	$9.23 < H_1 \leqslant 10.48$	$H_1 > 10.48$
$P = 50\%$	$H_1 \leqslant 6.80$	$6.80 < H_1 \leqslant 7.91$	$7.91 < H_1 \leqslant 9.16$	$9.16 < H_1 \leqslant 10.42$	$H_1 > 10.42$
$P = 5\%$	$H_1 \leqslant 6.80$	$6.80 < H_1 \leqslant 6.96$	$6.96 < H_1 \leqslant 8.21$	$8.21 < H_1 \leqslant 9.46$	$H_1 > 9.46$

由表 23-10 可见，有常数项拟合方程得到的初始水位黄色警戒线和蓝色警戒线较大，部分指标甚至高于 2009~2011 年实测地下水位最大值，得到的预警级别一般偏高，预警区对于实际预警管理不具有适用性。究其原因，由于拟合方程常数项 β_0 的影响，$\beta_0 > 0$ 表明降水以外的地下水补给作用较大，引起对应的地下水取水量系数 β_1 的增大，意味着取水量对地下水位变化的敏感性较大，导致在相同的取水量条件下，考虑常数项的拟合方程得到的地下水位变幅过大，不符合实际情况。因此，针对风河地下水水源地，本次不建议采用考虑常数项的拟合方程。

2）拟合方程不考虑常数项

由表 23-5、表 23-9 和图 12-1 可得非汛期初始地下水位预警区，见表 23-11。

表 23-11　风河地下水水源地非汛期地下水初始水位预警区（不考虑常数项）　（单位：m）

警度	有警				安全
	巨警	重警	中警	轻警	无警
预警信号	红色	橙色	黄色	蓝色	绿色
预警区	$H_1 \leqslant H_{红}$	$H_{红} < H_1 \leqslant H_{橙}$	$H_{橙} < H_1 \leqslant H_{黄}$	$H_{黄} < H_1 \leqslant H_{蓝}$	$H_1 > H_{蓝}$
无降水	$H_1 \leqslant 7.92$	$7.92 < H_1 \leqslant 8.35$	$8.35 < H_1 \leqslant 8.78$	$8.78 < H_1 \leqslant 9.20$	$H_1 > 9.20$
$P = 95\%$	$H_1 \leqslant 7.69$	$7.69 < H_1 \leqslant 8.12$	$8.12 < H_1 \leqslant 8.55$	$8.55 < H_1 \leqslant 8.98$	$H_1 > 8.98$
$P = 50\%$	$H_1 \leqslant 7.58$	$7.58 < H_1 \leqslant 8.01$	$8.01 < H_1 \leqslant 8.44$	$8.44 < H_1 \leqslant 8.87$	$H_1 > 8.87$
$P = 5\%$	$H_1 \leqslant 6.80$	$6.80 < H_1 \leqslant 7.04$	$7.04 < H_1 \leqslant 7.47$	$7.47 < H_1 \leqslant 7.90$	$H_1 > 7.90$

5. 非汛期地下水位动态点预警管理

1）拟合方程考虑常数项

当风河地下水水源地 10 月初水位为 8.50m 时，参照表 23-10，非汛期可能不同来水频率下的预警结果见表 23-12。由表 23-12 可见，当非汛期无降水、降水频率为 95% 和 50% 时，初始水位预警级别为黄色；当降水频率为 5% 降水时，初始水位预警级别为蓝色。可知，当非汛期初始水位和开采量一定时，预警程度会随着降水量的增加而降低。

表 23-12   非汛期不同降水频率条件下的初始地下水位预警(考虑常数项)   (单位：m)

降水频率	地下水初始水位	初始水位预警区间	预警信号
无降水	8.50	$8.13 < H_1 \leqslant 9.38$	黄色
95%	8.50	$7.98 < H_1 \leqslant 9.23$	黄色
50%	8.50	$7.91 < H_1 \leqslant 9.16$	黄色
5%	8.50	$8.21 < H_1 \leqslant 9.46$	蓝色

2)拟合方程不考虑常数项

当风河地下水水源地 10 月初水位为 8.50m 时,参照表 23-11,非汛期可能不同来水频率下的预警结果见表 23-13。由表 23-13 可见,当非汛期无降水和降水频率为 95%时,初始水位预警级别为黄色;当降水频率为 50%时,初始水位预警级别为蓝色;当降水频率为 5%降水时,初始水位预警级别为绿色。可知,当非汛期初始水位和开采量一定时,预警程度会随着降水量的增加而降低。

表 23-13   非汛期不同降水频率条件下的初始地下水位预警(不考虑常数项)   (单位：m)

降水频率	地下水初始水位	初始水位预警区间	预警信号
无降水	8.50	$8.35 < H_1 \leqslant 8.78$	黄色
95%	8.50	$7.98 < H_1 \leqslant 9.23$	黄色
50%	8.50	$7.91 < H_1 \leqslant 9.16$	蓝色
5%	8.50	$H_1 > 7.90$	绿色

23.1.2   风河地下水水源地非汛期动态过程预警管理

已知胶南市风河地下水水源地 2010~2011 年非汛期孟家庄监测井的各月初地下水位实测资料、地下水月监测开采量和胶南站的月降雨资料及前期降水资料,见表 23-14,对非汛期进行地下水动态预警管理。

表 23-14   2010~2011 年非汛期月初地下水位、地下水月开采量和降雨实测数据

月份	8 月	9 月	10 月	11 月	12 月	1 月	2 月	3 月	4 月	5 月
降水量(mm)	213.5	133.5	1	0	1	0	31	0.3	7.5	50.5
地下水位(m)	—	—	8.91	8.58	8.46	8	7.59	7.43	7.39	7.3
开采量(万 m³)	—	—	165.74	182.02	191.08	145.36	114.57	107.17	119.10	97.17

下面分前期降水时段为一个月和两个月两种情况分别讨论,应用不考虑常数项的回归拟合方程进行分析计算。

1)考虑前期降雨时段为一个月

首先由式(12-13)可以计算出非汛期每个月时段的前期有效降水,然后由式(12-14)可以计算出非汛期每个月的地下水动态开采量警戒线,由式(12-15)可以计算出非汛期不同预警时段条件下的各月初地下水位动态警戒线。前期降雨时段为一个月时,风河地下水水源地非汛期月初地下水位动态警戒线和开采量警戒线的具体计算结果见表 23-15 和

表 23-16，图 23-2～图 23-4 为非汛期月初地下水位警戒线和月开采量警戒线的动态变化以及和实测值的对比示意图。

表 23-15　风河地下水水源地不同预警期内各月月初的地下水位动态警戒线
（前期降水时段为一个月）　　　　　　　　　　　　　　　（单位：m）

时间	$t=8$	$t=7$	$t=6$	$t=5$	$t=4$	$t=3$	$t=2$	$t=1$
2010 年 11 月	8.70	—	—	—	—	—	—	—
2010 年 12 月	8.38	8.33	—	—	—	—	—	—
2011 年 1 月	8.12	8.07	8.18	—	—	—	—	—
2011 年 2 月	7.86	7.82	7.91	7.76	—	—	—	—
2011 年 3 月	7.59	7.56	7.63	7.52	7.39	—	—	—
2011 年 4 月	7.33	7.31	7.35	7.28	7.20	7.22	—	—
2011 年 5 月	7.06	7.05	7.08	7.04	7.00	7.01	7.10	—
2011 年 6 月	6.80	6.80	6.80	6.80	6.80	6.80	6.80	6.80

表 23-16　风河地下水水源地非汛期地下水开采量和月初地下水位的实测值与动态警戒线对比
（前期降水时段为一个月）

时间	地下水开采量（万 m³）		月初地下水位（m）	
	动态警戒线	实测值	动态警戒线	实测值
2010 年 10 月	179.69	165.74	—	8.91
2010 年 11 月	168.17	182.02	8.73	8.58
2010 年 12 月	182.97	191.08	8.36	8.46
2011 年 1 月	158.72	145.36	8.18	8.00
2011 年 2 月	130.62	114.57	7.76	7.59
2011 年 3 月	138.88	107.17	7.39	7.43
2011 年 4 月	195.10	119.10	7.22	7.39
2011 年 5 月	330.67	97.17	7.10	7.30
2011 年 6 月	—	—	6.80	7.16

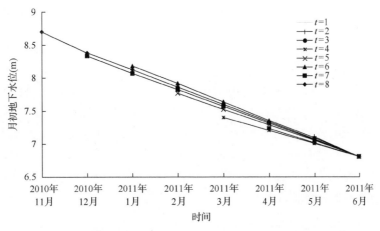

图 23-2　风河地下水水源地 2010～2011 年不同预警时段条件下的非汛期各月初实际
水位和动态水位警戒线（前期降水时段为一个月）

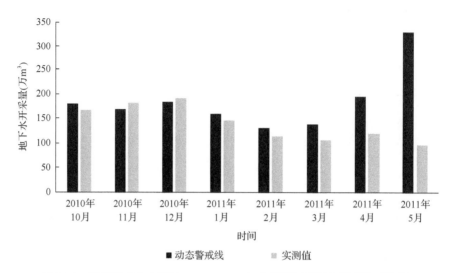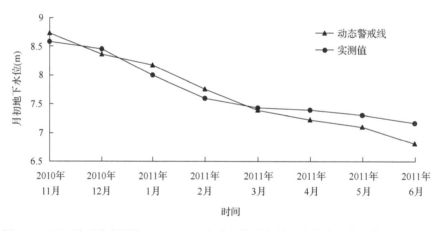

图 23-3　风河地下水水源地 2010～2011 年非汛期开采量与警戒线对比图
（前期降水时段为一个月）

图 23-4　风河地下水水源地 2010～2011 年非汛期月初地下水位实测值与警戒线对比图
（前期降水时段为一个月）

2) 考虑前期降水时段为两个月

首先由式(12-16)可以计算出非汛期每个月时段的前期有效降水，然后由式(12-17)可以计算出非汛期每个月的地下水动态开采量警戒线，由式(12-18)可以计算出非汛期不同预警时段条件下的各月初地下水位动态警戒线。前期降雨时段为两个月时，风河地下水水源地非汛期月初地下水位动态警戒线和开采量警戒线的具体计算结果见表 23-17 和表 23-18，图 23-5～图 23-7 为非汛期月初地下水位警戒线和月开采量警戒线的动态变化以及和实测值的对比示意图。

表 23-17　风河地下水水源地不同预警期内各月初的地下水位动态警戒线
（前期降水时段为两个月）　　　　　　　　　　　　　　（单位：m）

时间	$t=8$	$t=7$	$t=6$	$t=5$	$t=4$	$t=3$	$t=2$	$t=1$
2010 年 11 月	8.73	—	—	—	—	—	—	—
2010 年 12 月	8.41	8.36	—	—	—	—	—	—
2011 年 1 月	8.12	8.07	8.18	—	—	—	—	—
2011 年 2 月	7.86	7.82	7.91	7.76	—	—	—	—
2011 年 3 月	7.59	7.56	7.63	7.52	7.39	—	—	—
2011 年 4 月	7.33	7.31	7.35	7.28	7.20	7.22	—	—
2011 年 5 月	7.06	7.05	7.08	7.04	7.00	7.01	7.10	—
2011 年 6 月	6.80	6.80	6.80	6.80	6.80	6.80	6.80	6.80

表 23-18　风河地下水水源地非汛期地下水开采量和月初地下水位的实测值与动态警戒线对比
（前期降水时段为两个月）

时间	地下水开采量（万 m³）		月初地下水位（m）	
	动态警戒线	实测值	动态警戒线	实测值
2010 年 10 月	150.52	165.74	—	8.91
2010 年 11 月	165.43	182.02	8.73	8.58
2010 年 12 月	176.22	191.08	8.36	8.46
2011 年 1 月	152.87	145.36	8.18	8.00
2011 年 2 月	125.80	114.57	7.76	7.59
2011 年 3 月	133.76	107.17	7.39	7.43
2011 年 4 月	187.90	119.10	7.22	7.39
2011 年 5 月	318.47	97.17	7.10	7.30
2011 年 6 月	—	—	6.80	7.16

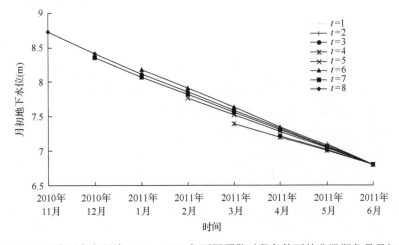

图 23-5　风河地下水水源地 2010～2011 年不同预警时段条件下的非汛期各月月初实际
水位和动态水位警戒线（前期降水时段为两个月）

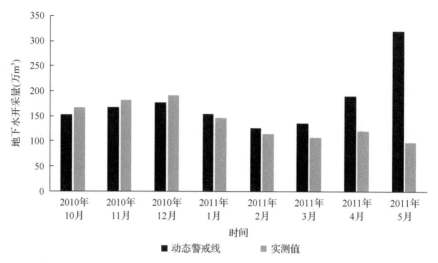

图 23-6　风河地下水水源地 2010～2011 年非汛期开采量与警戒线对比图（前期降水时段为两个月）

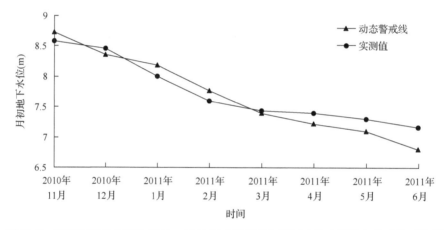

图 23-7　风河地下水水源地 2010～2011 年非汛期月初地下水位实测值与警戒线对比图
（前期降水时段为两个月）

　　分析可知，前期降水为一个月和两个月两种情况下的非汛期月初地下水位动态警戒线和月开采量动态警戒线比较接近，变化趋势也基本一致。由图 23-4 和图 23-7 可以看出，2010 年 11 月、2011 年 1 月和 2011 年 2 月初水位均低于非汛期地下水位动态警戒线，因此首先应当对 2010 年 10 月进行限制开采，不应高于 150.52 万 m³，然后根据 2010 年 11 月初的实际水位对下个月份的开采量进行预警判断。

23.2　王台地下水水源地非汛期预警管理

23.2.1　王台地下水水源地非汛期动态点预警管理

1. 非汛期初始水位计算

计算时段为一个月时，王台地下水水源地地下水位变幅预测方程(不考虑常数项)的变量系数如下：

$$\beta_0 = \beta_3 = 0, \beta_1 = -1.7975 \times 10^{-2}, \beta_2 = 5.6682 \times 10^{-3}$$

将拟合方程系数项分别代入式(12-2)得王台地下水水源地非汛期第 i 个月初的地下水位表达式：

$$H_i = H_{i+1} + 1.7975 \times 10^{-2} W_i - 5.6682 \times 10^{-3} P_i \tag{23-7}$$

将拟合方程系数项分别代入式(12-3)，得王台地下水水源地非汛期初(10 月 1 日 8 时)的地下水位表达式：

$$H_1 = H_9 + 1.7975 \times 10^{-2} W - 5.6682 \times 10^{-3} P \tag{23-8}$$

式中，P 为非汛期总降水量，mm；其他符号意义同前。

由式(12-4)得，无降水条件下非汛期初(10 月 1 日 8 时)的地下水位 H_1：

$$H_1 = H_9 + 1.7975 \times 10^{-2} W \tag{23-9}$$

2. 非汛期降水频率分析

地下水水源地非汛期的开采量主要取决于汛期的补给量，同时也受到非汛期有效降雨的影响。考虑非汛期降水频率 P 分别为 95%的枯水情形、50%的平水情形和 5%的丰水情形，下面分析王台地下水水源地非汛期这三种不同频率的降水量及其分配过程。

选取王台站 1963~2011 年共 49 年非汛期降水的长系列资料，见表 23-19。选用皮尔逊Ⅲ型曲线，运用水文频率分析软件对非汛期降水量系列进行频率分析，由适线结果可得：均值 E_x=197.41mm，变差系数 C_v=0.29，C_s/C_v=2。非汛期降水量频率曲线拟合结果如图 23-8 所示。

表 23-19　王台站月、非汛期降水量序列　　　　　　（单位：mm）

年份	10 月	11 月	12 月	1 月	2 月	3 月	4 月	5 月	非汛期
1963	4	28.1	11	36.2	22.5	12.7	81.9	68.6	265
1964	86.7	17.4	4.3	4	10.9	10.5	40	5.8	179.6
1965	18.9	14.7	2.3	0.1	16.3	40.4	15.3	27.1	135.1
1966	50.9	6.2	10	16.9	49.2	15.6	20.3	18.6	187.7
1967	65.8	25.3	0	1.9	1.4	23	18.9	31.2	167.5
1968	39	14.8	11.3	18.6	9.8	7.3	29.7	50.4	180.9
1969	33.1	0.9	1	2.6	22.4	0.7	30.6	72.9	164.2
1970	99.7	21.4	5	14.9	14.7	32	36.7	22.7	247.1
1971	19	0	8.5	39.3	3.2	28.8	28.7	79.9	207.4
1972	39.1	20.8	4.9	6.3	20.1	6.2	80.1	39.9	217.4
1973	69.1	0	1.5	8.7	8.6	28.9	92.2	71	280

续表

年份	10 月	11 月	12 月	1 月	2 月	3 月	4 月	5 月	非汛期
1974	21.1	14	38	0	20.7	6	73.5	6.6	179.9
1975	69.4	107.2	13	0	23.7	5.7	25.7	34	278.7
1976	38.3	3.6	0	0.2	0	10.9	92.2	59.1	204.3
1977	33.4	24.8	27	0	14.6	15	0	19.5	134.3
1978	24.6	5.7	8.3	22.3	16	48.6	68.9	47.8	242.2
1979	8.9	0	25.5	11.3	5.1	18.1	45.3	30.5	144.7
1980	81.9	4.7	6.2	11.2	4.9	27.5	8	4.4	148.8
1981	47.9	4.8	6.5	3.6	19.7	12.8	11.9	70.9	178.1
1982	75.9	71.5	3.3	16.8	2.3	31.2	7.5	23.7	232.2
1983	39.5	0.5	1.2	0	3	0	38.3	23.2	105.7
1984	3	42.4	11.1	6.3	8.2	10.6	26.7	64.7	173
...	...	...	...	...	...	...	...	...	...
2006	3.1	30.2	32.8	4	15	50.5	35	60.5	231.1
2007	15.2	0	18.5	12.3	6.3	14.9	51.3	67.1	185.6
2008	51.2	14.5	5.4	2.5	9.1	31	28	62.6	204.3
2009	35.6	26.5	17	3.9	37.5	16.1	26.9	102.5	266
2010	3.9	0	0.7	0.7	33.8	0	8	58.5	105.6
2011	15.5	39.3	24.5	1.7	2.5	24.8	40.7	2.8	151.8

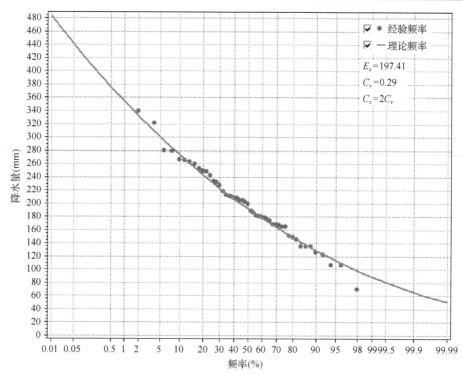

图 23-8　王台站非汛期降水量频率曲线适线图

由适线结果可得到不同频率的非汛期降水量，见表 23-20。

表 23-20　王台站不同频率的非汛期降水量

频率	P=5%	P=50%	P=95%
非汛期降水量(mm)	300.03	191.9	113.58

根据表 23-20 中三种频率的降水量，从实测降水资料中合理地选择非汛期降水总量较为接近的年份，作为典型年，选取降水频率 P 为 5%对应的典型年为 1973 年，降水频率 P 为 50%对应的典型年为 1999 年，降水频率 P 为 95%对应的典型年为 1983 年，在此基础上，根据同倍比法得到对应频率下的非汛期月降水量分配过程，见表 23-21。

表 23-21　王台站不同频率的非汛期月降水量　　　　　（单位：mm）

降水频率	10 月	11 月	12 月	1 月	2 月	3 月	4 月	5 月	非汛期
5%	74.04	0.00	1.61	9.32	9.22	30.97	98.80	76.08	300.03
50%	70.10	11.72	0.00	37.18	3.49	0.29	3.97	65.16	191.9
95%	42.44	0.54	1.29	0.00	3.22	0.00	41.16	24.93	113.58

3. 警戒线的确定

以王台地下水水源地 2009～2012 年四年中非汛期月实际开采量的最大值 24.85 万 m^3 作为未来实际每月的开采量，确定非汛期总取水量 W_{blue} 为 198.80 万 m^3，以非汛期月实际开采量的最小值 8.72 万 m^3 作为未来实际每月的开采量，确定非汛期总取水量 W_{red} 为 69.76 万 m^3，将 W_{blue} 和 W_{red} 之间划分为三等分，得到黄色和橙色警戒线对应的取水量 W_{yellow} 和 W_{orange}。

根据不同的非汛期总取水量，由式(11-2)-式(11-7)，可求得无降水条件下的地下水位警戒线，非汛期无降水条件下的不同初始水位警戒线和对应的地下水取水量见表 23-22。

表 23-22　非汛期无降水条件下的不同警戒线和对应的地下水取水量

取水量(万 m^3)	$W_红$ =69.76	$W_橙$ =112.7733	$W_黄$ =155.7867	$W_蓝$ =198.80
初始水位警戒线(m)	$H_红$ =6.25	$H_橙$ =7.03	$H_黄$ =7.80	$H_蓝$ =8.57

当非汛期有降水补给时，非汛期的实际开采量一方面来源于非汛期初的水源地蓄水量，另一方面来源于非汛期的降水补给量，当非汛期总供水量(即开采量)确定后，由于非汛期不同频率的降水的补给量不同，因此，对应的非汛期初的警戒线也不同。

根据表 23-21 和表 23-22，由式(23-5)可求得降水频率 P 分别为 5%、50%和 95%三种条件下初始地下水位警戒线，见表 23-23。

表 23-23　王台地下水水源地非汛期不同降水频率的初始地下水位警戒线　　　（单位：m）

降水频率	$H_红$	$H_橙$	$H_黄$	$H_蓝$
5%	5.00	5.33	6.10	6.87
50%	5.17	5.94	6.71	7.49
95%	5.61	6.38	7.16	7.93

4. 警戒区的确定

由表 23-22、表 23-23 和图 12-1 可得非汛期初始地下水位预警区，见表 23-24。

表 23-24　王台地下水水源地非汛期地下水初始水位预警区　　　　　　（单位：m）

警度	有警				安全
	巨警	重警	中警	轻警	无警
预警信号	红色	橙色	黄色	蓝色	绿色
预警区	$H_1 \leqslant H_红$	$H_红 < H_1 \leqslant H_橙$	$H_橙 < H_1 \leqslant H_黄$	$H_黄 < H_1 \leqslant H_蓝$	$H_1 > H_蓝$
无降水	$H_1 \leqslant 6.25$	$6.25 < H_1 \leqslant 7.03$	$7.03 < H_1 \leqslant 7.80$	$7.80 < H_1 \leqslant 8.57$	$H_1 > 8.57$
$P = 95\%$	$H_1 \leqslant 5.61$	$5.61 < H_1 \leqslant 6.38$	$6.38 < H_1 \leqslant 7.16$	$7.16 < H_1 \leqslant 7.93$	$H_1 > 7.93$
$P = 50\%$	$H_1 \leqslant 5.17$	$5.17 < H_1 \leqslant 5.94$	$5.94 < H_1 \leqslant 6.71$	$6.71 < H_1 \leqslant 7.49$	$H_1 > 7.49$
$P = 5\%$	$H_1 \leqslant 5.00$	$5.00 < H_1 \leqslant 5.33$	$5.33 < H_1 \leqslant 6.10$	$6.10 < H_1 \leqslant 6.87$	$H_1 > 6.87$

5. 非汛期地下水位动态点预警管理

当王台地下水水源地 10 月初水位为 7.0m 时，参照表 23-24，非汛期可能不同来水频率下的预警结果见表 23-25。由表 23-25 可见，当非汛期无降水时，初始水位预警级别为橙色；当降水频率为 95% 时，初始水位预警级别为黄色；当降水频率为 50% 时，初始水位预警级别为蓝色；当降水频率为 5% 时，初始水位预警级别为绿色。可知，当非汛期初始水位和开采量一定时，预警程度会随着降水量的增加而降低。

表 23-25　非汛期不同降水频率条件下的初始地下水位预警　　　　（单位：m）

降水频率	地下水初始水位	初始水位预警区间	预警信号
无降水	7.0	$6.25 < H_1 \leqslant 7.03$	橙色
95%	7.0	$6.38 < H_1 \leqslant 7.16$	黄色
50%	7.0	$6.71 < H_1 \leqslant 7.49$	蓝色
5%	7.0	$H_1 > 6.87$	绿色

23.2.2　王台地下水水源地非汛期动态过程预警管理

对于王台地下水水源地，由于拟合方程没有考虑前期降水，精度也相对较差，因此应用该模型对非汛期预警意义不大，实用性较差，这里不做分析，建议在以后的工作研究中选取更合理的资料，提高资料的可靠性，提高拟合方程和预测模型的精度。

23.3　小　　结

本章提出了非汛期初始地下水位预警的研究方法，地下水变幅拟合方程分考虑常数项和不考虑常数项两种情形，对预警期为非汛期的地下水位进行静态预警，结果表明，当非汛期初始地下水位一定时，随着非汛期降水增大，预警级别会降低。另外，对非汛期进行动态预警时，应用前期降水时段为一个月和两个月的拟合方程得到的预警结果十分接近，前期降水时段为一个月时计算公式相对简单，前期降水时段为两个月时模型精度较高。

对风河地下水水源地进行研究时，分别分析了有常数项和没有常数项的拟合方程对预警结果的影响；对王台地下水水源地进行研究时，只考虑没有常数项的拟合方程，由于没有考虑前期降水，本章没有对王台地下水水源地进行非汛期动态预警分析。

对风河地下水水源地进行预警管理研究时，发现有常数项拟合方程计算得到的地下水位警戒线比无常数项拟合方程计算得到的非汛期初始地下水位警戒线要高，部分指标甚至高于 2009～2011 年实测地下水位最大值，得到的预警级别偏高，预警区对于实际预警管理的适用性较差。因此，在地下水位变幅拟合方程参数的选取上，不考虑常数项更符合物理成因和实际要求。建议采用不考虑常数项地下水变幅拟合方程对预警期为非汛期的地下水位进行动态预警，得到非汛期各月动态警戒水位和相应的警戒开采量，进行相应的预警和限制开采管理。

第 24 章　预警期为非汛期的济南市东城区水量预警

本章选择济南市 2015 年非汛期作为预警基准年,预警中采用济南市东城区非汛期初地表水、地下水、客水和再生水可供水量之和作为预警期初的可供水总量;当年非汛期内的生活、工业和生态需水量之和作为预警期内的需水总量。通过计算静态及动态(不同降水频率)条件下地表水和地下水的水量变化过程,逐月进行水量的供需平衡分析,进而确定每月的预警级别并发布预警。

24.1　不同频率降水过程的计算

本章以济南市 2000~2015 年非汛期降水量资料为依据进行不同频率降水过程的计算,降水量资料见表 24-1。

表 24-1　济南市 2000~2015 年非汛期降水量　　　(单位: mm)

年份	月份								降水总量
	10	11	12	1	2	3	4	5	
2000	93.6	20.8	0.8	31.7	17.8	3.8	13.3	10.5	192.3
2001	19.0	4.9	5.4	3.3	0.0	5.9	24.8	80.7	144.0
2002	10.6	0.6	14.1	4.7	8.2	12.6	110.7	40.5	202.0
2003	120.3	39.5	11.8	2.4	12.6	10.3	19.9	80.6	297.4
2004	3.8	23.8	6.8	0.0	18.4	1.0	23.2	50.1	127.1
2005	20.0	5.7	3.6	2.8	7.2	0.9	13.9	131.0	185.1
2006	1.2	16.7	3.6	0.0	10.7	44.4	16.0	45.4	138.0
2007	41.9	0.1	12.1	5.3	5.3	13.0	51.1	72.5	201.3
2008	20.3	2.2	1.9	0.2	13.1	20.0	46.4	120.4	224.5
2009	24.6	21.5	4.7	4.0	17.0	9.0	12.0	29.0	121.8
2010	5.0	0.0	2.0	0.0	12.0	0.0	11.0	73.0	103.0
2011	11.0	75.0	9.0	1.2	0.1	15.0	62.1	4.4	177.8
2012	12.0	24.2	25.6	10.8	16.5	6.6	12.5	71.9	180.1
2013	16.2	28.6	0.5	0.7	15.9	0.2	19.0	40.8	121.9
2014	6.1	24.4	0.7	6.2	7.6	9.5	63.9	43.4	161.8
2015	5.4	75.2	0.0	5.0	24.0	0.0	7.0	45.1	161.7

由表 24-1 中降水量资料可确定降水量的频率曲线,适线结果如图 24-1 所示。
由图 24-1 可计算得到济南市非汛期不同频率下降水量,见表 24-2。

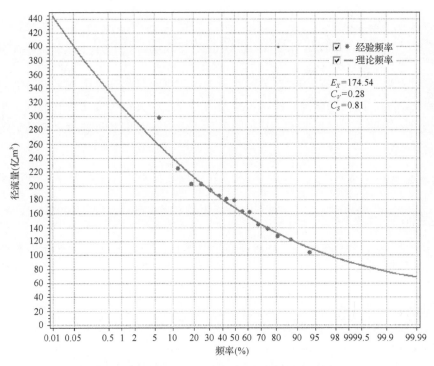

图 24-1　济南市 2000～2015 年非汛期降水量频率曲线

表 24-2　济南市非汛期不同降水频率降水量　　　　　（单位：mm）

降水频率	丰枯状态	降水量
5%	丰水	297.4
25%	偏丰	201.3
50%	平水	177.8
75%	偏枯	138.1
95%	枯水	103.0

　　计算时选择接近各丰枯频率的典型年：2003 年非汛期降水频率为 6.3%；2007 年非汛期降水频率为 25%；2011 年非汛期降水频率为 75%；2010 年非汛期降水频率为 93.8%；基准年 2015 年非汛期降水频率为 61%。依据同倍比缩放原则，不同降水频率下非汛期逐月降水过程见表 24-3。

表 24-3　济南市非汛期不同降水频率逐月降水量　　　　　（单位：mm）

降水频率	月份								降水量
	10	11	12	1	2	3	4	5	
5%	120.3	39.5	11.8	2.4	12.6	10.3	19.9	80.6	297.4
25%	41.9	0.1	12.1	5.3	5.3	13.0	51.1	72.5	201.3
50%	11.0	75.0	9.0	1.2	0.1	15.0	62.1	4.4	177.8
75%	1.2	16.7	3.6	0.0	10.7	44.4	16.0	45.4	138.1
95%	5.0	0.0	2.0	0.0	12.0	0.0	11.0	73.0	103.0
基准年	5.5	72.0	0.0	1.3	13.2	0.1	0.6	55.6	148.3

24.2　补给量及损失水量的计算

本章针对城市地区进行预警研究，在地表水可供水量的计算中不考虑河道内取水来满足农业灌溉的情况，因此地表水可供水量主要指水库兴利库容调节的水量。影响地表水可供水量的因素主要包括非汛期初的水库蓄水量、非汛期的可能来水量及蒸发和渗漏损失水量。

24.2.1　补给量的计算

1. 地表水补给量

济南市 1956～2016 年降水量和径流深资料见表 24-4。根据表 24-4 中的数据，模拟在无效降水量分别为 0、2mm、5mm、10mm 情况下的回归方程，采用各种类型的函数进行拟合，结果表明，乘幂函数的拟合度最高且无效降水为 2mm 时模拟精度最高，模拟过程如图 24-2～图 24-5 所示。

表 24-4　　　　　济南市 1956～2016 年降水量与径流深　　　　　（单位：mm）

年份	降水量	径流深	年份	降水量	径流深	年份	降水量	径流深
1956	789.7	134.2	1977	602.3	148.7	1998	900.9	252.6
1957	630.1	148.8	1978	824.1	279.9	1999	596.0	52.0
1958	707.4	137.3	1979	636.9	125.3	2000	741.0	115.5
1959	623.6	86.5	1980	788.7	171.9	2001	599.9	76.2
1960	491.9	73.2	1981	441.7	43.5	2002	411.5	13.6
1961	949.8	277.8	1982	634.3	74.8	2003	1025.9	238.8
...	...	...	...	...	...	2008	712.5	115.3
1975	629.5	174.8	1996	859.8	316.8			
1976	658.3	160.1	1997	740.2	101.2			

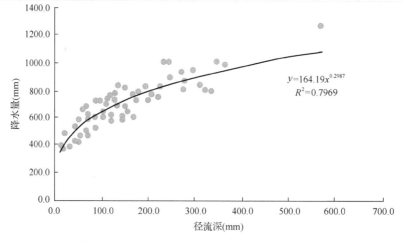

图 24-2　降水量与径流深的关系（无效降水为 0）

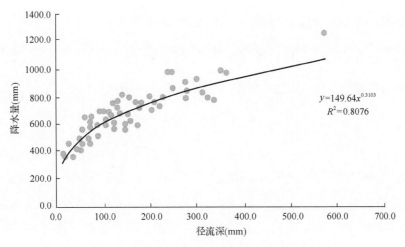

图 24-3　降水量与径流深的关系（无效降水为 2mm）

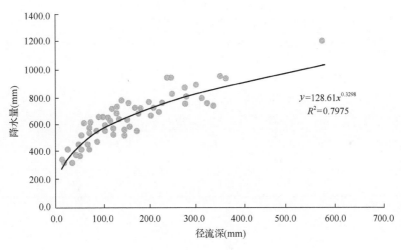

图 24-4　降水量与径流深的关系（无效降水为 5mm）

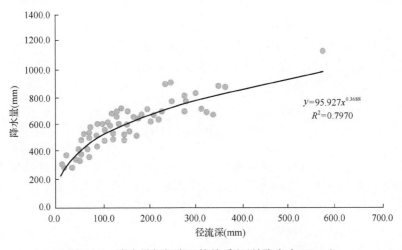

图 24-5　降水量与径流深的关系（无效降水为 10mm）

当无效降水为 2mm 时，降水量和径流深的回归方程为

$$y = 149.64x^{0.3103} (R^2=0.8076)$$ (24-1)

地表水水库的补给量主要指水库的入库径流量，计算公式为

$$W_{B补j} = \begin{cases} 0.1\alpha A(P_j - P_j'), & P_j > P_j' \\ 0, & P_j \leqslant P_j' \end{cases}$$ (24-2)

式中，$W_{B补j}$ 为非汛期第 j 个月的入库径流量，万 m^3；P_j 为非汛期第 j 个月的实际降水，mm；P_j' 为非汛期第 j 个月的无效降水，mm；α 为降水径流系数；A 为流域汇流面积，km^2。

由式(24-2)可求得济南市非汛期不同频率下的地表水补给量，其中 α 取 0.95，水库集水面积 A 为 166km^2，计算结果见表 24-5。

表 24-5 济南市东城区地表水逐月补给量 (单位：万 m^3)

降水频率	月份								地表水补给量
	10	11	12	1	2	3	4	5	
5%	53.52	16.95	4.42	0.20	4.80	3.77	8.11	35.55	127.31
25%	7.27	0.00	1.84	0.61	0.61	2.01	8.95	12.87	34.15
50%	1.51	10.27	1.23	0.16	0.01	2.05	8.51	0.60	24.35
75%	0.09	1.24	0.27	0.00	0.79	3.29	1.19	3.37	10.23
95%	0.12	0.00	0.00	0.00	0.38	0.00	0.35	2.73	3.58
基准年	0.36	6.97	0.00	0.00	1.09	0.00	0.00	5.34	13.76

2. 地下水补给量

在地下水补给量的计算中，采用回归模型对地下水埋深进行预测。利用 SPSS 软件建立地下水埋深变幅拟合方程，模型选择本月有效降水量、本月地下水取水量为自变量，选择月底(下月初)地下水埋深为因变量，考虑前期降水对地下水滞后补给的影响，在符合物理成因和满足拟合精度的基础上，可适当增加一个前期降水自变量(选择前一个月的有效降水量)。地下水埋深拟合方程及补给量的计算方程为

$$\Delta H = \beta_1 P_1 + \beta_2 P_2 + \gamma W_Q$$ (24-3)

$$W_{X补j} = 100\rho\mu A\Delta H$$ (24-4)

式中，ΔH 为当月底与月初的埋深变化量，m；β_1 为当月有效降水量引起地下水埋深变化的关系系数；β_2 为上月有效降水量引起地下水埋深变化的关系系数；P_1 为当月有效降水量，mm；P_2 为上月有效降水量，mm；W_Q 为当月地下水开采量，万 m^3；γ 为当月的地下水取水量引起地下水埋深变化的关系系数；$W_{X补j}$ 为非汛期第 j 个月地下水补给量，

万 m³；A 为地下水水源地面积，km²；ρ 为给水度，取 0.043；μ 为开采系数，取 0.8。

模拟采用基准年 2015 年非汛期实际降水量、取水量和地下水埋深资料，假设无效降水量分别为 0、2mm 和 3mm，模拟结果见表 24-6。

表 24-6　非汛期不同无效降水的拟合参数

无效降水	β_1	β_2	γ	拟合度（R^2）
0	−0.01	0.005	0.593	0.83
2mm	−0.01	0.005	0.58	0.838
3mm	−0.01	0.005	0.634	0.831

由表 24-6 可以看出无效降水为 2mm 时模拟精度最高，因此采用该模拟参数，济南市区供水地下水水源地面积为 617.83km²，不同频率下的地下水补给量见表 24-7 和表 24-8，地下水埋深变幅拟合方程为

$$\Delta H = -0.01P_1 + 0.005P_2 + 0.58W_\text{Q} \tag{24-5}$$

表 24-7　济南市东城区地下水逐月补给量　　　　　（单位：万 m³）

降水频率	月份								地下水补给量
	10	11	12	1	2	3	4	5	
5%	534.24	172.24	48.18	6.48	51.98	41.75	84.77	356.37	1296.01
25%	210.16	0.00	56.96	22.28	22.23	61.72	257.44	367.87	998.67
50%	46.07	340.90	36.85	0.92	0.00	64.49	281.47	15.66	786.37
75%	0.96	76.59	12.62	0.00	47.20	211.18	73.01	216.24	637.80
95%	23.73	0.00	9.49	0.00	56.95	0.00	52.21	346.45	488.83
基准年	22.83	359.83	0.00	1.59	61.64	0.00	0.00	276.92	722.80

表 24-8　非汛期不同降水频率补给总量　　　　　（单位：万 m³）

降水频率	地表水补给量	地下水补给量	补给总量
5%	127.31	1298.45	1425.76
25%	58.16	998.91	1057.07
50%	22.53	786.37	808.9
75%	9.25	637.60	646.85
95%	3.58	320.83	324.41
基准年	13.76	722.61	736.37

24.2.2　损失水量的计算

1. 蒸发损失水量

锦绣川水库蓄水量与水面面积的监测资料见表 24-9，由表 24-9 中数据建立水库水量

与水面面积关系曲线，水面面积随水量的变化过程如图 24-6 所示。锦绣川水库位于北凤和崮山两个蒸发站之间，因此 E'_j 取两个蒸发站的均值，η 取 0.7。本节采用内插法计算不同频率下的蒸发损失水量，计算结果见表 24-10。

$$P_{Zj} = 0.1\eta E'_j A_{库j} \tag{24-6}$$

式中，P_{Zj} 为非汛期第 j 个月水库蒸发损失水量，万 m^3；η 为水面蒸发器折算系数；E'_j 为非汛期第 j 个月水面蒸发器单位面积蒸发量，mm；$A_{库j}$ 为非汛期第 j 个月时段内平均水面面积，km^2。

表 24-9　锦绣川水库蓄水量与水面面积关系

蓄水量(万 m^3)	水面面积(km^2)	蓄水量(万 m^3)	水面面积(km^2)
108	0.37	1170	1.44
141	0.42	1315	1.54
180	0.47	1465	1.63
226	0.53	1795	1.79
288	0.58	2180	1.94
345	0.65	2570	2.07
415	0.72	3000	2.21
490	0.83	3230	2.28
584	0.94	3460	2.34
680	1.04	3700	2.4
788	1.13	3920	2.46
904	1.24	4069	2.5
1022	1.34		

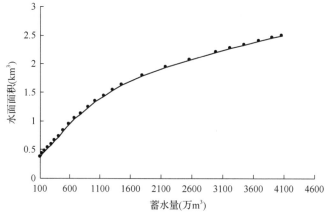

图 24-6　锦绣川水库蓄水量与水面面积关系曲线

表 24-10　锦绣川水库逐月蒸发损失水量　　（单位：万 m³）

降水频率	月份								蒸发损失水量
	10	11	12	1	2	3	4	5	
5%	6.95	2.10	1.98	1.60	3.00	4.24	3.90	3.46	27.23
25%	6.86	2.03	1.91	1.55	2.94	4.19	3.95	3.53	26.96
50%	6.85	2.03	1.91	1.56	2.95	4.22	3.99	3.54	27.05
75%	6.84	2.03	1.91	1.56	2.96	4.27	4.04	3.57	27.18
95%	6.85	2.03	1.91	1.56	2.97	4.27	4.04	3.56	27.19
基准年	6.84	2.03	1.92	1.57	2.98	4.28	4.03	3.56	27.21

2. 渗漏损失水量

水库的渗漏量与库区底部的土质及水压力有关，水位越高，水压力越大，水压力的升高会导致渗漏量变大。渗漏损失水量的计算方法为

$$P_{Lj} = \delta \frac{(W_{B初j} + W_{B末j})}{2} \tag{24-7}$$

式中，P_{Lj} 为非汛期第 j 个月的水库渗漏损失水量，万 m³；δ 为水库渗漏系数，取 0.009；$W_{B初j}$ 为非汛期第 j 个月水库月初蓄水量，万 m³；$W_{B末j}$ 为非汛期第 j 个月水库月末蓄水量，万 m³。

锦绣川水库不同频率下每月渗漏量计算结果见表 24-11 和表 24-12。

表 24-11　锦绣川水库逐月渗漏损失水量　　（单位：万 m³）

降水频率	月份								渗漏损失水量
	10	11	12	1	2	3	4	5	
5%	6.14	5.64	4.93	4.14	3.36	2.59	1.84	1.22	29.86
25%	6.00	5.32	4.63	3.93	3.23	2.53	1.88	1.27	28.79
50%	5.99	5.32	4.63	3.95	3.26	2.57	1.91	1.28	28.91
75%	5.98	5.31	4.63	3.95	3.28	2.62	1.96	1.30	29.03
95%	5.98	5.31	4.64	3.97	3.30	2.62	1.95	1.30	29.07
基准年	5.98	5.33	4.67	3.99	3.31	2.63	1.95	1.29	29.15

表 24-12　非汛期不同降水频率损失总量　　（单位：万 m³）

降水频率	蒸发损失水量	渗漏损失水量	损失总量
5%	27.23	29.86	57.09
25%	26.96	28.79	55.75
50%	27.06	28.91	55.96
75%	27.18	29.03	56.21
95%	27.19	29.07	56.26
基准年	27.21	29.15	56.36

24.3　预　警　过　程

由于预警期较长，预警中实行动态的预警更具有现实意义。结合是否考虑非汛期的降水影响，本节主要讨论静态预警过程及不同降水频率下的动态预警过程。

根据 2015 年济南市水资源公报，济南市城区地表水供水水源为锦绣川水库，该水库担负着济南市城区数十万人的用水任务，是本次研究区域的唯一地表水水源。锦绣川水库设立于 1966 年，位于玉符河水系一级支流锦绣川上，水库类型为中型，总库容约为 4100 万 m³，兴利库容为 3590 万 m³，死库容为 108 万 m³，流域面积为 166km²，计算采用典型年 2015 年 10 月 1 日水库蓄水量 702 万 m³，10 月 1 日地表水可供水量为 594 万 m³。

预警中，将在地下水开采过程中生态环境不遭受破坏的最大埋深定义为基准埋深。选择济南市多年地下水埋深监测数据中的最大埋深作为参考，定义该埋深值为基准埋深的 90%。以济南市 2015 年非汛期为例，10 月 1 日地下水埋深为 5.08m，基准埋深为 7.18m，由式(24-4)可得 10 月 1 日地下水可供水量为 4458.95 万 m³，供需水量见表 24-13。

表 24-13　非汛期初可供水量及需水总量　　　　　　　(单位：万 m³)

供需水类别	供/需用水源	供/需水量	合计
可供水量	地表水	594	12850
	地下水	4459	
	客水	4000	
	再生水	3797	
需水量	生活	6026	13874.8
	工业	3912	
	生态	3936.8	

由于预警期较长，预警中实行动态的预警更具有现实意义。结合非汛期降水补给对预警级别的影响，本节主要讨论动态的过程预警。

24.3.1　基于水量的济南市东城区预警方法

1. 静态过程预警方法

预警中，由于三类用水部门单位时间内用水量变幅较小，因此每月需水量与该月天数有关。若预警期间内的可供水量大于需水量，则实行按需供水，不需要发布预警；若可供水量小于需水量，则根据供需比例进行供水，根据供需平衡关系确定预警级别并发布预警。结合非汛期每月的蒸发和渗漏损失，静态预警过程预警结果见表 24-14。

表 24-14　非汛期静态过程预警结果

项目	10 月	11 月	12 月	1 月	2 月	3 月	4 月	5 月
可供水量(万 m³)	1599	1597	1596	1594	1593	1591	1587	1582
损失水量(万 m³)	13.1	7.7	6.9	5.7	6.4	6.8	5.7	4.7
需水量(万 m³)	1770.04	1712.94	1770.04	1770.04	1598.74	1770.04	1712.94	1770.04
供需比(%)	89.60	92.78	89.78	89.73	99.24	89.50	92.31	89.11
预警级别	橙色	黄色	橙色	橙色	蓝色	橙色	黄色	橙色

2. 动态过程预警方法

动态过程预警即在静态过程预警的基础上，考虑了非汛期降水对预警级别的影响，不同降水频率下的预警过程见表 24-15。

表 24-15　非汛期动态过程预警结果

降水频率	补给量(万 m³)	损失水量(万 m³)	可供水量(万 m³)	需水量(万 m³)	供需比(%)	预警级别
5%	585.74	13.09	1639.30	1770.04	92.61	黄色
	189.13	7.74	1667.46	1712.94	97.34	蓝色
	53.21	6.91	1753.93	1770.04	99.09	蓝色
	7.52	5.74	1763.44	1770.04	99.63	蓝色
	57.37	6.36	1593.20	1598.74	99.65	蓝色
	46.16	6.83	1779.22	1770.04	100.52	不预警
	93.30	5.74	1745.69	1712.94	101.91	不预警
	390.86	4.68	1924.19	1770.04	108.71	不预警
25%	216.93	12.86	1639.30	1770.04	92.61	黄色
	0.00	7.35	1615.30	1712.94	94.30	黄色
	58.67	6.54	1667.89	1770.04	94.23	黄色
	22.85	5.48	1678.59	1770.04	94.83	黄色
	22.80	6.17	1520.20	1598.74	95.09	蓝色
	63.59	6.72	1662.21	1770.04	93.91	黄色
	265.77	5.83	1636.56	1712.94	95.54	蓝色
	379.84	4.8	1874.67	1770.04	105.91	不预警
50%	47.30	12.84	1639.30	1770.04	92.61	黄色
	350.90	7.35	1591.30	1712.94	92.90	黄色
	37.81	6.54	1702.86	1770.04	96.20	蓝色
	0.92	5.51	1709.28	1770.04	96.57	蓝色
	0.00	6.21	1542.79	1598.74	96.50	蓝色
	66.27	6.79	1687.15	1770.04	95.32	蓝色
	289.70	5.9	1661.98	1712.94	97.02	蓝色
	15.99	4.82	1950.21	1770.04	110.18	不预警

续表

降水频率	补给量(万 m³)	损失水量(万 m³)	可供水量(万 m³)	需水量(万 m³)	供需比(%)	预警级别
	0.96	12.82	1639.30	1770.04	92.61	黄色
	77.68	7.34	1584.74	1712.94	92.52	黄色
	12.74	6.54	1649.55	1770.04	93.19	黄色
75%	0.00	5.51	1650.82	1770.04	93.26	黄色
	47.84	6.24	1489.78	1598.74	93.18	黄色
	214.32	6.89	1626.70	1770.04	91.90	黄色
	74.05	6	1676.24	1712.94	97.86	蓝色
	219.46	4.87	1763.46	1770.04	99.63	蓝色
	23.85	12.83	1639.30	1770.04	92.61	黄色
	0.00	7.34	1587.98	1712.94	92.70	蓝色
	9.49	6.55	1639.66	1770.04	92.63	黄色
95%	0.00	5.53	1640.26	1770.04	92.67	黄色
	57.34	6.27	1480.24	1598.74	92.59	黄色
	0.00	6.89	1616.11	1770.04	91.30	黄色
	52.55	5.99	1560.59	1712.94	91.11	黄色
	349.19	4.86	1659.17	1770.04	93.74	黄色
	23.19	12.82	1639.30	1770.04	92.61	黄色
	366.80	7.36	1587.89	1712.94	92.70	黄色
	0.00	6.59	1702.04	1770.04	96.16	蓝色
基准年	1.59	5.56	1700.69	1770.04	96.08	蓝色
	62.73	6.29	1535.18	1598.74	96.02	蓝色
	0.00	6.91	1697.26	1770.04	95.89	蓝色
	0.00	5.98	1639.11	1712.94	95.69	蓝色
	282.26	4.85	1613.94	1770.04	91.18	黄色

不同降水频率对应的折线图，如图 24-7 所示。

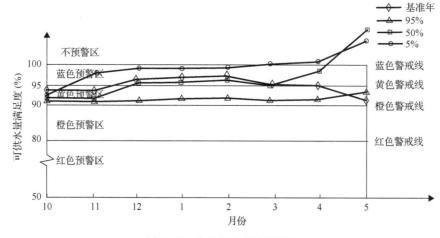

图 24-7　非汛期动态过程预警

由表 24-15 可看出，由于非汛期降水量较少，与预警期内的可供水总量相比，补给量与损失水量所占比例较小（尤其在枯水年份），影响预警级别的主要因素为非汛期初的可供水量，次要因素为预警期间的补给量和损失水量。前文中非汛期初的地表水蓄水量、地下水储水量均采用济南市城区 2015 年非汛期初（10 月 1 日）实测值，地表水及地下水可供水量的多少主要受汛期补给及前期取水的影响。因此，若非汛期初地表水及地下水可供水量发生改变，即使非汛期内降水频率相同，预警级别也不相同。当地表水及地下水可供水量发生改变时，以动态点预警为例，预警结果见表 24-16。

表 24-16　不同非汛期初可供水量情况下预警结果

可供水量增（减）量（万 m³）	降水频率（%）	供需比（%）	预警级别
−3000	5	80.84	黄色
	25	78.02	红色
	50	76.42	红色
	75	75.25	红色
	95	74.13	红色
−1000	5	95.25	蓝色
	25	92.43	黄色
	50	90.83	黄色
	75	89.66	橙色
	95	88.55	橙色
+0	5	102.46	不预警
	25	99.64	蓝色
	50	98.04	蓝色
	75	96.87	蓝色
	95	95.76	蓝色
+1000	5	109.67	不预警
	25	106.84	不预警
	50	105.25	不预警
	75	104.08	不预警
	95	102.96	不预警

由表 24-16 可看出，假定可供水量在实际可供水量的基础上减少了 3000 万 m³（即非汛期初可供水量为 9850 万 m³），除丰水频率外的其他降水频率下均需发布红色预警，可

认为当非汛期初可供水量小于 9850 万 m³ 时，此时供水量已经不能满足用水需求，应加大人为调控力度，如采用增加客水引入量等方式缓解供用水问题；假定可供水量在实际可供水量的基础上增加了 1000 万 m³（即非汛期初可供水量为 13850 万 m³），则不论降水的丰枯状态，均不需发布预警，当非汛期初可供水量大于 13850 万 m³ 时，此时供水完全能够满足用水需求，可适当减少客水的引入量。

24.3.2　基于水质水量耦合的济南市东城区预警方法

本节以 2015 年非汛期为例，建立基于水质水量耦合的动态过程预警方法，各类水质供需水量见表 24-17 和表 24-18，非汛期不同降水频率下水质水量耦合预警结果见表 24-19。

表 24-17　非汛期初基于水质的供水量

水质类别	供水水源	原水源占比(%)	可供水量(万 m³)	供水总量(万 m³)
Ⅱ类水	地表水	100.0	594	1162
	客水	14.2	568	
Ⅲ类水	地下水	52.6	2345.4	4457.4
	客水	52.8	2112	
Ⅳ类水	地下水	23.7	1056.8	3507.6
	客水	13.8	552.3	
	再生水	50.0	1898.5	
Ⅴ类水	地下水	23.7	1056.8	3723.3
	客水	19.2	768	
	再生水	50.0	1898.5	

表 24-18　非汛期初基于水质的需水量

需水类型	水质要求	需水总量(万 m³)
生活需水	≥Ⅲ类水	6026
工业需水	≥Ⅳ类水	3912
生态需水	≥Ⅴ类水	3936.8

在只考虑水量供需关系的二维预警条件中(图 24-8)，预警级别只随水量的变化而发生改变；在考虑了水质的三维预警条件中(图 24-9)，即使供需水量不发生改变，预警级别也会随水质的变化而变化。以济南市城区 2012 年 4 月为例，在不考虑水质约束的条件下，根据供需平衡应发布蓝色预警，但若考虑水质对预警级别的影响，该月应发布橙色预警。由图 24-8 可以看出，当在二维范畴内确定了供需水总量的预警级别后，需进一步在水质的约束下确定基于水质的三维预警过程。即综合考虑Ⅰ～Ⅲ类水水量与生活需水量、Ⅰ～Ⅲ类水余水和Ⅳ类水之和与工业需水量、Ⅰ～Ⅳ类水余水和Ⅴ类水之和与生态需水量的供需关系，进而确定预警级别并重新发布基于水质的预警。

表 24-19　基于水质水量耦合的非汛期动态过程预警结果

频率	补给量（万m³）			损失量（万m³）	可供水量（万m³）			需水量（万m³）			供需比（%）			预警级别
	II/III类	IV类	V类	II类	II/III类	IV类	V类	II/III类	IV类	V类	II/III类	IV类	V类	
5%	332.51	126.62	126.62	13.09	716.88	447.47	447.47	768.75	499.06	502.23	93.25	89.66	94.58	红色
	107.49	40.82	40.82	7.74	738.95	450.95	450.95	743.95	482.96	486.02	99.33	93.37	98.26	橙色
	30.38	11.42	11.42	6.91	780.58	472.94	484.77	768.75	499.06	502.23	101.54	97.14	99.65	蓝色
	4.45	1.54	1.54	5.74	785.39	475.28	491.93	768.75	499.06	502.23	102.17	98.57	100.11	蓝色
	32.74	12.32	12.32	6.36	709.22	429.65	444.52	694.35	450.77	453.62	102.14	98.61	100.19	蓝色
	26.38	9.89	9.89	6.83	794.39	479.83	505.47	768.75	499.06	502.23	103.34	101.29	102.30	不预警
	53.12	20.09	20.09	5.74	784.05	469.22	509.32	743.95	482.96	486.02	105.39	105.46	107.45	不预警
	221.94	84.46	84.46	4.68	893.76	504.95	629.96	768.75	499.06	502.23	116.26	126.23	132.08	不预警
25%	117.31	49.81	49.81	12.86	716.88	447.47	447.47	768.75	499.06	502.23	93.25	89.66	94.58	红色
	0.00	0.00	0.00	7.35	708.53	440.09	440.09	743.95	482.96	486.02	95.24	91.12	96.03	橙色
	31.67	13.50	13.50	6.54	730.90	454.75	454.75	768.75	499.06	502.23	95.08	91.12	96.03	橙色
	12.28	5.28	5.28	5.48	736.06	457.53	457.53	768.75	499.06	502.23	95.75	91.68	96.58	橙色
	12.26	5.27	5.27	6.17	666.41	414.48	414.48	694.35	450.77	453.62	95.98	91.95	96.85	橙色
	34.33	14.63	14.63	6.72	739.87	460.67	460.67	768.75	499.06	502.23	96.24	92.31	97.20	橙色
	143.74	61.01	61.01	5.83	729.58	453.00	453.00	743.95	482.96	486.02	98.07	93.80	98.69	橙色
	205.47	87.19	87.19	4.80	891.81	529.11	652.17	768.75	499.06	502.23	116.01	130.68	141.32	不预警
50%	25.46	10.92	10.92	12.84	716.88	447.47	474.99	768.75	499.06	502.23	93.25	89.66	94.58	红色
	189.31	80.79	80.79	7.35	695.54	434.58	461.21	743.95	482.96	486.02	93.49	89.98	94.90	红色
	20.34	8.73	8.73	6.54	749.72	462.83	490.35	768.75	499.06	502.23	97.52	92.74	97.63	橙色
	0.48	0.22	0.22	5.51	752.55	464.62	492.14	768.75	499.06	502.23	97.89	93.10	97.99	橙色
	0.00	0.00	0.00	6.21	678.55	419.71	444.56	694.35	450.77	453.62	97.72	93.11	98.00	橙色
	35.70	15.29	15.29	6.79	749.16	464.68	492.20	768.75	499.06	502.23	97.45	93.11	98.00	橙色
	156.29	66.71	66.71	5.90	739.21	457.21	483.84	743.95	482.96	486.02	99.36	94.67	99.55	橙色
	8.57	3.71	3.71	4.82	914.24	684.65	752.26	768.75	499.06	502.23	118.93	137.19	149.78	不预警

续表

频率	补给量(万m³)			损失量(万m³)	可供水量(万m³)			需水量(万m³)			供需比(%)			预警级别
	II/III类	IV类	V类	II类	II/III类	IV类	V类	II/III类	IV类	V类	II/III类	IV类	V类	
75%	0.51	0.23	0.23	12.82	716.88	447.47	474.99	768.75	499.06	502.23	93.25	89.66	94.58	红色
	41.38	18.15	18.15	7.34	692.01	433.07	459.70	743.95	482.96	486.02	93.02	89.67	94.58	红色
	6.76	2.99	2.99	6.54	720.87	450.60	478.11	768.75	499.06	502.23	93.77	90.29	95.20	红色
	0.00	0.00	0.00	5.51	720.92	451.21	478.73	768.75	499.06	502.23	93.78	90.41	95.32	红色
	25.47	11.19	11.19	6.24	649.87	407.55	432.40	694.35	450.77	453.62	93.59	90.41	95.32	红色
	114.22	50.05	50.05	6.89	725.98	454.98	482.50	768.75	499.06	502.23	94.44	91.17	96.07	红色
	39.44	17.30	17.30	6.00	755.34	476.31	491.55	743.95	482.96	486.02	101.53	98.62	101.14	蓝色
	116.96	51.25	51.25	4.87	813.96	542.93	569.10	768.75	499.06	502.23	105.88	108.79	113.32	不预警
95%	12.60	5.62	5.62	12.83	716.88	447.47	474.99	768.75	499.06	502.23	93.25	89.66	94.58	红色
	0.00	0.00	0.00	7.34	693.72	433.83	460.46	743.95	482.96	486.02	93.25	89.83	94.74	红色
	4.99	2.25	2.25	6.55	715.59	448.29	475.81	768.75	499.06	502.23	93.09	89.83	94.74	红色
	0.00	0.00	0.00	5.53	715.27	448.76	476.27	768.75	499.06	502.23	93.04	89.92	94.83	红色
	30.34	13.50	13.50	6.27	644.76	405.33	430.18	694.35	450.77	453.62	92.86	89.92	94.83	红色
	0.00	0.00	0.00	6.89	721.96	453.30	480.82	768.75	499.06	502.23	93.91	90.83	95.74	红色
	27.81	12.37	12.37	5.99	695.28	438.68	465.31	743.95	482.96	486.02	93.46	90.83	95.74	红色
	184.97	82.11	82.11	4.86	740.27	465.68	493.19	768.75	499.06	502.23	96.30	93.31	98.20	橙色
基准年	12.37	5.41	5.41	12.82	716.88	447.47	474.99	768.75	499.06	502.23	93.25	89.66	94.58	红色
	196.24	85.28	85.28	7.36	693.69	433.80	460.43	743.95	482.96	486.02	93.24	89.82	94.74	红色
	0.00	0.00	0.00	6.59	748.98	462.79	490.31	768.75	499.06	502.23	97.43	92.73	97.63	橙色
	0.83	0.38	0.38	5.56	747.63	462.79	490.31	768.75	499.06	502.23	97.25	92.73	97.63	橙色
	33.52	14.61	14.61	6.29	674.18	418.09	442.94	694.35	450.77	453.62	97.09	92.75	97.65	橙色
	0.00	0.00	0.00	6.91	755.58	467.81	495.33	768.75	499.06	502.23	98.29	93.74	98.63	橙色
	0.00	0.00	0.00	5.98	727.81	452.72	479.35	743.95	482.96	486.02	97.83	93.74	98.63	橙色
	151.00	65.63	65.63	4.85	746.09	467.81	495.33	768.75	499.06	502.23	97.05	93.74	98.63	橙色

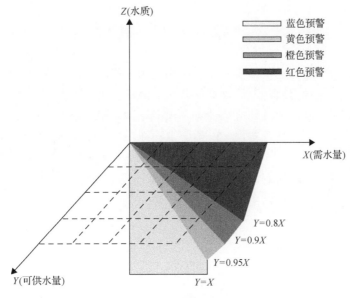

图 24-8　二维预警示意图

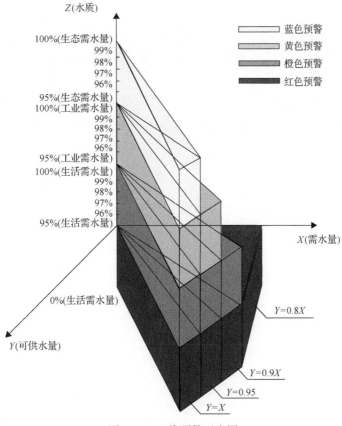

图 24-9　三维预警示意图

24.4　小　　结

　　针对我国北方地区在非汛期供需矛盾较为突出的问题,以济南市东城区为例,在划定了水量和水质水量耦合两种不同警戒线和预警区的基础上,进行非汛期的水资源预警研究。预警期间利用动态的预警方法计算非汛期不同降水频率下的可供水量,据此进行城市用水的供需平衡分析并发布预警。预警中选择 5%、25%、50%、75% 和 95% 的降水频率分别代表丰水、偏丰、平水、偏枯和枯水 5 种丰枯状态。预警结果表明,降水频率越高,预警级别越高;水质越好,预警级别越低。

第 25 章　结论与展望

25.1　结　　论

25.1.1　地表水预警结论

水是生命之源、生态之基，既不可或缺，又无以替代，是经济社会和人类发展所必需的资源要素、基础设施、生态条件和安全保障，水不仅是农业的命脉，而且是整个经济社会的命脉。确定地表水供水工程警戒线和预警区，对实现地表水可持续利用、保障区域经济社会可持续发展具有重要意义。本书以典型区大、中型水库为例进行研究，主要完成以下工作。

1. 建立了地表水供水预警体系，科学确定了警戒线与警戒区

以最严格水资源管理为理论基础，结合用水户需水、水库可供水量和水库主要供水用途等实际情况，提出了划分警戒线与警戒区的基本原则，建立了地表水供水预警机制，分别给出了中型水库预警期为三个月和非汛期两种情况下点预警和过程预警的警戒线确定方法，划分出警戒区域。针对大型水库多年调节的特点，在中型水库三个月、非汛期预警期的基础上，将预警期延长为一年和两年，提出了警戒线的确定办法，并引入了模糊概念中"亦此亦彼"的概念，利用相对隶属度和模糊评价模型对预警级别进行了评价，体现出预警程度的渐变性。

2. 选择了典型工程，验证了地表水预警理论与方法

在对乳山市和胶南市两市 9 座大中型水库多年水文资料进行整理的基础上，将理论成果应用于 9 座水库，根据是否考虑非汛期来水，对水库进行了静态和动态预警，又根据选取计算预警起点的不同，对水库进行了点预警和过程预警，为水库供水的合理调度提供参考，其对保障城乡居民生活、工农业生产和生态用水安全具有重要意义。

3. 综合考虑不同用户的供水次序，提出了不同预警状态下的水库供水对策

统筹考虑和区别不同用水户的用水需求，优先保障城乡居民生活用水。当水库进入黄色预警时，城乡生活供水和工业供水采用 95%~98%保证率，生态用水采用 50%～75%保证率，剩余水量用于农业灌溉；当水库进入橙色预警时，城乡生活供水和工业供水采用 90%~95%保证率，剩余水量用于生态，停止向农业灌溉供水；当水库进入红色预警时，停止向农业和生态供水，城乡生活供水保证率压缩至 90%～95%，工业供水保证率压缩至 85%～90%，并通过跨区域调水等方式保证城乡生活和工业用水。

4. 实施预警管理，使有限的水资源实现效益最大化

预警管理中，针对水库蓄水量、用水户用水量及来水量的变化情况不断调整供水策略，使水资源的利用更加科学合理；尤其以两年为预警期时，有预见性地对水量进行调度，能有效地缓解枯水年的用水压力，缓解水资源短缺问题，使有限的水资源发挥更大的经济效益、社会效益和生态效益。

25.1.2 地下水预警结论

结合地下水的特点，选择预警期为三个月和非汛期，对地下水水源地预警管理问题分别进行研究，并以胶南市风河地下水水源地和王台地下水水源地为例进行分析，得出以下结论。

1. 采用多元回归分析方法，建立了地下水动态变化拟合方程

采用多元回归分析方法分析了地下水位变幅与地下水取水量(开采量)、降水量三者的关系。在成因分析的基础上，引入了有效降水的概念，在方程拟合时既考虑了前期降水量，又考虑了前期有效降水量；在方程形式方面，既考虑了有常数项的形式，又考虑了无常数项的形式；在分析时段选择时，分别考虑了一个月、二个月和三个月。建立了多种组合方案条件下的风河地下水水源地和王台地下水水源地地下水动态变化拟合方程，通过综合比较，分别给出了风河地下水水源地和王台地下水水源地地下水动态变化最佳拟合方程。

2. 建立了地下水水源地预警体系，科学确定了警戒线与警戒区

以最严格水资源管理为理论基础，结合用水户需水、地下水水源地可开采量和主要供水用途等实际情况，提出了划分警戒线与警戒区的基本原则，建立了地下水水源地供水预警机制，分别给出了地下水水源地预警期为三个月和非汛期两种情况下点预警和过程预警的警戒线确定方法，确定了红、橙、黄、蓝四条警戒线与警戒区。

3. 选择了典型地下水水源地，验证了地下水预警理论与方法

在对典型区域内地下水水源地综合分析的基础上，将理论成果应用于风河地下水水源地和王台地下水水源地，根据是否考虑非汛期来水，对地下水水源地进行了静态和动态预警，又根据选取计算预警起点的不同，对水源地进行了点预警和过程预警。在动态预警时，考虑了预警期内不同频率的降水分配过程，以及不同的地下水开采方案。

25.1.3 区域水资源预警结论

区域综合预警中，以济南市东城区为例，在地表水和地下水预警研究的基础上，提出了同时考虑水库群、多个地下水水源地、多客水及再生水水源的区域水资源综合预警方案。

1. 基于供需平衡，确定了区域预警的警戒线与预警区

基于区域水资源供需平衡分析，提出了区域综合预警的警戒线与预警区的确定方法，划分了蓝色、黄色、橙色和红色四条警戒线及对应的预警区，给出了预警期为非汛期条件下区域的点预警和过程预警方法。

2. 基于水质约束，提出了基于水量水质耦合的预警方法

基于水量预警方法，考虑水质对供需关系的约束，提出了基于水量水质耦合的区域水资源预警理论与方法，丰富了水资源预警体系，对水资源预警的应用和最严格水资源管理制度的实施具有重要的理论意义和实用价值。

3. 选择了典型区域，验证了区域预警理论与方法

在综合考虑区域代表性与典型性的基础上，将济南市东城区作为典型区，根据是否考虑非汛期来水，对济南市东城区进行了静态和动态预警，又根据选取计算预警起点的不同，对济南市东城区进行了点预警和过程预警，提出了基于水量的区域供水方案，以及基于水量水质耦合的区域供水方案。基于水质水量耦合预警结果，考虑了水质约束条件，其更符合实际情况。

25.2　展　　望

(1)目前供水预警的预警期多为一个月、三个月，虽然本书将中型水库预警期延长到非汛期，大型水库的预警期延长为两年，但对于降水、供水的长期性来说还不够全面。因此，在分析降水、供水长系列特点的基础上，进一步拓展预警期，考虑汛期来水情况，如汛期降水分别集中在前期和后期的情况，使其对实际生产生活更具指导意义。

(2)本书主要针对大型水库的年调节和两年调节，然而大型水库一般为多年调节，为完善水库预警体系，应考虑连丰年和连枯年对水库可供水量及需水量的影响，如遇到丰水年组时，需水量减少，可以将多余水储存以备枯水年组使用，这时枯水年组的预警除了考虑当年需水、来水的情况外，还要考虑到来自丰水年的备用水量，实现多年动态预警。

(3)对区域预警而言，没有考虑连枯年的情况。当出现连续干旱年时，多年预警指导意义更大，应进一步开展预警期为多年条件下的研究。

参 考 文 献

陈惠君, 唐允吉, 吴贵彬. 1997. 广西桂江水质预警预报信息系统的研究. 陕西水力发电, (2): 50-52.

陈秋玲. 2004. 我国主要流域水体污染评价、预警管理及污染原因探究. 上海大学学报, 10(4): 420-425.

陈守煜. 2001. 区域水资源可持续利用评价理论模型与方法. 中国工程科学, 3(2): 33-38.

陈文艳. 2010. 济南东部城区水资源配置及泉水位模拟研究. 济南: 山东大学硕士学位论文.

邓绍云, 文俊. 2004. 区域水资源可持续利用预警指标体系构建的探讨. 云南农业大学学报, 19(5): 607-610.

董志颖, 汤洁, 杜崇. 2002. 地理信息系统在水质预警中的应用. 水土保持通报, (1): 60-62.

董志颖, 王娟, 李兵. 2002. 水质预警理论初探. 水土保持研究, 9(3): 224-226.

窦明, 李重荣, 王陶. 2002. 汉江水质预警系统研究. 人民长江, 33(11): 38-42.

冯尚友. 2000. 水资源持续利用与管理导论. 北京: 科学出版社.

葛慧玲, 焦扬, 任永泰. 2011. 哈尔滨市地下水位预警模型. 东北农业大学学报, 45(2): 77-83.

顾海滨. 1971. 宏观经济预警研究: 理论、方法历史. 经济理论与经济管理, V(4): 1-7.

郭晓娜, 曹升乐, 于翠松, 等. 2013. 水库供水预警方法及应用研究. 中国农村水利水电, (8): 39-42.

何晓群, 刘文卿. 2001. 应用回归分析. 北京: 中国人民大学出版社.

洪梅. 2002. 地下水动态预警研究. 长春: 吉林大学硕士学位论文.

侯国庆. 1989. 经济周期性兴衰. 经济研究参考资料, (6): 24-29.

黄晓荣, 梁川, 付强, 等. 2003. 基于RAGA的PPC模型对区域水资源可持续利用的评价. 四川大学学报: 工程科学版, (4): 29-32.

贾仁辅. 2008. 区域水资源预警研究. 南京: 河海大学硕士学位论文.

姜文来, 唐曲, 雷波, 等. 2005. 水资源管理学导论. 北京: 化学工业出版社.

荆平. 2005. 区域水资源可持续发展的模糊物元预警分析. 中国农村水利水电, (8): 22-24.

李秉文, 刘明, 冯明祥. 2000. 辽河流域水质预警预报系统的探讨. 东北水利水电, (9): 39-42.

李宏卿, 吴琼, 张福林, 等. 2003. VisualModflow在建立长春市地下水开采预警系统中的应用. 吉林大学学报(地球科学版), 33(3): 319-322.

李如忠, 钱家忠, 汪家权. 2004. 区域水资源可持续利用的未确知测度评价. 中国农村水利水电, (12): 43-46.

李文鹏, 郑跃军, 郝爱兵. 2010. 北京平原区地下水位预警初步研究. 地学前缘(中国地质大学(北京), 17(6): 166-173.

刘恒, 耿雷华, 陈晓燕. 2003. 区域水资源可持续利用评价指标体系的建立. 水科学进展, 14(3): 265-270.

楼文高, 刘遂庆. 2004. 区域水资源可持续利用评价的神经网络方法. 农业系统科学与综合研究, 20(2): 113-116.

门宝辉, 王志良. 2003. 非平稳时序模型在三江平原井灌水稻区地下水动态变化中的应用. 系统工程理论与实践, 23(1): 132-138.

米契尔. 1962. 商业循环问题及其调整. 北京: 商务印书馆.

庞汉新. 2003. 广西洪水预警预报系统在防灾减灾中的作用. 红水河, 22(2): 58-60.

彭建, 梁红. 2001. 我国洪水预报研究进展. 贵州师范大学学报, 19(4): 97-102.

彭希珑, 朱百鸣, 何宗健. 2004. 河流水质预警预报模型的进展. 江西化工, (3): 37-42.

钱易, 唐孝炎. 2000. 环境保护与可持续发展. 北京: 高等教育出版社.

钱正英, 张广斗. 2001. 中国可持续发展水资源战略研究报告集(第一卷). 北京: 中国水利水电出版社.

冉圣宏, 陈吉宁. 2002. 区域水环境污染预警系统的建立. 上海环境科学, (9): 541-544.

芮孝芳. 2001. 洪水预报理论的新进展及现行方法的适用性. 水利水电科技进展, (5): 1-4.

尚守忠. 1983. 北京地区地下水动态预测方法. 水文地质工程地质, (2): 17-22.

邵东国, 李元红, 王忠静, 等. 1999. 基于神经网络的干旱内陆河流域生态环境预警方法研究. 中国农村水利水电, (6): 10-12.

宋松柏, 蔡焕杰. 2004. 区域水资源可持续利用评价的人工神经网络模型. 农业工程学报, 20(6): 89-92.

王宏彦, 崔丽洁. 2002. GIS 技术在水文水资源领域的应用. 东北水利水电, 20(10): 38-39.

王惠敏, 刘新仁, 徐立中, 等. 2001. 流域可持续发展的系统动力学预警系统方法研究. 系统工程, 19(3): 61-68.

王俊, 曹升乐, 郭瑞, 等. 2013a. 胶南市风河地下水水源地浅层地下水预警方法研究. 水电能源科学, 31(10): 30-33.

王俊, 曹升乐, 于翠松, 等. 2013b. 胶南市风河浅层地下水水源地非汛期预警及管理. 水电能源科学, 31(12): 51-54.

王凯军, 曹剑峰, 徐雷. 2005. 地下水资源管理预警系统的建立及应用研究. 水科学进展, 16(2): 238-243.

魏文达. 2000. 江河水污染预警预报系统建设模式的探讨. 广西水利水电, (3): 4-8.

吴金塔. 2003. 福建省洪水预警报及闽江水库群联合调度系统. 水文, 23(1): 41-45.

徐建国, 卫政润, 张涛, 等. 2004. 环渤海山东地区浅层地下水资源潜力分析及利用对策. 地质调查与研究, 27(3): 203-207.

徐良芳, 冯国章, 刘俊民. 2002. 区域水资源可持续利用及其评价指标体系研究. 西北农林科技大学学报, 30(2): 119-122.

闫兴武. 2001. 用灰色系统理论研究酒泉市地下水动态变化规律. 甘肃水利水电技术, (4): 288-289.

杨国栋, 王肖娟, 尹向辉. 2004. 人工神经网络在水环境质量评价和预测中的应用. 干旱区资源与环境, 18(6): 10-14.

杨军. 2003. 关于防灾减灾预警机制及预警工程的若干讨论. 防灾减灾工程学报, 23(2): 1-9.

张保祥, 刘青勇, 卢朝霞. 2004. 基于神经网络和遗传算法的济南市区岩溶地下水预报模型研究. 山东农业大学学报(自然科学版), 35(3): 436-441.

张发明, 刘玉海. 1996. 地面沉降预测预警系统. 水文地质工程地质, (4): 8-10.

张蕾. 2006. 城市地下水水质水位预警的研究. 天津: 天津大学硕士学位论文.

郑通汉. 2006. 中国水危机——制度分析与对策. 北京: 中国水利水电出版社.

周训, 2017. 地下水科学专论. 北京: 地质出版社.

朱启贵. 1999. 可持续发展评估. 上海: 上海财经大学出版社.

左东启, 戴树声, 袁汝华, 等. 1996. 水资源评价指标体系研究. 水科学进展, 7(4): 367-374.

左其亭, 陈曦. 2003. 面向可持续发展的水资源规划与管理. 北京: 中国水利水电出版社.

B. 霍布里特. 2000. 采用高科技的城市洪水预警系统. 水利水电快报, (15): 26-28.

Adams B, Bloomfield J P, Gallagher A J, et al. 2010. An early warning system for groundwater flooding in the Chalk. Quarterly Journal of Engineering Geology and Hydrogeology, 43: 184-193.

Aguado E, Remson L. 1974. Groundwater Hydraulics in Aquifer Management. Journal of the Hydraulics Division, ASCE, (1): 103-118.

Altman E I. 1968. Financial ratios discriminant analysis and prediction of corporate bandruptcy. Journal of Finance, 23(4): 588-609.

Aziz, Emanuel. 1988. Lawom band predicition: an investigation of cash flow based models. Journal of Management Studies, 25(5): 420-437.

Basak S. 2001. Value-at-risk-based risk management: optimal policies and asset prices. The Review of Financial Studies, 2: 371-409.

Bromiley P. 1992. Individual differences in risk taking. Risk-Taking Behavio, 11(1): 86-132.

Colorni A, Fronza G. 1976. Reservoir management via reliability programming. Water Resources Research, 12(1): 85-88.

Daliakopoulos I N, Coulibaly P, Tsanis I K. 2005. Groundwater level forecasting using artificial neural networks. Journal of Hydrology, 309(1-4): 228-240.

Faures M. 1998. Indicators for Sustainable Water Resources Development. Rome, Italy: Landand Water Development Division, FAO.

Gleick P H. 1996. Water in crisis: paths to sustainable water use. Ecological Applications, 8(3): 571-579.

Joardar S D. 1998. Carrying capacities and standards as bases towards urban infrastructure planning inIndia:a case of urban water supply and sanitation. Habitat International, 22(3): 327-337.

Johnson L E. 1986. Water resources management decision support systems. Journal of Water Resources planning & Management, 112(3): 307-325.

Loucks D P. 2000. Sustainable water resources management. Water International, 25(1): 3-10.

Loucks D P, Stedinger J R, Haith D A. 1981. Water Resources Systems Planning and Analysis. New Jersey: Prentice-Hall, Englewood Cliffs.

Maddock Thomas III. 1972. Algebraic Technological Functionfrom a Simulation Model. Water Resouce Research, 8: 129-134.

Martin Q W. 1987. Optimal daily operation of surface-water system. Journal of Water Resources planning & Management, 113(4): 453-470.

Moloradov M. 1992. Planning and management of water resource systems in developing countries. Journal of Water Resources Planning and Management, 118(6): 603-619.

Myers N C, Finnegan P J, Breedlove J D. 1999. Analysis of Water Level Data and Groundwater Flow Modeling at Fort Riley. Kansas:US Geological Survey Water-Resources Investigations Report, 98-115.

Parkov E I, Kuzmina Z V, Treshkin S E. 1994. The water availability effect on the soil and vegetation cover of southern gobi oases. Water Resource, 21(3): 357-364.

Pintér G G. 1999. The danube accident emergency warning system. Water Science & Technology, 40(10): 27-33.

Puzicha H. 1994. Evaluation and avodance of false alarm by controlling Rhine water with continuously working biotests. Water Science & Technology, 29(3): 207-209.

Sahoo G B, Ray C, Wade H F. 2005. Pesticide prediction in groundwater in North Carolina domestic wells using artificial neural networks. Ecological Modelling, 183(1): 28-46.

Thomas H, Baird I S. 1985. Toward a contingency model of strategic risk taking. Academy of Management Review, 10(2): 230-243.

U.S. Department of the Interior U. S. Geological Survey. 2001. Real Time Groundwater Data for the Nation. USGS Fact Sheet 090-01, 1-10.

Viessman W J. 1990. Water management: challenge and opportunity. Water Resources Management, 116(2): 115-169.